Photoshop CS4图像处理

培训教程

卓越科技　编著

电子工业出版社

Publishing House of Electronics Industry

北京·BEIJING

内 容 简 介

本书全面地介绍了图形图像处理软件Photoshop CS4的基本操作和新增功能，内容包括Photoshop CS4快速入门、Photoshop CS4的基本操作、创建和编辑图像选区、图像的色彩编辑、绘制与修饰图像、文字的创建与编辑、图层的基本应用、图层的高级应用、图像色调和色彩调整、路径的应用、通道和蒙版的应用、滤镜的应用、图像的获取和输出以及DM广告设计等知识。

本书内容翔实、编排合理、实例丰富、图文并茂，并且创新地将"知识讲解"和"典型案例"结合在一起。通过"步骤引导，图解操作"的方法，真正做到以图析文，从而指导读者一边学习一边演练，很快就能掌握相关操作，同时巩固每章所学的知识。

本书适合各类培训学校、大专院校和中职中专作为相关课程的教材使用，也可供初、中级用户，平面设计人员和各行各业相关人员作为参考书使用。

图书在版编目（CIP）数据

Photoshop CS4图像处理培训教程 / 卓越科技编著.—北京：电子工业出版社，2009.11

（零起点）

ISBN 978-7-121-09478-1

Ⅰ.P… Ⅱ.卓… Ⅲ.图形软件，Photoshop CS4－技术培训－教材 Ⅳ.TP391.41

中国版本图书馆CIP数据核字（2009）第157572号

责任编辑：周 林

印　　刷：北京市天竺颖华印刷厂

装　　订：三河市鑫金马印装有限公司

出版发行：电子工业出版社

　　　　　北京市海淀区万寿路173信箱　　邮编：100036

开　　本：787×1092　1/16　　　　印张：19.75　　字数：505千字

印　　次：2009年11月第1次印刷

定　　价：35.00元

凡所购买电子工业出版社图书有缺损问题，请向购买书店调换。若书店售缺，请与本社发行部联系，联系及邮购电话：（010）88254888。

质量投诉请发邮件至zlts@phei.com.cn，盗版侵权举报请发邮件至dbqq@phei.com.cn。

服务热线：（010）88258888。

前　　言

Photoshop CS4是在原Photoshop CS3版本上升级而得到的最新版本，同时也是数字图形编辑和创作专业行业标准的一次重要更新。Photoshop CS4具有简洁的工作界面、超强的图像处理功能，以及完善的可扩充性，是平面广告设计者、网页制作者、室内装饰设计者、插画设计者及摄影师的首选工具。

本书定位

本书定位于Photoshop CS4的初学者，从一个图像处理初学者的角度出发，循序渐进地安排每一个知识点，并融入大量的实例，使读者能在最短的时间内学到最实用的知识，迅速成为图形图像处理高手。本书特别适合各类培训学校、大专院校、中职中专作为相关课程的教材使用，也可供图像处理初中级用户、在校学生、办公人员学习和参考。

本书主要内容

本书共15课，从内容上可分为9部分，各部分主要内容如下：

- 🗂 **第1部分（第1课和第2课）：** 主要讲解Photoshop CS4的基础知识、文件的基本操作、辅助工具设置、优化设置、通过Bridge管理文件、图像的调整、图像的显示效果、图像的变换操作，以及撤销和还原操作。

- 🗂 **第2部分（第3课）：** 主要讲解创建、修改和编辑图像选区的方法，包括各种选区的创建工具、修改选区命令和编辑选区命令的使用。

- 🗂 **第3部分（第4课和第5课）：** 主要讲解图像的色彩编辑和绘图与修饰图像，包括设置绘图颜色、填充颜色、图像绘制工具、设置画笔工具以及图像修饰工具的使用方法。

- 🗂 **第4部分（第6课）：** 主要讲解文字的创建与编辑，让读者掌握文字的创建、编辑和特殊编辑的操作方法。

- 🗂 **第5部分（第7课和第8课）：** 主要讲解图层的创建与应用，包括图层的创建、图层的编辑、设置图层的混合模式和不透明度、添加图层样式以及管理图层样式效果。

- 🗂 **第6部分（第9课）：** 主要讲解图像色调和色彩的调整与编辑，包括调整图像色调、调整图像色彩和调整图像的特殊颜色。

- 🗂 **第7部分（第10课和第11课）：** 主要讲解路径、通道和蒙版的创建与应用，包括利用钢笔工具创建路径、路径的选择工具、路径基本操作以及通道和蒙版的创建方法和编辑方法。

- 🗂 **第8部分（第12课和第13课）：** 主要讲解滤镜的应用，并详细介绍了各种滤镜的运用效果。

第9部分（第14课和第15课）：主要讲解图像的获取与输出等知识，以及综合应用Photoshop CS4制作DM广告。

本书特点

本书从计算机基础教学实际出发，设计了一个"本课目标+知识讲解+上机练习+疑难解答+课后练习"的教学结构，每课均按此结构编写。该结构各板块的编写原则如下。

本课目标： 包括本课要点、具体要求和本课导读3个栏目。"本课要点"列出本课的重要知识点，"具体要求"列出对读者的学习建议，"本课导读"描述本课将讲解的内容在全书中的地位以及在实际应用中有何作用。

知识讲解： 为教师授课而设置，其中每个二级标题下分为知识讲解和典型案例两部分。"知识讲解"讲解本节涉及的知识点，"典型案例"结合知识讲解的内容设置相应上机实例，对本课重点、难点内容进行深入练习。

上机练习： 为上课而设置，包括两三个上机练习题，作为读者对本课内容的实际操作，并给出各题最终效果或结果以及操作思路。

疑难解答： 针对学习本课的过程中读者可能会遇到的常见问题，以一问一答的形式体现出来，解答读者可能产生的疑问，使其进一步提高。

课后练习： 为进一步巩固本课知识而设置，包括选择题、问答题和上机题3种题型，各题目与本课内容密切相关。

本书对图中的操作标注了操作提示，以让读者快速找到操作位置。对于某些图片还加注了说明文字，以对图片进行说明。

除此之外，知识讲解过程中还穿插了"注意"、"说明"和"技巧"等几个小栏目。"注意"用于提醒读者需要特别关注的知识，"说明"用于正文知识的解释或进一步延伸，"技巧"则用于指点捷径。

图书资源文件

对于本书讲解过程中涉及的资源文件（素材文件与效果图等），请访问"华信卓越"公司网站（www.hxex.cn）的"资源下载"栏目查找并下载。

本书作者

本书的作者均已从事计算机教学及相关工作多年，具有丰富的教学经验和实践经验，并已编写出版过多本计算机相关书籍。参与本书编写工作的人员有戴伟丽、陈瑜、张艺、吴玉梅、董路、谭巧莲、龚平、叶德梅、潘远军、黄元林、田野、张亚兰、陈正荣、娄方敏、徐友新。我们相信，一流的作者奉献给读者的将是一流的图书。

由于作者水平有限，书中疏漏和不足之处在所难免，恳请广大读者及专家不吝赐教。

目　录

第12课　滤镜的应用（上）

第13课　滤镜的应用（下）

第14课　图像的获取和输出

第15课 DM广告设计

第1课

Photoshop CS4快速入门

▼ **本课要点**

Photoshop CS4的基础知识

图像文件的基本操作

Photoshop CS4的辅助设置

Photoshop CS4的优化设置

▼ **具体要求**

掌握Photoshop CS4的相关概念

掌握Photoshop CS4工作界面的组成部分

掌握图像文件的打开、保存和关闭操作

掌握Photoshop CS4的辅助设置和优化设置

▼ **本课导读**

Photoshop CS4是一款集设计、图像处理和图像输出等众多功能于一体的图像处理软件，也是目前最流行的图形图像处理软件之一。本课重点讲解Photoshop CS4的基础知识、图像文件的基本操作、Photoshop CS4的辅助设置以及Photoshop CS4的优化设置，使读者透彻地了解和掌握该软件，并为熟练应用该软件打下基础。

1.1 Photoshop CS4基础知识

Photoshop CS4是目前最优秀的图形图像处理软件之一，在学习如何用该软件处理图片前，首先要了解Photoshop CS4的基础知识、掌握Photoshop CS4的一些基本操作和设置，从而更好地学习该软件。

1.1.1 知识讲解

在学习Photoshop CS4软件时，首先要了解该软件的用途、基本概念、启动和退出方法以及工作界面等，为以后的学习打好基础。

1. Photoshop CS4的用途

Photoshop CS4广泛应用于平面设计、插画、网页、照片和效果图后期处理等领域，下面将对这些领域进行简单介绍。

📁 平面设计

平面设计包括文字设计、广告设计、商标设计以及包装设计，下面分别进行介绍。

✉ 文字设计能直接地表现设计意图，是产生平面设计的重要原因，文字设计实例如图1.1所示。

✉ 广告设计是Photoshop应用最广泛的领域，主要包括招贴广告、宣传广告等，用Photoshop设计的宣传广告单如图1.2所示。

✉ 商标设计也是平面设计的一个重要领域，商标是企业或商品的标志，代表企业文化或商品文化，商标设计实例如图1.3所示。

✉ 包装设计本身是一种传播，它是产品或商品的外观和装饰，集中体现了企业的视觉形象，包装设计实例如图1.4所示。

图1.1　文字设计　　　　图1.2　宣传广告单　　　　图1.3　商标设计　　　图1.4　包装设计

📁 插画设计

插画设计作为现代设计的一种重要的视觉传达形式，以其直观的形象性、真实的生活感和美的感染力，在现代设计中占有重要的地位。它广泛应用于文化活动、社会公共事业、商业活动和影视文化等领域，如图1.5所示为利用Photoshop设计的插画。

📁 网页设计

网页是企业向用户和网民提供信息的一种方式，是企业开展电子商务的基础设施和信息平台，可以利用平面设计的理念对其进行设计，网页设计实例如图1.6所示。

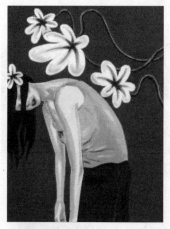

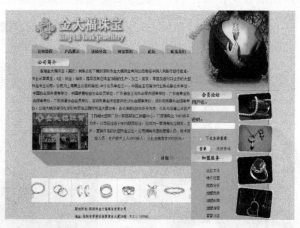

图1.5　插画设计　　　　　　　　　　　　　　图1.6　网页设计

📁 照片设计

　　照片设计是通过Photoshop提供的图像色彩、色调命令和图像修饰工具对照片进行特效处理，如图1.7所示是利用Photoshop处理后的照片。

📁 效果图后期处理

　　在目前社会中，效果图后期处理是一种较流行的行业，不论是在室内装饰、建筑外观，还是园林设计等领域中，Photoshop都发挥着重要的作用，如图1.8所示是利用Photoshop处理后的效果图。

图1.7　照片设计　　　　　　　　　　　　　　图1.8　效果图后期处理

2. 图像的相关概念

　　为了帮助用户更好地运用Photoshop CS4的各项功能进行图像处理，下面将介绍图像的相关概念。

📁 像素

　　在Photoshop CS4中，像素是组成图像的基本元素，它是一个有颜色的矩形网格，每个网格都分配有特定的位置和颜色值。文件包含的像素越多，其分辨率就越高，记录的信息也越多，文件也就越大，图像品质也就越好。当把图像放大到最大时，就会显示类似网格的效果，如图1.9所示为图像局部放大的前后效果对比图。

图1.9　图像局部放大的前后效果对比图

📁 **分辨率**

分辨率是指单位长度或单位面积上像素的数目，通常由"像素/英寸"或"像素/厘米"来表示。分辨率的高低直接影响着图像的效果，越高的图像分辨率，表示单位长度内所含的像素越多，图像文件越清晰，同时图像文件也越大，运行文件所占用的内存也越大，机器运行速度将降低。

📁 **位图和矢量图**

电脑图像的基本类型是数字图像，它是以数字方式记录处理和保存的图像文件。数字图像分为位图和矢量图。这两种图像各有各的特色，为了在操作时更好地完成作品，可在绘制图像与图像处理过程中，将这两种类型混合运用，以达到最佳效果。下面对位图和矢量图进行介绍。

✉ 位图也称为点阵图或像素图，是由许多像素点组成的图像，其中每一个像素点都有自己的颜色、强度和位置，它们将决定整个图像的最终效果。位图常在Photoshop、Painter和PhotoImpact等软件之间进行文件交换，但在放大或以过低的分辨率打印时，图像中将会出现锯齿状，并且会丢失图像中的部分细节。

✉ 矢量图(也称向量图)是以几何学进行内容运算、以向量方式记录的图像，它以线条和色块为主，这些对象都是独立的。通常在Adobe Illustrator、FreeHand、CorelDRAW等绘图软件中绘制的图形就称为矢量图。

📁 **颜色模式**

颜色模式是用于表现色彩的一种数学算法，它主要包括位图模式、灰度模式、双色调模式、索引色彩模式、RGB模式、CMYK模式、Lab模式和多通道模式等，下面介绍几种常用的颜色模式。

✉ 位图模式图像又称为黑白图像，它是由黑白两色组成的，没有中间层次。要将图像转换成位图模式，必须先将图像转换成灰度模式，然后才能转换成位图模式，如图

1.10所示。

灰度模式的图像只存在灰度，没有色度、饱和度等彩色信息。它最多使用256个灰度级来模拟颜色层次，如图1.11所示。

双色调模式是用一种灰色油墨或彩色油墨来创建双色调、三色调和四色调的灰度图像，如图1.12所示。

图1.10　位图模式　　　　　图1.11　灰度模式　　　　　图1.12　双色调模式

索引色彩模式又叫做映射色彩模式，该模式的像素只有8位，即图像文件中最多含有256种颜色，这些颜色在Photoshop预先定义好的颜色查找表中。当一幅图像转换为索引模式时，如果原图像中的某种颜色没有出现在该表中，Photoshop会选取颜色表中最接近的一种，或使用颜色表中的颜色模拟该颜色。

RGB模式是一种最基本、使用最广泛的颜色模式，该颜色模式中，由R（红色）、G（绿色）和B（蓝色）这3种颜色叠加产生其他颜色。其中每个颜色都有256种不同亮度值，因此彼此叠加就有1670万种颜色了。

CMYK模式是一种印刷模式，它是由C（青色）、M（洋红）、Y（黄色）和K（黑色）这4种颜色组成的。CMYK模式与RGB模式在本质上没有太大的区别，只是产生色彩的原理不同，但在处理图像时，一般不采用CMYK模式，因为这种模式的图像文件占用的存储空间比较大，而且不能使用Photoshop中的部分滤镜。

Lab模式是国际照明委员会发布的色彩模式。它是由一个明度通道和另外两个代表颜色范围的通道a和通道b组成的。其中通道a包括的颜色是从深绿色（低明度值）到灰色（中明度值）再到红色（高明度值）；通道b包括的颜色是从亮蓝色（低明度值）到灰色（中明度值）再到黄色（高明度值），其通道如图1.13所示。

多通道模式包含多种灰阶通道，其中每一通道均由256级灰阶组成，该模式适用于有特殊打印需求的图像，其通道如图1.14所示。

图1.13　Lab模式

图1.14　多通道模式

📁　文件格式

Photoshop CS4提供了多种图形文件格式，用户在存储文件时，可根据不同的需求将文件进行保存。

● **PSD格式：** 是Photoshop软件自身生成的一种文件格式，它能够支持所有图像色彩模式。由于它保存了图像的层、通道等信息，因此以该格式存储的文件包含图像数据信息较多，占用空间大。

● **BMP格式：** 是一种点阵式图像文件格式，它支持RGB模式、索引模式、灰度模式以及位图模式，但不支持Alpha通道。另外，该格式产生的文件比较大。

● **TIFF格式：** 是一种可在多个图像软件之间进行数据交换的格式，它支持RGB模式、CMYK模式、Lab模式和灰度模式等，而且支持带Alpha通道的RGB模式、CMYK模式和灰度模式。

● **JPEG格式：** 是一种支持真彩色的文件格式，生成文件较小；也是常用的图像格式。它支持RGB模式、灰度模式以及CMYK模式，但不支持Alpha通道。使用该格式保存的图像文件经过压缩，可使文件变小，但也会丢失部分数据。

● **GIF格式：** 该格式的文件是8位图像文件，最多为256色，它支持LZW压缩，支持黑白、灰度和索引等色彩模式，但不支持Alpha通道。GIF格式产生的文件比较小，能保存动画效果，常用于网络传输。

● **PNG格式：** 该格式的图像文件支持24位真彩色图像，并且支持透明背景和消除锯齿边缘的功能，可以在不失真的情况下压缩保存图像。

● **EPS格式：** 是一种常用于图形交换的格式，它几乎被所有图像、示意图、绘图和页面排版程序所支持，但不支持Alpha通道。该格式的文件在排版时可以较低的分辨率预览图像，而在打印时则可以较高的分辨率输出。

● **PDF格式：** 是Adobe公司开发的用于Windows、MAC OS、UNIX和DOS系统的一种电子出版软件的格式。该格式的图像文件可以包含矢量图、位图、导航和电子文档查找功能。PDF格式支持RGB、索引颜色、CMYK、灰度、位图和Lab颜色模式，还支持通道、图层等数据信息以及JPEG和ZIP压缩格式。

● **PICI格式：** 是作为应用程序间传递文件的中间文件格式，它支持带Alpha通道的RGB文件和不带Alpha通道的索引、灰度、位图文件。该格式广泛应用于Macintosh图形和页面排版程序中，对大面积单色的图像以及具有大面积黑色和白色的Alpha通道进行压缩时非常有效。

3. 启动和退出Photoshop CS4

在电脑中安装好Photoshop CS4后，可以通过以下几种方法启动程序。

● 选择"开始"→"所有程序"→"Adobe Photoshop CS4"命令。
● 双击桌面上的Photoshop CS4快捷方式图标 ▣。
● 双击电脑中扩展名为".PSD"的文件。

在电脑中运行Photoshop CS4程序后会占用大量的内存，因此在不使用该软件时，最好退出该程序。退出Photoshop CS4程序的操作方法有以下几种。

● 单击工作界面中菜单栏右侧的"关闭"按钮 ▣。

在菜单栏上选择"文件"→"退出"命令即可关闭程序。

直接按"Alt+F4"组合键关闭程序。

4. Photoshop CS4的工作界面

启动Photoshop CS4程序后，可以看到Photoshop CS4的工作界面和以往的版本相比有很大的变化，如图1.15所示，下面我们将详细介绍工作界面中各个设置栏的功能。

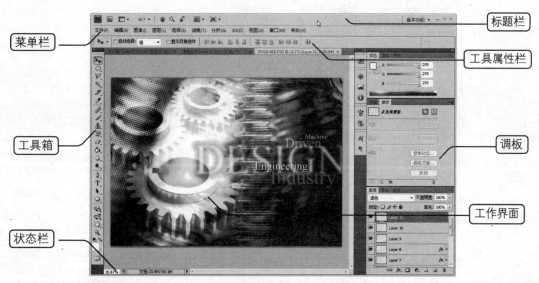

图1.15　Photoshop CS4的工作界面

📂 **标题栏**

标题栏和以往的版本相比有很大的变化，它不仅显示软件的名称、"最小化"、"还原"和"关闭"按钮，还包含其他按钮，如图1.16所示。

图1.16　标题栏

📂 **菜单栏**

菜单栏主要包含"文件"、"编辑"、"图像"、"图层"、"选择"、"滤镜"、"分析"、"3D"、"视图"、"窗口"和"帮助"菜单项，其中的每个菜单中包含了多个子菜单命令。

📂 **工具属性栏**

工具属性栏用于显示当前使用的工具的属性和参数，当用户在工具箱中选择不同的工具时，工具属性栏会随之产生变化。

📂 **工具箱**

工具箱中放置了Photoshop CS4中的所有工具，它几乎可以完成图像处理中的所有操作。在绘制或处理图像时，可根据实际情况选择合适的工具。工具箱具有伸缩功能，默认情况下工具箱是以"长单条"形状显示的，单击 按钮可使工具箱变成"短双条"形状。

在Photoshop CS4中，部分工具按钮是以一个工具组的形式存在的。在需要展开的工具组按钮上按住鼠标左键不放或单击鼠标右键，即可将其展开，工具箱的不同形状如图1.17所示。

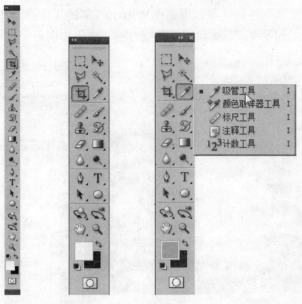

图1.17　工具箱

　当工具箱变成"短双条"形状时，"长单条"形状中的 ▶▶ 按钮将变成 ◀◀ 按钮，单击该按钮即可将工具箱恢复为默认状态。

📁 工作界面

工作界面是对图像进行浏览和编辑的主要场所。在Photoshop CS4中，工作界面以全新的"标签页"显示，通过鼠标指针可以对"标签页"进行选择或移动。如果要将当前的图像文件以浮动面板显示，可直接拖动"标签页"，这时当前图像文件会覆盖下面的文件，如图1.18所示。

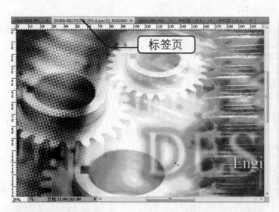

图1.18　工作界面

　如果要切换图像窗口，可按"Ctrl+Shift+Tab"组合键进行向后切换或按"Ctrl+Tab"组合键进行向前切换。

📁 调板

调板是Photoshop CS4工作界面中的一个重要的组成部分，它将许多功能集合在一起，从而大大提高了工作效率。在Photoshop CS4中，调板发生了很大的变化，默认情况下，所有的调板都放置在界面的右边，并收缩为精美的图标，以免占用太多的工作空间，如图1.19所示。

在Photoshop CS4中，根据自己的操作习惯，可以将调板放置到工作界面的任意位置，也可以选择性地打开必要的调板。其中每个调板都有相应的下拉菜单命令，通过这些命令，可以实现相应的功能。单击调板右上角的扩展按钮 ，在弹出的下拉菜单中选择需要的命令即可，如图1.20所示。

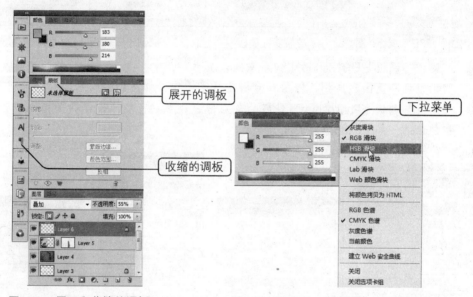

图1.19　展开和收缩的调板　　　　图1.20　调板的下拉菜单

下面将详细介绍Photoshop CS4中各调板的功能。

☁ "3D"调板是用来显示相关联的3D文件的组件，在调板顶部列出了文件中的场景、网格、材料和光源，而调板的下端则显示在顶部选定的3D组件的设置和选项，如图1.21所示。

☁ "导航器"调板结合了缩放工具和手形工具的功能，它能帮助用户方便地查看图像显示的比例和当前显示的区域，如图1.22所示。

☁ "动作"调板主要用来记录、播放和管理动作，它可以录制一连串的编辑动作，在制作过程中重复运用这些录制的编辑步骤可以节省时间，"动作"调板如图1.23所示。

☁ "段落"调板主要用来设定段落对齐、段落缩排、段落间距和定位点等相关的操作，如图1.24所示。

☁ "历史记录"调板用来记录当前图像中进行的前20步操作，并能随时返回到其中任意一个操作，如图1.25所示。

☁ "路径"调板是一种矢量编辑方式，通过该调板可对路径进行保存、新建、删除、转换、描边和填充等操作，如图1.26所示。

图1.21 "3D"调板 图1.22 "导航器"调板 图1.23 "动作"调板 图1.24 "段落"调板

"蒙版"调板是Photoshop CS4新增的调板之一,它主要用于调整蒙版边缘、浓度、羽化、色彩范围、反相、停用和启用蒙版等操作,如图1.27所示。

"色板"调板是Photoshop预设好的色彩样式,用户可快速地在该调板中设置前景色和背景色,如图1.28所示。

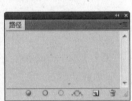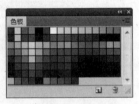

图1.25 "历史记录"调板 图1.26 "路径"调板 图1.27 "蒙版"调板 图1.28 "色板"调板

"调整"调板也是新增的调板之一,它主要是针对图像的色彩和色调进行保护性调整。使用该调板中的任意一个命令时,"图层"调板将自动新建一个图层,而不在图像图层上进行直接调整,这是Photoshop CS4与以前版本不同的地方,"调整"调板如图1.29所示。

"通道"调板采用特殊的灰度通道来存储图像颜色信息和专色信息,通过该调板,可进行新建、复制、编辑、转换和删除等操作,如图1.30所示。

"图层"调板是对图层进行管理和操作的调板,如图1.31所示。使用该调板,可帮助用户提高工作效率。

"信息"调板用来查看当前图像中光标所在的位置和颜色等信息,如图1.32所示。

"颜色"调板用于设置"前景色"和"背景色"的颜色,以及选择需要的颜色模式,如图1.33所示。

"样式"调板可帮助用户快速地为图层应用典型的效果样式,也可以创建新的样式并进行保存,如图1.34所示。

   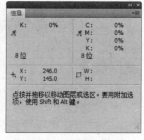

图1.29 "调整"调板 图1.30 "通道"调板 图1.31 "图层"调板 图1.32 "信息"调板

"直方图"调板用于查看当前图像或单个颜色通道的直方图信息，如图1.35所示。

"字符"调板用于设置字体、字符大小、字符间距、行间距和基线微调等字符格式，如图1.36所示。

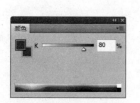  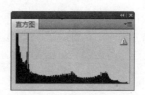 

图1.33 "颜色"调板 图1.34 "样式"调板 图1.35 "直方图"调板 图1.36 "字符"调板

状态栏

状态栏位于图像窗口底部的最左端，主要用来显示当前图像窗口的显示比例和文件大小。单击状态栏右侧的小三角按钮，即可弹出如图1.37所示的下拉菜单，其中各选项的含义如下。

图1.37 状态栏的下拉菜单

Version Cue（翻译显示）：用于显示图像文件操作提示信息。

文档大小：用于显示有关图像中的数据量信息，其中左边的数字表示图像的打印大小，右边的数字表示文件的近似大小，包括图层和通道。

文档配置文件：用于显示图像使用的颜色配置文件的名称。

文档尺寸：用于显示当前图像的尺寸。

测量比例：表示将当前的测量结果以测量比例来显示。

暂存盘大小：用于显示当前空间内存的大小，其中左边的数字表示当前所有打开的图像的内存量，右边的数字表示可用于处理图像的总内存量。

效率：用于显示执行实际操作所花时间的百分比。

计时：用于显示完成上一个操作所花的时间。

⬬ **当前工具：** 用于查看现用工具的名称。

⬬ **32位曝光：** 用于显示当前图像操作的位数。

1.1.2 典型案例——自定义工作界面

案例目标 ✛

　　本案例将对"3D"调板、"段落"调板以及"字符"调板进行拆分和移动，然后对自定义的工作界面进行保存。

　　操作思路：

⬬ 启动Photoshop CS4，在菜单栏上选择"窗口"→"3D"命令，弹出"3D"调板。

⬬ 按照前面的方法，选择"窗口"→"字符"命令，即可弹出"字符"调板组。

⬬ 将"字符"调板组中的"段落"调板拖动到工作界面的任意位置，释放鼠标，完成拆分操作。

⬬ 将"3D"调板合并到"调整"调板组中。

⬬ 将"字符"调板合并到"颜色"调板组中。

⬬ 将"段落"调板合并到"图层"调板组中。

⬬ 保存工作界面。

操作步骤 🏃

　　其具体操作步骤如下：

步骤01 双击桌面上的Photoshop CS4快捷方式图标 ![Ps]，启动Photoshop CS4，进入其工作界面，如图1.38所示。

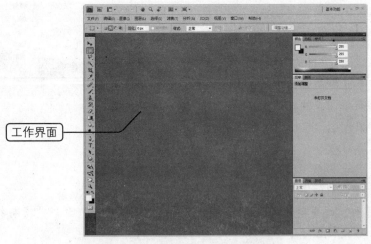

工作界面

图1.38　Photoshop CS4的工作界面

步骤02 在菜单栏上单击"窗口"菜单项，在弹出的下拉菜单中选择"3D"和"字符"

命令，这时即可打开"3D"调板和"字符"调板组。

步骤03 将鼠标指针移动到"段落"标签上，按住鼠标左键不放，并拖动到工作界面的任意位置，然后释放鼠标，如图1.39所示。

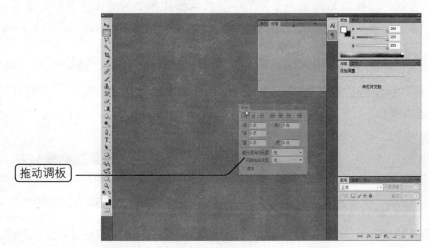

拖动调板

图1.39 将"字符"调板组拆分

步骤04 将鼠标指针移动到"3D"调板的标签上，按住鼠标左键不放，并拖动到"调整"调板组的空白区域，当调板组变成蓝色时，释放鼠标即可完成合并。

步骤05 按照前面的方法，分别将"字符"调板和"段落"调板合并到"颜色"调板组和"图层"调板组中，如图1.40所示。

步骤06 在菜单栏上选择"窗口"→"工作区"→"存储工作区"命令，在弹出的"存储工作区"对话框中输入名称，然后单击"存储"按钮即可将自定义的工作界面进行保存，如图1.41所示。

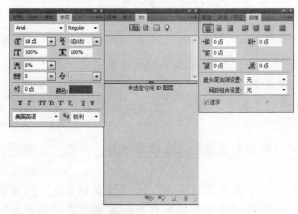

图1.40 合并后的调板组

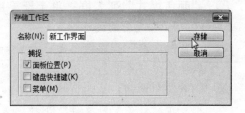

图1.41 "存储工作区"对话框

案例小结

本案例通过自定义工作界面，练习了启动Photoshop CS4程序、打开调板、拆分调板以及合并调板等相关操作。

1.2 图像文件的基本操作

在Photoshop CS4中，熟练掌握图像文件的一些基本操作是学习图像绘制和处理的首要任务。

1.2.1 知识讲解

图像文件的基本操作包括新建文件、打开文件、保存文件和关闭文件等，下面我们将详细介绍这些基本操作。

1. 新建图像文件

在Photoshop CS4中，直接在菜单栏上选择"文件"→"新建"命令或按下"Ctrl+N"组合键，在弹出的"新建"对话框中进行相关的设置，如图1.42所示，完成后单击"确定"按钮即可新建图像文件。"新建"对话框中各项的含义如下。

"名称"文本框：用于设置新建文件的名称。

"预设"列表框：用于设置文件的不同规格。单击右侧的小三角按钮，在弹出的下拉列表中可选择常用的图像尺寸大小。

"大小"列表框：用于辅助设置"预设"列表框后的图像规格。

"宽度"和"高度"数值框：用于设置图像文件的大小以及尺寸单位。默认情况下，系统的尺寸单位为"像素"。

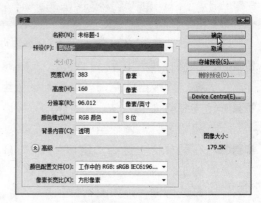

图1.42 "新建"对话框

"分辨率"数值框：用于设置图像分辨率的大小及其单位。分辨率越大，图像的品质就越好，但图像文件所占的内存也就越大。

"颜色模式"列表框：用于设置图像文件的色彩模式。在其下拉列表中可以选择Photoshop支持的色彩模式。

"背景内容"列表框：用于设置新建图像的背景颜色。系统默认为"白色"，也可以设置为"背景色"和"透明"。

"高级"按钮：单击该按钮，系统会显示"颜色配置文件"和"像素长宽比"列表框。在"颜色配置文件"下拉列表中可设置新建文件的颜色生成方式；在"像素长宽比"下拉列表中可选择需要的像素纵横比。

2. 打开图像文件

在Photoshop CS4中打开图像文件的方式有多种，主要包括打开文件、打开最近使用的文件、使用"Adobe Bridge"打开文件、打开为文件和打开为智能对象等，用户可根据实际需要进行操作。

📁 打开文件

在Photoshop CS4中，如果要打开已存在的图像文件，可直接在菜单栏上选择"文件"→"打开"命令或按下"Ctrl+O"组合键，即可弹出"打开"对话框。在"查找范围"下拉列表中选择文件所在的位置，然后在列表框中选择需要的文件名和文件格式，最后单击"打开"按钮即可，如图1.43所示。

📁 打开最近使用的文件

Photoshop CS4提供的"最近打开文件"功能主要用于记录最近处理过的文件。如果要打开最近使用的文件，可直接在菜单栏上选择"文件"→"最近打开文件"命令，在弹出的下一级子菜单中，列出了最近被打开过的图像文件的名称，单击其中的任意一个文件名称，即可打开相应的图像文件，如图1.44所示。

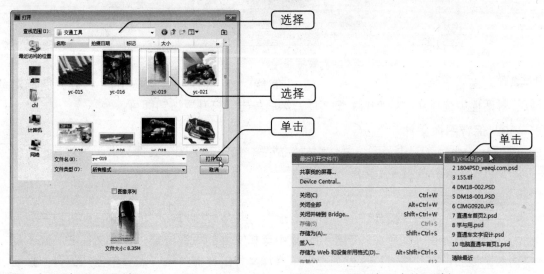

图1.43　"打开"对话框　　　　　　　　图1.44　　"最近打开文件"列表

📁 使用"Adobe Bridge"打开文件

"Adobe Bridge"管理器主要用来帮助用户管理图像文件。单击标题栏上的 Br 按钮或在菜单栏上选择"文件"→"在Bridge中浏览"命令，在弹出的" Br 文件名"对话框中选择需要的图像文件，双击该文件即可将其在Photoshop CS4中打开，如图1.45所示。

📁 打开为文件

"打开为"与"打开"文件命令基本相同，该命令用于打开需要转换格式的文件，即以指定文件格式来打开图像文件。

在菜单栏上选择"文件"→"打开为"命令，在弹出的"打开为"对话框中选择需要打开的图像文件；并在"打开为"下拉列表中指定要转换的文件格式，然后单击"打开"按钮，系统将以指定的格式打开该图像文件。

📁 打开为智能对象

智能对象是Photoshop CS4中一项非常实用的功能，可以将位图图像或矢量图形装入到智能对象中，当对智能对象所在的图层进行各种变换时，装入智能对象中的位图或矢量图形将不受任何影响。

图1.45　"Adobe Bridge" 管理器

在菜单栏上选择"文件"→"打开为智能对象"命令，在弹出的"打开为智能对象"对话框中选择需要打开的图像文件，然后单击"打开"按钮即可。

3. 保存图像文件

在Photoshop CS4中，图像文件编辑完成后，为了避免图像文件丢失，可对其进行保存。保存图像文件的方式主要有以下几种。

　　📂 **存储文件**

在菜单栏上选择"文件"→"存储"命令或按下"Ctrl+S"组合键，即可打开"存储为"对话框。在"保存在"下拉列表框中选择文件的保存位置，在"文件名"文本框中输入文件名，在"格式"下拉列表框中选择文件的存储类型，然后单击"保存"按钮即可，如图1.46所示。

　　📂 **"存储为"文件**

如果要将文件存储为副本，可直接在菜单栏上选择"文件"→"存储为"命令或按"Ctrl+Shift+S"组合键，在弹出的"存储为"对话框中进行设置，然后单击"保存"按钮即可。

　　📂 **"存储为Web和设备所用格式"文件**

"存储为Web和设备所用格式"功能可以使Photoshop CS4的网页编辑功能更加强大，通过对选项的设置可优化网页图像，将图像保存为适合于网页的使用格式。

在菜单栏上选择"文件"→"存储为Web和设备所用格式"命令，在弹出的"存储为Web和设备所用格式"对话框中设置图像的优化选项，然后单击"确定"按钮即可，如图1.47所示。

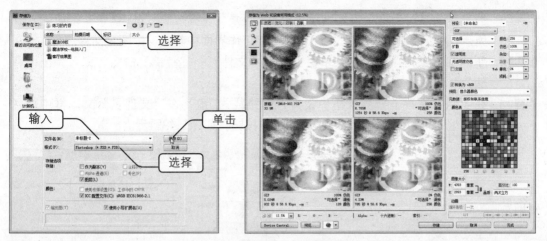

图1.46 "存储为"对话框 图1.47 "存储为Web和设备所用格式"对话框

4. 关闭图像文件

完成图像文件的编辑后，如果不需要继续使用该图像文件，可将它关闭。关闭图像文件的方法具体有以下几种。

📨 在菜单栏上选择"文件"→"关闭"命令，即可关闭文件。

📨 单击标题栏上最右侧的关闭按钮 ⚈ ，即可关闭文件。

📨 单击图像窗口左上角的 Ps 按钮，在弹出的快捷菜单中选择"关闭"命令，即可关闭文件。

📨 双击图像窗口左上角的 Ps 按钮，即可关闭文件。

📨 按"Ctrl+W"组合键，即可关闭文件。

📨 按"Ctrl+F4"组合键，即可关闭文件。

1.2.2 典型案例——新建、保存并关闭图像文件

案例目标 ✛

本案例将在Photoshop CS4中新建一个大小为400×400像素的图像文件，然后将其保存到D盘，文件名为"典型案例--2"，最后关闭该图像文件。

操作思路：

📨 利用"新建"对话框完成图像文件的新建操作。

📨 利用"存储为"对话框完成图像文件的保存操作。

📨 按下"Ctrl+F4"组合键，关闭该图像文件。

操作步骤 🏃

其具体操作步骤如下：

步骤01 启动Photoshop CS4程序后，在菜单栏上选择"文件"→"新建"命令，在弹出

的"新建"对话框中设置宽度为"400像素"，高度为"400像素"，如图1.48
所示，然后单击"确定"按钮，即可在工作界面中新建一个图像文件。

步骤02 新建完图像文件后，在菜单栏上选择"文件"→"存储"命令，即可弹出"存储为"对话框。

步骤03 在"保存在"下拉列表框中设置存储路径为D盘，在"文件名"文本框中输入"典型案例--2"，然后单击"保存"按钮，如图1.49所示。

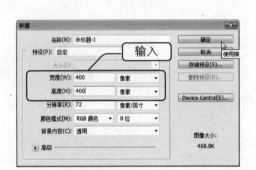

图1.48　"新建"对话框　　　　　　　　　　图1.49　"存储为"对话框

步骤04 按下"Ctrl+F4"组合键，关闭该图像文件。

案例小结

本案例通过新建、保存并关闭图像文件的操作，练习在"新建"对话框和"存储为"对话框中对各参数选项进行设置，让读者熟悉并掌握新建、保存图像文件的方法。

1.3　Photoshop CS4的辅助设置

Photoshop CS4中提供了多种辅助工具，可以帮助用户更精确地绘制、测量以及对齐图像。

1.3.1　知识讲解

辅助工具主要包括参考线、网格、标尺和度量工具等，下面我们将详细介绍这些辅助工具的设置与应用。

1. 参考线

参考线是给设计者提供准确对齐或放置对象的参考位置。在处理图像过程中，经常需要根据实际情况，在图像窗口中创建多条参考线。另外，还可对添加的参考线进行移动、锁定和清除等操作。

📁 新建参考线

在Photoshop CS4中，要新建参考线，可在菜单栏上选择"视图"→"新建参考线"命令，打开"新建参考线"对话框，在"取向"栏中选择参考线的类型，在"位置"数值框中输入参考线的位置，如图1.50所示，最后单击"确定"按钮即可在指定的位置创建一条参考线。

创建参考线还可以通过标尺来实现。在图像窗口中显示标尺后（按"Ctrl+R"组合键），将鼠标指针移动至窗口标尺的地方，按住鼠标左键不放向工作区域拖动，这时鼠标指针显示为 ↔ 或 ↕ 形状，拖动至适当的位置后释放鼠标即可创建一条参考线，如图1.51所示。

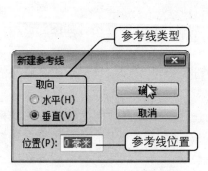

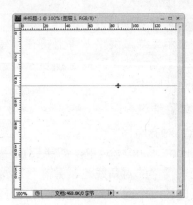

图1.50　"新建参考线"对话框　　　　图1.51　通过标尺创建参考线

📁 移动参考线

在工具箱中单击"移动工具"按钮 ▶⊕，然后将鼠标指针移动至参考线上，当鼠标指针显示为 ↔ 或 ↕ 形状时，按住鼠标左键不放并进行拖动，释放鼠标后，即可完成参考线的移动操作。

📁 锁定参考线

在处理图像文件过程中，经常会因为不小心而移动参考线。通过系统提供的"锁定参考线"功能可以防止这种情况发生。

在菜单栏上选择"视图"→"锁定参考线"命令即可实现锁定操作，这时"视图"菜单栏中的"锁定参考线"命令前会显示勾选标记。

 如果要取消锁定参考线，只需再次执行"视图"→"锁定参考线"命令即可。

📁 显示和隐藏参考线

在处理图像过程中，经常需要在显示和隐藏参考线之间进行切换。要显示或隐藏参考线，只需在菜单栏上选择"视图"→"显示"→"参考线"命令，当子菜单中的"参考线"命令前显示勾选标记时，则显示参考线；反之，则隐藏参考线。

📁 清除参考线

在Photoshop CS4中，如果要一次性清除所有的参考线，可直接在菜单栏上选择"视图"→"清除参考线"命令来实现；如果要清除其中一条参考线，可使用"移动工具" 将参考线拖动至标尺处即可。

2. 网格

网格功能和参考线功能相似，都是用于帮助用户精确地对齐和放置对象。关于网格的基本操作介绍如下。

📁 显示或隐藏网格

要显示或隐藏网格，可直接在菜单栏上选择"视图"→"显示"→"网格"命令，当子菜单中的"网格"命令前显示勾选标记时，则显示默认的网格，如图1.52所示；反之，则隐藏网格。

另外，通过标题栏上的"查看额外内容"按钮 也可以设置显示或隐藏网格。

📁 对齐网格

在Photoshop CS4中，如果要使所绘制的直线、斜线或不规则曲线都位于网格线或某一个子网格的对角线上，并在移动选区、路径或路径中的节点时，系统会自动捕捉其周围最近的一个网点并与之对齐，可通过在菜单栏上选择"视图"→"对齐到"→"网格"命令来实现。

📁 网格的设置

在Photoshop CS4中，网格并不是固定不变的。在菜单栏上选择"编辑"→"首选项"→"常规"命令或直接按下"Ctrl+K"组合键，即可弹出"首选项"对话框，如图1.53所示。在该对话框左侧的列表框中选择"参考线、网格和切片"选项，这时对话框的右侧也随之改变，在"网格"栏中可设置网格的颜色、样式、网格间距和子网格数量。

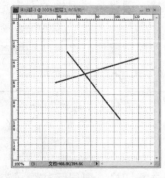

图1.52 显示网格

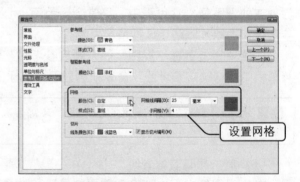

图1.53 "首选项"对话框

3. 标尺

标尺位于工作区的上方和左侧，主要用于度量当前窗口中的操作对象。在菜单栏上选择"视图"→"标尺"命令或按下"Ctrl+R"组合键，图像窗口中即显示标尺，如图

1.54所示。

 设置标尺单位

默认情况下，标尺的单位为"厘米"，如果要更改标尺的单位，可直接在菜单栏上选择"编辑"→"首选项"→"单位与标尺"命令或在标尺上双击鼠标左键，均可弹出"首选项"对话框。在"单位"栏的"标尺"下拉列表中选择需要的单位，然后单击"确定"按钮即可。

> **技巧** 要设置标尺单位，还可以在标尺上单击鼠标右键，在弹出的快捷菜单中选择标尺的单位，如图1.55所示。

 设置标尺原点

标尺原点指的是水平标尺与垂直标尺的相交点。默认情况下，该原点被放置在图像窗口的左上角，如果要改变标尺原点的位置，可将鼠标指针移动到图像窗口左上角的█上，按下鼠标左键不放并拖动到图像窗口中需要设置标尺新原点的位置，释放鼠标后即可将标尺原点设置到该位置上，如图1.56所示。

图1.54　显示标尺

图1.55　设置标尺单位

图1.56　设置标尺原点

4. 度量工具

度量工具主要用于测量图像中两点之间的距离、位置和图像角度，相当于直尺和量角器。在菜单栏上选择"分析"→"标尺工具"命令或单击工具箱中的"标尺工具"按钮，然后在图像中单击一点并进行拖动，这时开始点和鼠标指针之间会产生一条连接线，如图1.57所示。当拖动至目标位置后，释放鼠标左键，这时显示测量线段，如图1.58所示。

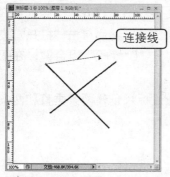

图1.57　连接线

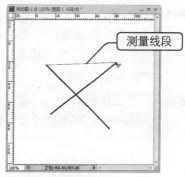

图1.58　测量线段

执行"度量工具"命令后,工具属性栏上将显示如图1.59所示的信息,其中各参数选项的含义如下。

图1.59 属性栏

- X、Y:表示测量起点的横、纵坐标值。
- W、H:表示两点之间的水平距离和垂直距离。
- A:表示水平方向和线段之间的夹角。
- L1:表示线段起点和终点之间的测量线段。
- "清除"按钮:单击该按钮则清除测量的线段。

> **注意** 在Photoshop CS4中,如果要测量图像的角度,可通过以下方法实现:在开始点的位置按下鼠标左键并拖动,指定需要测量角度的第一条线,然后按下"Alt"键的同时再从开始点出发,拖动鼠标指定角度的第二条线,释放鼠标后,即可在属性栏中查看角度信息。

1.3.2 典型案例——测量格子的大小

本案例将利用Photoshop CS4的辅助工具对如图1.60所示的格子大小进行测量,主要练习辅助工具的应用。

素材位置:第1课\素材\不规则格子.jpg
操作思路:

- 打开"不规则格子.jpg"素材文件,并显示标尺。
- 创建水平和垂直的参考线。
- 利用度量工具测量出格子的高度和宽度。

其具体操作步骤如下:

步骤01 启动Photoshop CS4程序,在菜单栏上选择"文件"→"打开"命令,在弹出的"打开"对话框中选择"不规则格子.jpg"图像文件,然后单击"打开"按钮。

步骤02 在菜单栏上选择"视图"→"标尺"命令或按下"Ctrl+R"组合键,在图像顶部和左侧显示标尺。

步骤03 单击工具箱中的"移动工具"按钮,然后通过标尺创建两条垂直和两条水平的参考线,如图1.61所示。

图1.60 "不规则格子"图像文件

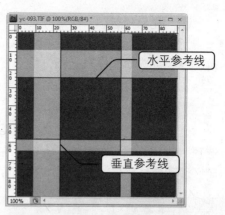

图1.61 显示标尺、参考线

步骤04 单击工具箱中的"标尺工具"按钮 ，然后在两条垂直方向的参考线之间创建度量线段，这时在工具属性栏中将显示格子的宽度，如图1.62所示。

步骤05 单击工具属性栏上的"清除"按钮，然后按照前面介绍的方法，创建出两条水平方向的参考线之间的度量线段，并在属性栏中查看格子的高度。

案例小结

本案例主要是通过辅助工具对图像文件进行测量，首先通过菜单栏显示标尺，并通过标尺创建水平和垂直的参考线，然后用"标尺工具"测量参考线相交点之间的距离。

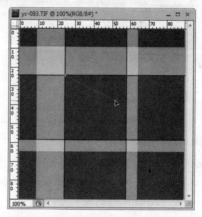

图1.62 测量格子的宽度

1.4 Photoshop CS4的优化设置

在使用Photoshop CS4之前，可对其进行一些优化设置，以使该程序更加快速、稳定地运行。

1.4.1 知识讲解

Photoshop CS4的优化设置主要包括环境设置、Photoshop的常规预置、界面预置、文件处理预置、性能预置、增效工具预置和文字预置，下面我们将详细介绍这些优化设置。

1. 环境设置

在Photoshop CS4中，环境设置主要包括光标预置、透明度与色域预置、单位与标尺预置以及参考线、网络、切片和计数预置。

📁 光标预置

光标预置用于设置画笔笔尖的显示状态和画笔颜色。在菜单栏上选择"编辑"→"首选项"→"光标"命令，在弹出的"首选项"对话框中根据自己的习惯设置光标显示状态和画笔颜色，完成后单击"确定"按钮即可，如图1.63所示。

📁 透明度与色域预置

透明度与色域预置用于设置透明区域和色域警告。在菜单栏上选择"编辑"→"首选项"→"透明度与色域"命令，在弹出的"首选项"对话框中根据实际的情况设置透明区域和色域警告，完成后单击"确定"按钮即可，如图1.64所示。

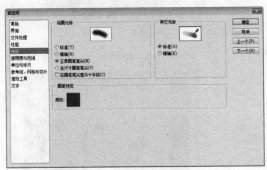
图1.63　光标预置

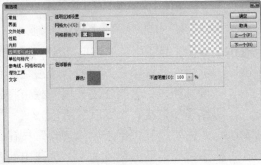
图1.64　透明度与色域预置

✉ **"透明区域设置"栏**：在新建文件时，如果将背景内容设置为透明，单击"确定"按钮后可看到由白色和灰色的小方块组成的网格，如果要更改这些网格，就可以在"透明区域设置"栏中实现。

✉ **"色域警告"栏**：表示所选择的颜色超出CMYK的色彩范围或Web的颜色范围时，在打印图像时溢色区的颜色设置并设置其透明度。

📁 单位与标尺预置

单位与标尺预置用于设置单位、列尺寸、新文档预设分辨率和点/派卡大小。在菜单栏上选择"编辑"→"首选项"→"单位与标尺"命令，在弹出的"首选项"对话框中进行设置，完成后单击"确定"按钮即可，如图1.65所示。该对话框中各选项栏的功能如下。

✉ **"单位"栏**：用于指定"标尺"和"文字"的单位。

✉ **"列尺寸"栏**：用于指定裁剪时的列尺寸、图像大小所用的列宽以及用于裁剪和图像大小的装订线的宽度。

✉ **"新文档预设分辨率"栏**：用于指定打印分辨率和屏幕分辨率的大小。

✉ **"点/派卡大小"栏**：点和派卡都是分辨率的一种单位。该栏主要用来定义点/派卡单位的大小。

📁 参考线、网络和切片预置

在图像处理过程中，经常应用到参考线、网格和切片等辅助工具。如果要更改辅助工具中的任意属性，可在菜单栏上选择"编辑"→"首选项"→"参考线、网络和切片"命令，在弹出的"首选项"对话框中设置颜色、样式、网格间距以及子网格等，完成后单击"确定"按钮即可，如图1.66所示。

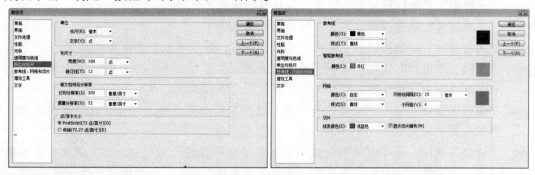

图1.65　单位和标尺预置　　　　　　　　图1.66　参考线、网格和切片预置

2. Photoshop的常规预置

Photoshop CS4的常规预置主要包括拾色器、图像插值、选项、历史记录和复位所有警告对话框等。在菜单栏上选择"编辑"→"首选项"→"常规"命令，即可弹出"首选项"对话框，如图1.67所示，其中各选项的含义如下。

图1.67　常规预置

📁 拾色器

在该下拉列表中，可根据自己的习惯选择Photoshop CS4本身自带的颜色或Windows自带的颜色。

📁 图像插值

该选项是图像重新分布像素时所用的运算方法，也是决定中间值的一个数学过程。在Photoshop CS4中，系统会使用多种复杂方法来保留原始图像的品质和细节。

📧 "邻近"的计算方法速度快但不精确，适用于需要保留硬边缘的图像。

📧 "两次线性"的插值方法用于中等品质的图像运算，速度较快。

📧 "两次立方"的插值方法可以使图像的边缘得到最平滑的色调层次，但速度较慢。

📧 "两次立方较平滑"建立在"两次立方"的基础上，适用于放大图像。

📧 "两次立方较锐利"建立在"两次立方"的基础上，适用于图像的缩小，用以保留更多在重新取样后的图像细节。

📁 选项

在该选项区域中包含了多个参数选项，用户可根据实际情况对参数复选框进行勾选。默认情况下，"动态颜色滑块"、"导出剪贴板"、"使用Shift键切换工具"、"在粘贴/置入时调整图像大小"、"带动画效果的缩放"和"启用轻击平移"复选框都处于勾选状态。

📁 历史记录

该选项区域用于保留对图像所进行的操作的文字记录，其中各参数选项的含义如下。

- **"元数据"单选按钮**：将条目存储在每幅图像的元数据中。
- **"文本文件"单选按钮**：将文本导出到外部文件中。
- **"两者兼有"单选按钮**：在文件中存储元数据，并创建一个文本文件。
- **"仅限工作进程"选项**：位于"编辑记录项目"下拉列表中，它包括Photoshop每次启动或退出，以及每次打开和关闭文件时所记录的条目。
- **"简明"选项**：除了"仅限工作进程"选项包括的信息外，还包括在"历史记录"调板中显示的文本。
- **"详细"选项**：除了"简明"选项包括的信息外，还包括在"动作"调板中显示的文本。如果需要保留对文件所执行操作的完整历史记录，可选择"详细"选项。

📁 复位所有警告对话框

该按钮用于显示特定情形的警告或提示信息。在弹出的信息对话框中，选中"不再显示"复选框，则这些信息将不再显示。如果要使这些信息对话框重新显示，则可通过单击 复位所有警告对话框(W) 按钮来实现。

3．界面预置

界面预置主要包括设置屏幕颜色和边界、面板和文档以及用户界面文本选项等。在菜单栏上选择"编辑"→"首选项"→"界面"命令，在弹出的"首选项"对话框中进行设置，完成后单击"确定"按钮即可，如图1.68所示。

4．文件处理预置

文件处理预置用于控制在进行文件存储操作时的选项。在菜单栏上选择"编辑"→"首选项"→"文件处理"命令，在弹出的"首选项"对话框中对文件进行选择和设置，完成后单击"确定"按钮即可，如图1.69所示。

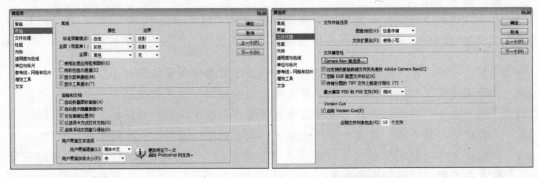

图1.68　界面预置　　　　　　　　　　图1.69　文件处理预置

- **文件存储选项**：该选项区域中主要包括图像预览和文件扩展名的设置。用户可根据自己的习惯设置文件是否存储以及文件扩展名的大小写。
- **文件兼容性**：选择可兼容的文件以及设置最大兼容PSD和PDD文件。其中"总不"选项表示低版本的Photoshop文件与新版本的Photoshop文件不兼容；"总是"选项则表示新旧版本的文件兼容；"询问"选项表示要通过用户的操作才能确定文件是否在新版本中打开。
- **Version Cue**：Version Cue是一种文件管理软件，使用它可以很好地查看、搜索图像。默认情况下，系统启用Version Cue工作组文件管理。

5. 性能预置

性能预置是针对内存情况、暂存盘、历史记录、高速缓存级别和GPU等进行设置，从而提高程序的运行速度。在菜单栏上选择"编辑"→"首选项"→"性能"命令，在弹出的"首选项"对话框中对参数选项进行选择和设置，完成后单击"确定"按钮即可，如图1.70所示。

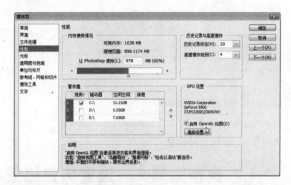

图1.70　性能预置

- **内存使用情况**：用于显示目前系统资源中剩余内存的大小，并设置配给Photoshop的最大内存容量。
- **暂存盘**：指具有空闲磁盘空间的任何驱动器或驱动器的一个分区。在Photoshop中编辑比较大的图像文件时，容易出现内存不足的问题，这时候就可以通过调整或增加暂存盘的数量来解决。
- **历史记录状态**：默认情况下，历史记录的设置为20步，用户可根据需要对其进行增加或减少。

 记录步骤的数量不要设置得太高，否则会占用更多的系统内存，影响程序的运行速度。

- **高速缓存级别**：指的是图像数据的高速缓存级别的数量，主要用于提高屏幕重绘和直方图速度。高速缓存级别越高，使用的内存空间也就越大，相应的运行程序速度也就越快，但占用的系统资源也就越多。
- **GPU设置**：在该区域中显示显卡型号，选中"启用OpenGL绘图"复选框，则可以激活Photoshop的某些功能和界面增强。

6. 增效工具预置

增效工具模块是由Adobe Systems开发以及其他软件开发者与Adobe Systems合作开发的软件程序，旨在增添Photoshop CS4的功能。程序附带了许多导入、导出和特殊效果的增效工具，这些增效工具自动安装在Photoshop CS4增效工具文件夹内的各个文件夹中。如果要附加增效工具文件夹，则可以直接在菜单栏上选择"编辑"→"首选项"→"增效工具"命令，在弹出的"首选项"对话框中进行设置，完成后单击"确定"按钮即可，如图1.71所示。

7. 文字预置

在Photoshop CS4中如果要设置文字选项，可在菜单栏上选择"编辑"→"首选项"→"文字"命令，在弹出的"首选项"对话框中对文字选项进行选择和设置，完成后单击"确定"按钮即可，如图1.72所示。

图1.71 增效工具预置　　　　　　图1.72 文字预置

1.4.2 典型案例——设置历史记录、暂存盘

案例目标

本案例将在Photoshop CS4的"首选项"对话框中设置历史记录状态为25，暂存盘为D、E盘。

操作思路：

📧 启动Photoshop CS4程序后，打开"首选项"对话框。

📧 在该面板中设置历史记录和暂存盘。

操作步骤

其具体操作步骤如下：

步骤01 启动Photoshop CS4程序后，在菜单栏上选择"编辑"→"首选项"→"性能"命令，即可弹出"首选项"对话框，如图1.73所示。

步骤02 在"历史记录和高速缓存"选项区域的"历史记录状态"后的文本框中输入"25"，然后在"暂存盘"选项区域中勾选D、E盘。

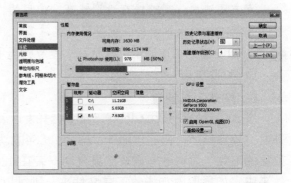

图1.73 "首选项"对话框

步骤03 设置完成后，单击"确定"按钮即可。

案例小结

本案例通过在"首选项"对话框中设置历史记录和暂存盘的操作，练习如何在"首选项"对话框中了解并设置各选项参数，旨在让读者掌握系统的优化设置方法。

1.5 上机练习

1.5.1 测量图像间的角度

　　本次上机练习将测量图像之间的角度，并将测量后的图像保存，如图1.74所示。

素材位置：第1课\素材\三点.jpg

操作思路：

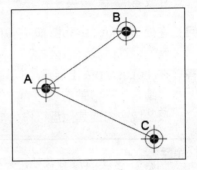

图1.74　三点.JPG

📩 启动Photoshop CS4程序后，打开图像文件。

📩 单击工具箱中的"标尺工具"按钮，单击A点并向B点拖动，指定第一条边线。

📩 按住"Alt"键不放，单击A点并向C点拖动，指定第二条边线。

📩 在菜单栏上选择"文件"→"保存"命令，将图像文件以PSD格式保存。

1.5.2 附加增效工具文件夹

　　本次上机练习将附加增效工具文件夹，并重新启动Photoshop程序以使增效工具生效。

操作思路：

📩 启动Photoshop CS4程序后，在菜单栏上选择"编辑"→"首选项"→"增效工具"命令，打开"首选项"对话框。

📩 选中"附加的增效工具文件夹"复选框，即可弹出"浏览文件夹"对话框。

📩 单击"选取"按钮，并在"浏览文件夹"列表中选择文件夹或目录。

📩 这时"附加的增效工具文件夹"选项区域中将显示文件夹路径。

📩 单击"确定"按钮并重新启动程序以使增效工具生效。

1.6 疑难解答

问：启动Photoshop CS4的方法有哪几种？

答：安装好程序后，用户可通过以下几种方法来启动Photoshop CS4程序：

🖱 选择"开始"→"所有程序"→"Adobe Photoshop CS4"命令。

🖱 双击桌面上的Photoshop CS4快捷方式图标。

🖱 双击计算机中扩展名为".PSD"的文件。

问：在Photoshop中，什么情况下设置分辨率为72像素/英寸；什么情况下设置分辨率为

300像素/英寸?

答：分辨率是指单位长度或单位面积上像素的数目，通常是由"像素/英寸"或"像素/厘米"表示。如果发布的图片只用在网站上，就设置分辨率为72像素/英寸；如果做的东西用来喷绘或者印刷，一般分辨率要在200像素/英寸以上，有的要求要300像素/英寸或者500像素/英寸。

问：在处理Photoshop图像文件时，系统突然提示"不能完成XX命令，因为暂存盘已满"，这时我该怎么办?

答：在Photoshop中出现这个问题主要是因为内存不足。用户可以通过在菜单栏上选择"编辑"→"首选项"→"性能"命令，打开"首选项"对话框。在"暂存盘"选项区域中勾选其他盘符作为虚拟内存，然后单击"确定"按钮即可。

 注意 设置暂存盘时，要避开系统盘和Photoshop CS4程序的安装盘。

1.7 课后练习

选择题

1 Photoshop主要应用于（　　）领域。
　A．平面设计　　　　　　　　　　B．插画设计
　C．网页设计　　　　　　　　　　D．效果图后期处理

2 在Photoshop CS4中，图像窗口向前切换的快捷键是（　　）。
　A．Ctrl+Shift+Tab　　　　　　　B．Ctrl+Tab
　C．Ctrl+Q　　　　　　　　　　　D．Ctrl+Shift+Y

3 显示和隐藏标尺的快捷键是（　　）。
　A．Ctrl+N　　　　　　　　　　　B．Ctrl+R
　C．Ctrl+O　　　　　　　　　　　D．Ctrl+H

问答题

1 新建图像文件的方法有哪几种?

2 讲述设置标尺原点和更改标尺单位的方法。

3 怎样显示或隐藏网格?

上机题

1 新建一个宽为400像素，高为300像素，分辨率为300像素/英寸的图像文件。

2 根据自己的工作情况和个人习惯，对Photoshop CS4进行优化设置，使其更加快速、稳定地运行。

第2课

Photoshop CS4的基本操作

▼ **本课要点**

通过Bridge管理文件

图像的调整

图像的显示效果

图像的变换命令

撤销和还原操作

▼ **具体要求**

掌握Bridge管理的应用

了解图像大小、画布大小的设置方法

了解图像移动、删除、复制等操作方法

了解视图窗口的缩放、旋转操作方法

掌握图像的各种变换命令

掌握图像的撤销和还原功能

▼ **本课导读**

本课将介绍图像处理的一些基本操作，主要包括通过Bridge管理文件、图像的调整、图像的显示效果调整、图像的变换命令以及撤销和还原操作等，通过这些内容的学习，为读者学习后面的知识打下基础。

2.1 通过Bridge管理文件

Adobe Bridge管理器是一个可以单独运行的应用程序，是Adobe Creative Suite的控制中心，使用Adobe Bridge管理器可以查看、搜索、排列、筛选、管理和处理图像、页面版面、PDF和动态媒体文件。

2.1.1 知识讲解

Adobe Bridge是一款功能强大、易于使用的媒体管理器，它可以让你轻松地设置图像预览方式、为素材图像添加颜色标签和星级级别、重命名素材图像、设置图像排序方式以及设置图像旋转方式。

在介绍Adobe Bridge的具体操作前，首先要了解Bridge管理器工作界面的主要组件。在Photoshop CS4界面中单击标题栏上的 ▨ 按钮，或在菜单栏上选择"文件"→"在Bridge中浏览"命令，即可弹出如图2.1所示的"Bridge管理器"对话框，其中各组件的含义如下。

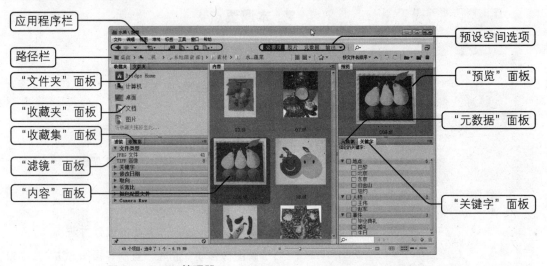

图2.1　Bridge管理器

📭 **应用程序栏**：提供按钮以实现基本任务，如文件夹层次结构导航、切换工作区及搜索文件等。

📭 **路径栏**：用于显示当前文件夹的路径。

📭 **"收藏夹"面板**：用于快速访问文件夹以及 Version Cue 和 Bridge Home。

📭 **"文件夹"面板**：用于显示文件夹层次结构。

📭 **"滤镜"面板**：用于筛选"内容"面板中显示的文件。

📭 **"收藏集"面板**：用于创建、查找和打开收藏集或智能收藏集。

📭 **"内容"面板**：用于显示由导航菜单按钮、路径栏、"收藏夹"面板或"文件夹"面板指定的文件。

📭 **"预览"面板**：用于显示所选的一个或多个文件的预览。预览不同于"内容"面板中显示的缩略图，并且通常大于缩略图。

- **"元数据"面板**：该面板包含所选文件的元数据信息。如果选择了多个文件，则会列出共享数据（如关键字、创建日期和曝光度设置等）。

- **"关键字"面板**：该面板通过附加关键字来组织图像。

1. 预设的工作空间

在Adobe Bridge管理器中预设的工作空间有多种，用户可根据自己的习惯进行选择。

- **必要项**：这是启动Bridge管理器后的默认空间，主要显示"收藏夹"、"文件夹"、"滤镜"、"收藏集"、"内容"、"预览"、"元数据"、"关键字"以及"文字属性"等面板，其快捷键为"Ctrl+F1"。

- **胶片**：该工作空间主要由"收藏夹"、"文件夹"、"滤镜"、"收藏集"、"内容"以及"预览"等面板组成，其中"内容"面板位于"预览"面板区域的下方，如图2.2所示，其快捷键为"Ctrl+F2"。

- **元数据**：该工作空间将在内容区域中以缩略图形式显示图片，并在左侧显示"收藏夹"、"元数据"、"滤镜"、"文件属性"以及"内容"等面板，如图2.3所示，其快捷键为"Ctrl+F3"。

图2.2 "胶片"工作空间　　　　　　　　　图2.3 "元数据"工作空间

- **输出**：该工作空间主要由"收藏夹"、"文件夹"、"预览"、"内容"以及"输出"等面板组成，如图2.4所示，其快捷键为"Ctrl+F4"。

- **关键字**：单击"输出"选项右侧的小三角按钮，在弹出的下拉列表中选择"关键字"选项，在该工作空间中主要是以缩略图形式显示图片，并在左侧显示"收藏夹"、"关键字"、"滤镜"以及"内容"等面板，如图2.5所示，其快捷键为"Ctrl+F5"。

- **预览**：在"输出"下拉列表中选择"预览"选项后，即可显示由"收藏夹"、"文件夹"、"滤镜"、"收藏集"、"内容"以及"预览"等面板组成的工作空间，如图2.6所示，其快捷键为"Ctrl+F6"。

- **看片台**：在"输出"下拉列表中选择"看片台"选项后即可显示只有Bridge内容区域的工作空间，这样用户就可以将精力全部集中在查看图片文件上，如图2.7所示。

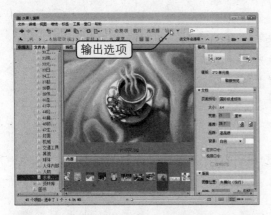

图2.4 "输出"工作空间

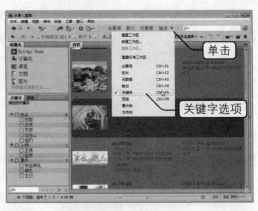

图2.5 "关键字"工作空间

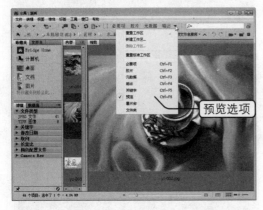

图2.6 "预览"工作空间

图2.7 "看片台"工作空间

在Adobe Bridge的预设空间中是有优先级别的，但也可以将预设空间进行移动。如：将鼠标指针移动至"胶片"选项，按下鼠标左键并拖动到"必要项"的前面，这时"胶片"选项的快捷键则为"Ctrl+F1"，单击"输出"选项右边的小三角按钮，在弹出的下拉列表中可显示移动后的变化。

2. 文件和文件夹的基本操作

使用Bridge管理器可以对文件和文件夹进行基本操作，主要包括打开文件、设置文件的显示方式、指定要显示的文件类型以及管理文件等。

📁 打开文件

在Bridge管理器中如果要打开某个文件，可通过"文件夹"面板来实现。在该面板中可以像使用Windows的资源管理器一样打开目录树，找到并单击文件所在的文件夹，这时在内容区域就会显示出要找的文件。

📁 设置文件的显示方式

在Bridge窗口右下角单击显示方式的图像按钮 ，可以切换到不同的视图方式。在每种视图中，使用窗口下方的滑块可以缩放图片的显示大小，按下"Ctrl+L"组合键可以切换到"幻灯片放映"模式，在该模式下，按"H"键可以显示幻灯片放映命令，按"空格"键可以控制播放或暂停。

下面详细介绍文件的4种显示方式。

以缩略图形式查看内容 ▦：该显示方式是以缩略图方式显示文件，类似于在 Windows XP的资源管理器中以缩略图方式浏览图片时的效果，如图2.8所示。

以详细信息形式查看内容 ▬：显示可滚动查看的缩略图，并在其右侧显示出选中文件的相关信息，比如创建日期、修改日期、文件类型、像素大小、文件大小、颜色模式、作者、来源和关键词等，如图2.9所示。

图2.8　缩略图形式

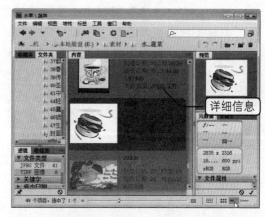

图2.9　详细信息形式

以列表形式查看内容 ▬：该显示方式是以列表形式显示文件，并在其右侧显示创建日期、大小、类型、评级、标签、修改日期、尺寸、分辨率和颜色配置文件等，如图2.10所示。

以幻灯片放映形式查看内容：在菜单栏上选择"视图"→"幻灯片放映"命令，即可切换到幻灯片视图，如图2.11所示。

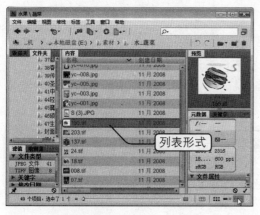

图2.10　列表形式

图2.11　幻灯片放映形式

　　📁　指定要显示的文件类型

　　在打开的文件夹中可能有多种不同的文件类型，如果想要显示指定类型的文件，可通过以下方法实现。

　　打开文件夹后，在"滤镜"面板的"文件类型"列表中将显示文件夹中所有的文件类型以及该类型文件的数量，单击指定的文件类型，该类型前将出现勾选标记，同时"内容"面板中只显示该类型的文件，如图2.12所示。

📁 **管理文件**

使用Adobe Bridge管理器可以很方便地对文件进行移动、复制、粘贴、剪切和删除等基本操作。

🗂 **移动**：在"内容"面板中选择一幅图片后，按住鼠标左键不放，拖动至适当位置后释放鼠标即可。

图2.12　"滤镜"面板

🗂 **复制**：在"内容"面板中选择一幅图片后，在菜单栏上选择"编辑"→"复制"命令，这时在"内容"面板中将显示该图片的副本。

🗂 **拷贝/粘贴**：选择图片后，在菜单栏上选择"编辑"→"拷贝"命令或单击鼠标右键，在弹出的快捷菜单中选择"拷贝"命令，即可对图片进行拷贝；用同样的方法可对图片进行粘贴。

🗂 **删除**：在"内容"面板中选择要删除的图片后单击鼠标右键，在弹出的快捷菜单中选择"删除"命令或按下"Ctrl+Del"组合键，这时系统将弹出"Adobe Bridge"对话框，单击"确定"按钮即可。

> 在"内容"面板中选择一幅图片后单击鼠标右键，在弹出的快捷菜单中选择"移动到"命令，在其子菜单中选择目标位置并单击，即可将图片移动到指定的文件夹中。

3. 为素材图像添加颜色标签和星级级别

使用Adobe Bridge为素材图像添加颜色标签和星级级别，是快速标识大量图片的一种灵活而有效的方法。

📁 **颜色标签**

在Bridge管理器中，颜色标签主要有红色、黄色、绿色、蓝色和紫色几种，其中红色表示选择、黄色表示第二、绿色表示已批准、蓝色表示审阅、紫色表示待办事宜。

要为素材添加颜色标签，在菜单栏上选择"标签"命令，在弹出的下拉列表中选择需要的颜色标签命令即可，如图2.13所示。

> 如果要快速添加颜色标签，则需掌握颜色标签的快捷键，其中"红色"标签的快捷键是"Ctrl+6"，"黄色"标签的快捷键是"Ctrl+7"，"绿色"标签的快捷键是"Ctrl+8"，"蓝色"标签的快捷键是"Ctrl+9"。

📁 **星级级别**

在Adobe Bridge中浏览图片时，可以根据自己的喜好给图片设置星级级别，这样就可以在"滤镜"面板中只选择某一星级级别的图片。

在菜单栏上选择"标签"命令，在弹出的下拉列表中显示无评级、拒绝评级、星级级别以及提升和降低评级，用户可根据实际情况进行设置，如图2.14所示。

图2.13　颜色标签

图2.14　星级级别

4. 设置图像排序方式

在Bridge管理器中可以对"内容"面板中的图片进行排序，可按照多种方式进行排序，主要包括按文件名、按类型、按创建日期、按修改日期和按大小等方式。

单击路径栏右侧"排序"旁的 **手动▾** 按钮，或在菜单栏上选择"视图"→"排序"命令，在弹出的下拉菜单中选择需要的排序方式即可，如图2.15所示。

5. 设置图像旋转方式

在Bridge管理器中可以对JPEG、PSD、TIFF等格式的文件进行旋转，旋转并不会对图像文件的数据产生影响。

在"内容"面板中选择一幅图片后，单击路径栏右侧的 ↺ 或 ↻ 按钮，即可将图片逆（或顺）时针旋转90度，如图2.16所示。

图2.15　选择排序方式

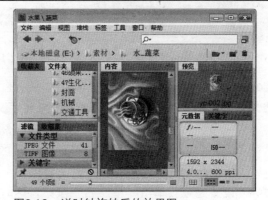

图2.16　逆时针旋转后的效果图

2.1.2 典型案例——批量重命名素材图像

案例目标

本案例将对素材图像进行批量重命名，主要练习图像文件的重命名操作。

操作思路：

- 启动Adobe Bridge管理器，在"内容"区域中选择多幅素材图片。
- 执行"批重命名"命令，即可弹出"批重命名"对话框。
- 在"新文件名"选项区域中进行设置。
- 完成后单击"重命名"按钮即可实现批量重命名。

操作步骤

其具体操作步骤如下：

步骤01 启动Photoshop CS4程序后，单击标题栏上的■按钮，启动Adobe Bridge管理器。

步骤02 在"文件夹"面板中选择素材图片所在的位置，然后在"内容"面板中按住"Ctrl"键选择多幅图片，这些图片的文件名分别为"yc-006.jpg"、"yc-005(1).jpg"、"yc-007(1).jpg"以及"yc-008.tif"，如图2.17所示。

步骤03 在菜单栏上选择"工具"→"批重命名"命令或按下"Ctrl+Shift+R"组合键，即可弹出"批重命名"对话框，如图2.18所示。

图2.17　Adobe Bridge管理器　　　　图2.18　"批重命名"对话框

步骤04 在"目标文件夹"选项区域中选择"在同一文件夹中重命名"单选按钮。

步骤05 在"新文件名"选项区域中设置文字文本框"a"、文字文本框"-"，单击■按钮将"日期时间"文本框移出，然后在"序列数字"后的文本框中设置为"1"和"3位数"，这时在"预览"区域中可查看到文件名的变化，如图2.19所示。

步骤06 设置完成后单击"重命名"按钮，这时在"Adobe Bridge管理器"窗口中可以看到选择的图片的文件名分别更改为"a-001.jpg"、"a-002.jpg"、"a-003.jpg"和"a-004.tif"，如图2.20所示。

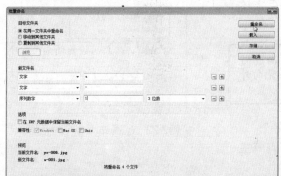

图2.19　设置后的"批重命名"对话框

图2.20　批重命名后的素材图像

案例小结

　　本案例通过批量重命名素材图像文件，主要学习如何在Bridge管理器中快速地重命名图像文件。对于未练习到的知识，读者可参照"知识讲解"自行练习。

2.2　图像的调整

　　在处理图像文件的过程中，经常需要将图像文件进行调整。因此用户首先要了解一些图像的基本调整方法，下面我们将对其进行详细介绍。

2.2.1　知识讲解

　　图像的调整主要包括调整图像大小、调整画布大小、移动图像、复制图像、裁剪图像和删除图像等操作。

1．调整图像大小

　　在Photoshop CS4中，新建的图像文件或打开的图像文件的图像大小并不是固定不变的。如果要对图像的大小进行调整，可在菜单栏上选择"图像"→"图像大小"命令，打开"图像大小"对话框。在"像素大小"栏中设置当前图像的宽度和高度；在"文档大小"栏中设置图像的高度、宽度以及分辨率，设置完成后单击"确定"按钮即可，如图2.21所示。

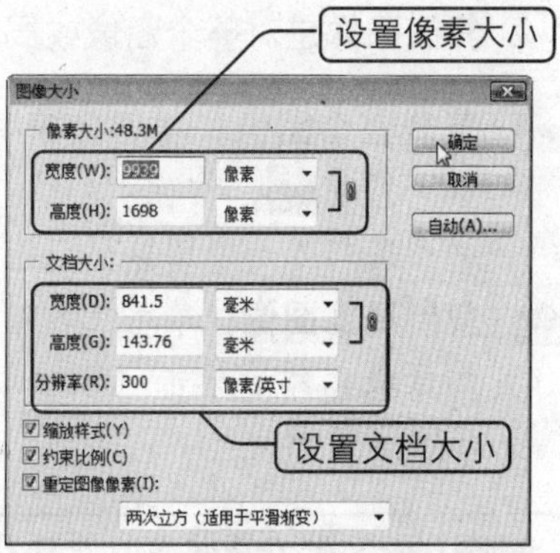

2．调整画布大小

　　"画布大小"对话框主要用来修改画布的宽

图2.21　"图像大小"对话框

度和高度参数，即添加或剪切当前图像周围的工作区。在菜单栏上选择"图像"→"画布大小"命令，在弹出的"画布大小"对话框中显示了当前图像画布的大小，在"新建大小"栏中设置宽度和高度，设置完成后单击"确定"按钮即可，如图2.22所示。

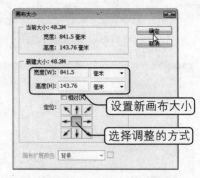

图2.22 "画布大小"对话框

 默认情况下，在增加或减少画布时，增减部分会由图像的中心位置向外扩展或向内收缩。

3. 移动图像

在Photoshop CS4程序中，移动图像的方式主要分为整体移动和局部移动两种。

 整体移动

单击工具箱中的"移动工具"按钮，然后选择当前工作图层上的图像，按下鼠标左键不放并拖动至目标位置，释放鼠标后即可完成移动操作。

如果要在水平、垂直或角度为45度的方向上进行移动，需在移动的同时按下"Shift"键不放。

 移动图像文件并不只是在图像窗口中进行，还可以在窗口之间进行移动操作，即将这个窗口中的图像移动至另一个图像窗口中。

 局部移动

局部移动是先在图像文件中利用选区工具创建选区，然后单击工具箱中的"移动工具"按钮，将选区进行移动。

技巧 如果要精确地移动图像，可在选择"移动工具"按钮的状态下，按键盘上的"→"、"←"、"↑"和"↓"方向键进行移动。

4. 复制图像

复制图像是对整个图像或局部图像创建副本。

复制整个图像：在图像窗口中选择要复制的图像，然后单击工具箱中的"移动工具"按钮，按住"Alt"键的同时拖动图像即可实现图像的复制；也可以直接拖动图像到另一个图像窗口中，释放鼠标后即可实现图像文件的复制。

复制局部图像：单击工具箱中的"选区工具"按钮，在图像窗口中选取需要复制的区域，然后单击"移动工具"按钮，在按住"Alt"键的同时进行拖动即可完成局部复制。

 在图像窗口中选择局部图像后，单击工具箱中的"移动工具"按钮，然后将局部图像从一个窗口拖动至另一个图像窗口，释放鼠标后即可完成局部复制操作。

5. 裁剪图像

裁剪图像是将图像中不需要的部分进行删除，单击工具箱中的"裁剪工具"按钮 后，将鼠标指针移动到图像窗口中，按住鼠标左键不放并进行拖动，框选出要保留的图像区域。这时，在保留区域四周有一个定界框，拖动控制点可调整保留区域的大小，如图2.23所示。

图2.23　创建裁剪区域、调整区域、裁剪后的图像

执行裁剪图像命令后，属性栏如图2.24所示，该栏中的各选项含义如下。

图2.24　属性栏

- **"删除"单选按钮**：选择该单选按钮，则裁剪选框外的内容将被删除。
- **"隐藏"单选按钮**：选择该单选按钮，则裁剪选框外的内容将被隐藏。
- **"屏蔽"复选框**：选中该复选框，则使用一种颜色将裁剪选框外的图像屏蔽。
- **"颜色"色块**：该色块用于设置屏蔽区域的颜色。
- **"不透明度"数值框**：在该数值框中设置屏蔽区域颜色的透明度。
- **"透视"复选框**：选中该复选框，可将裁剪选框中的控制点进行任意拖动。
- ⊘**按钮**：单击该按钮，则表示取消裁剪命令，图像恢复原状态。
- ✓**按钮**：单击该按钮，则表示确定裁剪命令的操作并执行。

6. 删除图像

删除图像的操作非常简单，单击工具箱中的"选区工具"按钮，将要删除的图像区域创建为选区，然后在菜单栏上选择"编辑"→"清除"命令或按下键盘上的"Delete"键即可删除图像。

2.2.2　典型案例——制作画框

案例目标

本案例将制作一个画框，主要练习图像的复制、移动、剪切、变换和保存等操作，效果如图2.25所示。

素材位置：第2课\素材\动物.psd

效果图位置： 第2课\源文件\画框.psd

操作思路：

图2.25 画框.psd

- 创建图像文件，并设置前景色和背景色。
- 单击工具箱中的"形状工具"组 右侧的小三角按钮 ，在弹出的列表中单击"自定形状工具"按钮 。
- 绘制选择的自定形状，并按下"Alt"键进行复制。
- 通过变换命令，将绘制的形状旋转90度（逆时针）。
- 打开素材"动物.psd"图像文件，然后通过"剪切工具"按钮 进行剪切。
- 使用"移动工具"按钮 ，将图片进行拖动复制并移动到适当的位置。
- 保存绘制好的画框。

操作步骤

其具体操作步骤如下：

步骤01 在菜单栏上选择"文件"→"新建"命令，在弹出的"新建"对话框中设置新建图像文件的长为"1024像素"、宽为"768像素"、分辨率为"300像素/英寸"、背景色为"白色"，然后单击"确定"按钮，如图2.26所示。

步骤02 单击工具箱中的"前景色"色块，在弹出的"拾色器"对话框中设置"R：255、G：199、B：132"，然后单击"确定"按钮，如图2.27所示。

图2.26 "新建"对话框

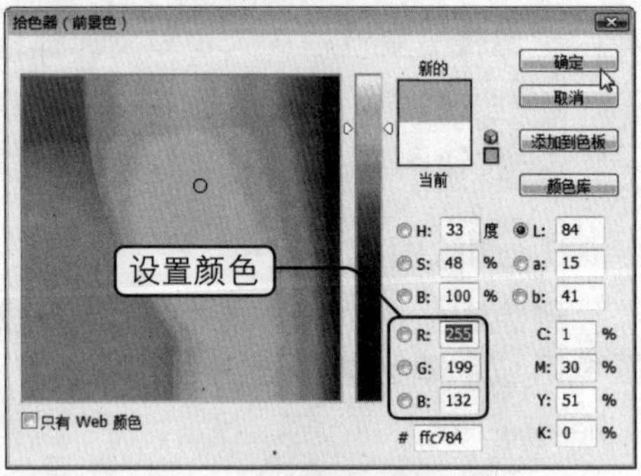

图2.27 "拾色器"对话框

步骤03 单击工具箱中"形状工具"组中的"自定形状工具"按钮 ，如图2.28所示，然后在其属性栏的"形状"下拉列表框中选择"拼贴5"形状 。

  如果在"形状"下拉列表框中没有找到该形状图标，可在列表的右侧单击 按钮，在弹出的下拉列表中选择"拼贴"命令，然后在弹出的对话框中单击"追加"按钮即可，如图2.29所示。

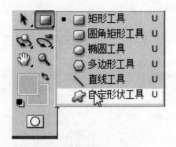

图2.28　"形状"工具组

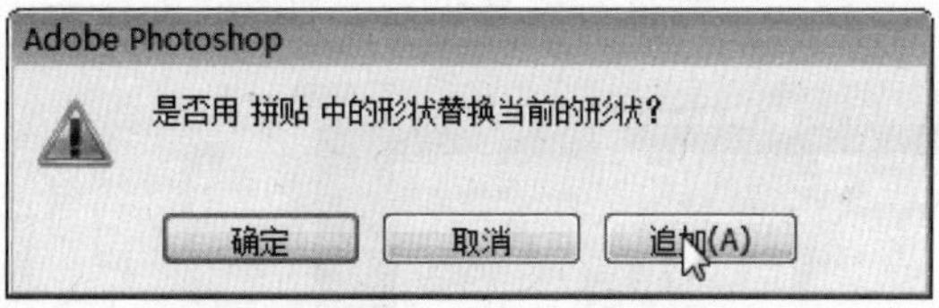

图2.29　添加自定形状工具对话框

步骤04 在"图层"调板中单击"创建新图层"按钮 ，然后在图像窗口中绘制如图2.30所示的形状。

步骤05 在工具箱中单击"移动工具"按钮 ，然后按住"Shift+Alt"组合键的同时对绘制的形状进行水平和垂直拖动，如图2.31所示。

图2.30　绘制的形状

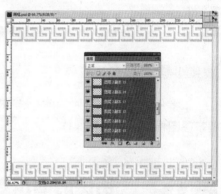

图2.31　移动复制后的图形

步骤06 选择其中一个形状，然后在菜单栏上选择"编辑"→"变换"→"旋转90度（逆时针）"命令将其进行旋转，并使用与前面同样的方法进行复制，效果如图2.32所示。

步骤07 绘制好画框后，在菜单栏上选择"文件"→"打开"命令，在弹出的"打开"对话框中选择"动物.psd"素材文件，然后单击"打开"按钮即可，如图2.33所示。

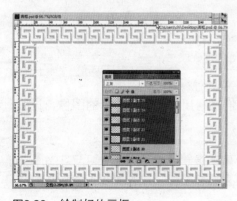

图2.32　绘制好的画框

图2.33　"动物.psd"文件

步骤08 单击工具箱中的"剪切工具"按钮 ，将图像中的部分区域删除，剪切后的图像如图2.34所示。

步骤09 单击工具箱中的"移动工具"按钮 ，将图像从"动物"窗口拖动到"画框"窗口，并进行位置调整，如图2.35所示。

图2.34 剪切图像

图2.35 绘制好的效果图

步骤10 将绘制好的画框效果图进行保存。

案例小结

本案例通过制作画框效果，练习图像移动、复制、剪切和变换等工具的使用，使读者掌握图像调整的各种操作。

2.3 图像的显示效果

视图用于观察显示图像和编辑图像的区域。在该区域中可以方便地对图像进行缩放、平移和旋转操作，掌握这些操作有助于提高工作效率。

2.3.1 知识讲解

图像的显示操作主要包括缩放视图、平移视图、确定屏幕显示模式和旋转视图，下面将详细介绍这些操作。

1. 缩放视图

要对视图进行缩放，可通过缩放工具或导航器来实现。

📂 **缩放工具**

缩放工具是调整视图时最常用的工具，下面我们将利用如图2.36所示的图像，详细介绍缩放工具的使用方法。

📩 单击工具箱中的"缩放工具"按钮 🔍，然后将鼠标指针移动到图像窗口中，当鼠标指针变为 🔍 状态时，在要放大的图像区域上单击鼠标左键，即可实现图像区域的放大，放大后的显示效果如图2.37所示。

📩 在图像窗口中执行缩放操作时，按下鼠标左键并拖出一个矩形框（如图2.38所示），释放鼠标后，即可放大指定区域内的图像，如图2.39所示。

图2.36 原图

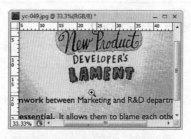

图2.37 放大后的显示效果

图2.38 框选的区域

图2.39 框选区域的显示效果

当图像窗口中的"缩放工具"处于选择状态时，按下"Alt"键的同时单击鼠标左键，即可实现缩小图像的操作，此时鼠标指针显示为 🔍 状态。

当图像窗口中的"缩放工具"处于选择状态时，单击鼠标右键即可弹出下拉列表，在该列表中可选择图像按屏幕大小、实际像素或打印尺寸的方式进行缩放；选择"放大"命令，可放大视图；选择"缩小"命令，可缩小视图，如图2.40所示。

图2.40 下拉列表

导航器

"导航器"调板用于显示当前图像的缩略图，在该调板中同样可以完成视图的缩放和平移操作。在菜单栏上选择"窗口"→"导航器"命令，即可打开"导航器"调板。

在进行缩放操作时，拖动调板下方的滑动条即可缩放视图，向左拖动为缩小视图，向右拖动则为放大视图；通过修改左下角的视图显示比例也可以调整视图的显示效果，如图2.41所示。

图2.41 在"导航器"调板中设置图像缩放

2. 平移视图

平移视图是通过单击工具箱中的"抓手工具"按钮，然后将鼠标指针移动到图像窗口中，选择要移动的区域，按住鼠标左键不放并拖动至目标位置，释放鼠标后即可实现平移视图操作。

另外，还可以将鼠标指针移动到"导航器"调板的缩览图中，指针变为抓手形状，此时按下鼠标左键并拖动，即可实现平移视图。

3. 确定屏幕显示模式

Photoshop CS4的屏幕显示模式主要包括标准屏幕模式、带有菜单栏的全屏模式和全屏模式3种。在标题栏上单击"屏幕模式"按钮右侧的小三角按钮，在弹出的下拉列表中选择需要的屏幕显示模式即可。

- **标准屏幕模式：** 它是Photoshop CS4中默认的屏幕显示模式，主要显示Photoshop界面的所有项目。
- **带有菜单栏的全屏模式：** 是在标准屏幕模式下将图像文件进行了最大化的显示，如图2.42所示。
- **全屏模式：** 该窗口占用屏幕所有可用空间，并对窗口中的所有工具进行隐藏，只显示图像文件和标尺，如图2.43所示。

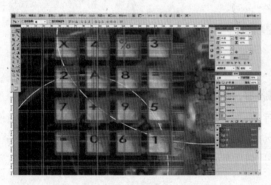
图2.42　带有菜单栏的全屏模式

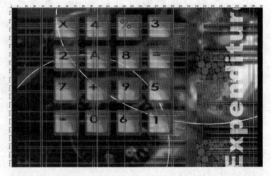
图2.43　全屏模式

4. 旋转视图

旋转视图是Photoshop CS4的新增功能之一，主要是将当前的视图窗口进行旋转。在标题栏上单击"旋转视图工具"按钮或单击工具箱中的"旋转视图工具"按钮，然后将鼠标指针移动到图像文件上，按下鼠标左键不放并进行顺时针（逆时针）旋转，如图2.44所示。

旋转视图工具可以在不破坏图像的情况下旋转画布。它主要是用来帮助用户更好地绘制图像文件，是一种临时性的旋转。在使用Photoshop CS4工具时，会发现所绘制的内容也发生旋转。如单击工具箱中的"矩形选框工具"按钮，然后在图像区域中进行绘制，这时可以看到矩形选框也发生了旋转，如图2.45所示。

图2.44　旋转视图

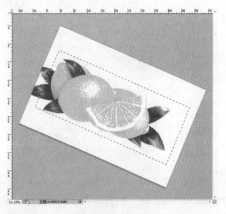

图2.45　选区的旋转

　　如果要将旋转后的视图恢复到原状态，可在属性栏中单击 复位视图 按钮或双击工具箱中的"旋转视图工具"按钮 或按下"Esc"键。

注意　在执行该命令时，鼠标指针可能会变成不能编辑的状态 ⊘，这是因为程序中的"显卡加速器（OpenGL）"没有勾选。在菜单栏上选择"编辑"→"首选项"→"性能"命令，即可弹出"首选项"对话框。在"GPU设置"选项区域中勾选"启用OpenGL绘图"复选框，然后单击"确定"按钮，重新启动Photoshop程序即可使用旋转视图工具。

2.3.2　典型案例——在局部放大的模式下调整图像显示

案例目标

　　本案例将在图像局部放大的模式下调整图像显示，主要练习图像的放大和平移操作。

　　素材位置： 第2课\素材\花.TIF

　　操作思路：

🔖 打开素材图像文件，然后使用缩放工具进行放大。

🔖 按下键盘上"H"键的同时按住鼠标左键，这时图像还原到原来的大小。

🔖 将图像中出现的方框移动到适当的位置，然后释放鼠标即可实现图像的调整。

操作步骤

　　其具体操作步骤如下：

步骤01　启动Photoshop CS4程序后，在菜单栏上选择"文件"→"打开"命令，在弹出的"打开"对话框中选择素材"花.TIF"图像文件，如图2.46所示。

步骤02 单击工具箱中的"缩放工具"按钮 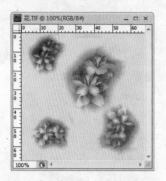，然后将鼠标指针移动到"导航器"调板中，在输入框中输入"400%"，如图2.47所示。

图2.46 打开"花.TIF"文件

图2.47 "导航器"调板

步骤03 在"导航器"调板中移动图像文件要显示的区域，如图2.48所示。

步骤04 在键盘上按住"H"键的同时单击鼠标左键，当鼠标指针变成 状态时，图像文件上会显示方框并恢复到原来状态，如图2.49所示。

图2.48 局部放大后的显示效果

图2.49 恢复原状态

步骤05 将方框移动到适当的位置后，释放鼠标左键即可完成在局部放大的模式下调整图像的操作，如图2.50所示。

案例小结

　　本案例通过在图像局部放大的模式下调整图像显示的操作，主要练习图像的放大和平移操作，对于未练习到的知识，读者可参照"知识讲解"自行练习。

图2.50 调整后的显示效果

　　需要注意的是，在局部放大的模式下调整图像显示的操作也是Photoshop CS4的新增功能之一。在以往的版本中，用户放大图像时，经常需要通过"抓手工具"进行平移，这样在图像文件较大的情况下，会影响工作效率。

2.4 图像的变换命令

在处理图像文件的过程中，如果需要对图像进行翻转、倾斜等特殊操作，可通过图像的变换命令来实现。

2.4.1 知识讲解

图像的变换命令主要包括缩放对象、旋转对象、斜切对象、扭曲对象、透视对象、翻转对象、变形对象和自由变换。下面我们将对如图2.51所示的图像进行变换操作。

1. 缩放图像

缩放图像是通过调整变换框来实现图像的放大或缩小操作。在菜单栏上选择"编辑"→"变换"→"缩放"命令，这时图像文件中将显示一个变换框，将鼠标指针移动到该变换框的控制点上，当指针显示为 状态时，按住鼠标左键不放并进行拖动，释放鼠标后，单击属性栏上的 ✔ 按钮即可实现图像的缩放，如图2.52所示。

> **技巧** 如果要对图像进行等比例的缩放，需在执行缩放操作的同时按住"Shift"键进行拖动。

2. 旋转图像

旋转图像是将图像文件进行顺时针或逆时针旋转。在菜单栏上选择"编辑"→"变换"→"旋转"命令，然后将鼠标指针置于变换框外，当鼠标指针显示带有弧度的双向箭头 时，按住鼠标左键不放并拖动到适当位置，释放鼠标后，单击属性栏上的 ✔ 按钮即可，如图2.53所示。

图2.51 原图

图2.52 缩放图像

图2.53 旋转图像

3. 斜切图像

斜切图像是当图像处于变换状态时，将鼠标指针移动至变换框的控制点上并进行水平方向或垂直方向上的移动，图像上其他控制点不会发生变化，如图2.54所示。

4. 扭曲图像

扭曲图像是通过在菜单栏上选择"编辑"→"变换"→"扭曲"命令，然后将鼠标指针移动到变换框的控制点上，按住鼠标左键并进行随意移动，如图2.55所示。

5. 透视图像

在编辑图像文件时，经常需要通过"透视"命令来添加特殊效果。在菜单栏上选择

"编辑"→"变换"→"透视"命令，在变换框中的控制点上进行拖动，即可对图像进行透视处理，如图2.56所示。

  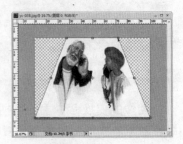

图2.54　斜切图像　　　　图2.55　扭曲图像　　　　图2.56　透视图像

6. 翻转图像

在Photoshop CS4中，如果要使图像文件产生对称效果，可通过"翻转"命令来实现。翻转主要包括"水平翻转"和"垂直翻转"，在菜单栏上选择"编辑"→"变换"→"水平翻转"或"垂直翻转"命令即可得到翻转后的效果图，如图2.57所示。

7. 变形图像

如果要变形图像，可在菜单栏上选择"编辑"→"变换"→"变形"命令，这时图像文件上将显示网格，拖动网格上的节点即可实现变形操作，如图2.58所示。

 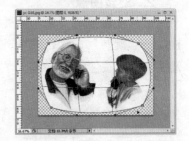

图2.57　水平翻转与垂直翻转图像　　　　　　　　图2.58　变形图像

8. 自由变换

自由变换的命令主要有缩放、旋转和移动等，在菜单栏上选择"编辑"→"自由变换"命令或按下"Ctrl+T"组合键，将图像处于变换状态，这时可根据实际情况进行操作。

9. 内容识别比例

内容识别比例是在不更改重要可视内容的情况下调整图像大小，它是Photoshop CS4的新增功能之一。在以往的版本中，调整图像大小时会统一影响所有像素，而内容识别缩放主要影响没有重要可视内容的区域中的像素。

内容识别比例可以放大或缩小图像以改善合成效果、适合版面或更改方向。如果要在调整图像大小时使用一些常规缩放，则可以指定内容识别缩放与常规缩放的比例，如图2.59所示。

图2.59 原图、常规变换后的图像、内容识别比例变换后的图像

执行"内容识别比例"命令后，属性栏如图2.60所示，其中各参数选项的含义如下。

X: 945.0 px   Y: 1148.3 px   W: 100.0%   H: 26.8%   数量 100%   保护: Alpha 1

图2.60 属性栏

- "X"、"Y"文本框：将参考点放置于特定位置。
- △按钮：单击该按钮可指定相对于当前参考点位置的新参考点位置。
- "W"、"H"文本框：指定图像按原始大小的百分之多少进行缩放。
- "数量"数值框：指定内容识别缩放与常规缩放的比例。
- "保护"下拉列表框：选取指定要保护的区域的 Alpha 通道。
- "保护肤色"按钮：试图保留含肤色的区域。

2.4.2 典型案例——将图像进行内容识别比例变换

案例目标

本案例将对图像进行内容识别比例变换，这是Photoshop CS4的新增功能之一，主要练习图像的变换操作。

素材位置： 第2课\素材\苹果.jpg
操作思路：

- 打开素材"苹果.jpg"图像文件。
- 单击工具箱中的"磁性套索工具"按钮，将图像中的部分区域变成选区状态。
- 在"通道"调板中新建一个"Alpha 1"通道。
- 设置前景色为白色，在"Alpha1"通道中填充选区为白色。
- 利用"裁剪工具"按钮，扩大画布大小。
- 在"编辑"菜单中选择"内容识别比例"命令，对图像进行变化操作。

操作步骤

其具体操作步骤如下：

步骤01 在菜单栏上选择"文件"→"打开"命令，在弹出的"打开"对话框中选择素材"苹果.jpg"图像文件，然后单击"打开"按钮，打开的图片如图2.61所示。

步骤02 双击"背景"图层，使其转换为普通图层"图层0"，然后单击工具箱中套索工具组中的"磁性套索工具"按钮，在苹果中间创建选区，如图2.62所示。

图2.61　原图　　　　　　　　　　　　　图2.62　创建选区

步骤03 单击"通道"调板上的"创建新通道"按钮，即可新建"Alpha 1"通道，如图2.63所示。

步骤04 单击工具箱中的"前景色"色块，在弹出的"拾色器"对话框中选择"白色"，然后单击"确定"按钮。

步骤05 按下"Alt+Delete"组合键，在"Alpha 1"通道中填充白色，如图2.64所示。

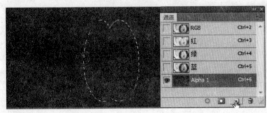 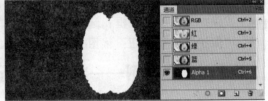

图2.63　创建通道　　　　　　　　　　　图2.64　填充通道中的选区

步骤06 按下"Ctrl+D"组合键取消选区，然后单击"通道"调板中"Alpha 1"通道前的图标，将"Alpha 1"通道进行隐藏并选择"RGB"通道。

步骤07 单击工具箱中的"裁剪工具"按钮，在图像中创建定界框后，将鼠标指针移动到控制点上并向右拖动，如图2.65所示。

步骤08 单击属性栏上的按钮完成裁剪操作，然后在菜单栏上选择"编辑"→"内容识别比例"命令，这时图像文件中会显示变换框，如图2.66所示。

图2.65　裁剪画布　　　　　　　　　　　图2.66　变换的执行状态

步骤09 在属性栏上的"保护"下拉列表中选择"Alpha 1"选项，然后将图像进行缩放，单击按钮后可看到图像的变换效果，如图2.67所示。

图2.67 变换后的效果图和常规缩放的效果图

案例小结

本案例通过对图像进行内容识别比例变换，主要练习图像的缩放、更改画布大小等操作，对于未练习到的知识，读者可参照"知识讲解"自行练习。

2.5 撤销和还原操作

在编辑图像过程中，如果执行了一些错误的操作，可通过Photoshop CS4提供的撤销和还原功能，将图片恢复为某一个历史操作状态。

2.5.1 知识讲解

撤销和还原图像操作能帮助用户快速地对图像中的错误操作进行还原，下面将详细介绍这些操作。

1. 使用撤销命令还原图像

使用撤销命令还原图像是对图像进行单步或多步的错误操作后，执行的一种简单的操作方法。在菜单栏上选择"编辑"命令，在弹出的下拉菜单中选择"还原状态更改"命令，则恢复到对图片进行编辑操作前的状态；选择"重做状态更改"命令，则恢复到图片的原始状态；选择"前进一步"命令，则恢复到还原前的操作；选择"后退一步"命令，则取消对图像编辑的前一步操作。

> **说明** 除了上面的方法外，还可以通过快捷键方式还原图像。按下"Ctrl+Z"组合键可以撤销最近一次执行的操作；再按下"Ctrl+Z"组合键可以重做被撤销的操作；按下"Shift+Ctrl+Z"组合键可以向后重做一步操作；按下"Alt+Ctrl+Z"组合键可以向前撤销一步操作。

2. 使用历史记录还原图像

还原图像是通过"历史记录"调板、历史记录画笔工具或历史记录艺术画笔工具来实现的。

📂 "历史记录"调板

"历史记录"调板记录了对图像进行的多个操作步骤。如果要撤销到某个步骤，可直接在"历史记录"调板中选择某个步骤，这时，该步骤后面的所有操作将被撤销；如果选择被撤销的某个步骤，则恢复该步骤之前所有被撤销的记录，如图2.68所示。

图2.68　原图、还原到某个操作步骤的效果图

 历史记录画笔工具

在工具箱中单击"历史记录画笔工具"按钮 ，在属性栏中设置好参数选项后，将鼠标指针移动至需要恢复的位置，按住鼠标左键不放并进行拖动，这时鼠标指针经过的地方将会恢复到图像的原状态，如图2.69所示。

> **技巧** 如果要恢复到"历史记录"调板中的某个步骤进行，应先在调板中的某步骤上设置历史记录画笔的源 ，然后再对图像文件进行恢复操作。

 历史记录艺术画笔工具

使用历史记录艺术画笔工具 ，在恢复图像文件时会产生一定的艺术效果。在属性栏中的"样式"下拉列表中选择需要的艺术样式，然后在图像文件中需要恢复的位置进行拖动，如图2.70所示。

图2.69　使用历史记录画笔

图2.70　使用历史记录艺术画笔

2.5.2　典型案例——利用历史记录画笔工具还原图像

案例目标

本案例将绘制一个具有玻璃效果的图像，然后将绘制出的效果图恢复到原状态，主要练习历史记录画笔的操作。

素材位置：第2课\素材\房子.jpg

操作思路：

🖂 打开素材"房子.jpg"素材文件。

🖂 使用滤镜工具对图像文件进行设置。

🖂 使用历史记录画笔工具进行还原图像操作。

操作步骤

其具体操作步骤如下：

步骤01 在菜单栏上选择"文件"→"打开"命令，在弹出的"打开"对话框中选择"房子.jpg"素材文件，然后单击"打开"按钮，打开的图像文件如图2.71所示。

图2.71 原图

步骤02 在菜单栏上选择"滤镜"→"扭曲"→"玻璃"命令，在弹出的"玻璃"对话框中设置扭曲度为"14"、平滑度为"2"，在"纹理"下拉列表中选择"块状"选项，然后单击"确定"按钮，如图2.72所示。

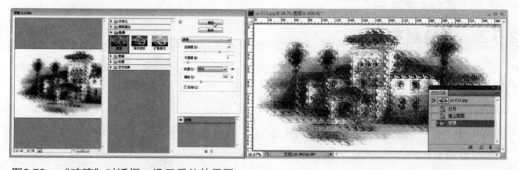

图2.72 "玻璃"对话框、设置后的效果图

步骤03 单击工具箱中的"历史记录画笔工具"按钮 🖌️，然后单击属性栏上"画笔"右侧的小三角按钮，在弹出的列表中选择画笔。

步骤04 在图像文件中进行涂抹，得到的效果如图2.71所示。

案例小结

本案例利用"玻璃"滤镜设置特殊效果后，再使用工具箱中的历史记录画笔工具对图像进行涂抹，使图像恢复到原状态，对于未练习到的知识，读者可参照"知识讲解"自行练习。

2.6 上机练习

2.6.1 管理"Bridge"中的文件

本次上机练习将对"Bridge"管理器中的文件进行批量重命名、排序、添加颜色标签和星级级别等操作。

操作思路：

📁 启动Photoshop CS4程序后，单击 ▣ 按钮，进入"Bridge"程序窗口。

📁 打开图像文件所在的位置，并选择需要重命名的文件。

◾ 在菜单栏上选择"工具"→"批重命名"命令，在弹出的"批重命名"对话框中设置新文件名。

📁 在"Bridge"程序中，单击路径栏右侧"排序"旁的 手动▾ 按钮，在弹出的下拉列表中选择需要的排序方式。

📁 选择图像文件，然后单击菜单栏上的"标签"命令，在弹出的下拉列表中选择需要的颜色标签命令。

📁 选中图片后，会发现图片下方显示星星的地方有些小点，直接在标签上某个位置单击即可添加星级级别。

2.6.2 调整画布大小

本次上机练习将对如图2.73所示的图像进行画布大小的调整，并将调整后的图像以"调整画布.psd"为文件名进行保存。

素材位置： 第2课\素材\树.jpg

效果图位置： 第2课\源文件\调整画布.psd

操作思路：

📁 启动Photoshop CS4程序后，通过"打开"命令，打开素材"树.jpg"图像文件。

📁 在菜单栏上选择"图像"→"画布大小"命令，即可打开"画布大小"对话框。

📁 在"新建大小"选项区域中设置新画布的大小。

📁 选择"文件"→"存储为"命令，将图像文件进行保存。

图2.73　　"树.jpg"图像文件

2.7 疑难解答

问：在Photoshop程序中启动OpenGL绘图有什么用处？

答：OpenGL是一种软件和硬件标准，可在处理大型或复杂图像时加速视频处理过程。OpenGL需要支持OpenGL标准的视频配适器，在安装了OpenGL的系统中，打开、移动和编辑3D模型时的性能将极大提高。在Photoshop程序中启动OpenGL绘图功能，可以激活"旋转视图工具"、"鸟瞰缩放"、"像素网格"和"轻击以滚动"等功能，同时还可以增强平滑的平移和缩放、画布边界投影等。

问：在利用"历史记录"调板还原图像时，为什么有些操作不能还原？

答：这是因为"历史记录"调板中设置的操作步骤数量太少了。默认情况下，Photoshop的"历史记录状态"数量为20，用户可选择菜单栏上的"编辑"→"首选项"→"性能"命令，打开"首选项"对话框，在"历史记录和高速缓存"选项区域中设置"历史记录状态"的数量，然后单击"确定"按钮即可。

2.8 课后练习

选择题

1 移动图像文件时，按（　　）键可以实现水平、垂直或角度为45度的移动。
　A. Shift　　　　B. Ctrl　　　　　C. Ctrl+S　　　　　D. Alt

2 复制图像时，在按住（　　）键的同时拖动图像即可实现图像的复制。
　A. Tab　　　　B. Alt　　　　　C. Shift　　　　　D. Ctrl

3 在"Bridge"管理器中设置星级级别为3星的快捷键是（　　）。
　A. Ctrl+1　　　B. Ctrl+F3　　C. Ctrl+3`　　　　　D. Ctrl+F

4 撤销最近一次执行操作的快捷键是（　　）。
　A. Ctrl+Z　　　　　　　　　B. Shift+Ctrl+Z
　C. Alt+Ctrl+Z　　　　　　　D. Ctrl+S

问答题

1 在Photoshop CS4程序中，复制图像的方法有哪几种？
2 视图缩放的方法有几种？
3 简述内容识别比例的含义。

上机题

1 在"Bridge"管理器中顺时针90度旋转图像文件。
2 打开一个图像文件，对图像进行"内容识别比例"变换操作，然后使用历史记录画笔工具将其恢复到原状态。

第3课

创建与编辑图像选区

▼ **本课要点**
创建图像选区
修改选区
编辑选区

▼ **具体要求**
掌握创建图像选区的工具
掌握选区移动、添加、减少和交叉等修改操作
掌握选区羽化、描边、变换和取消等编辑操作

▼ **本课导读**
在Photoshop CS4中处理图像文件时，很多功能和命令都必须在选区上才能实现。通常情况下，创建的选区并不能直接达到需要的效果，因此需要对选区进行编辑，以满足图像处理的需要。本课主要介绍创建图像选区、修改选区和编辑选区的各种方法。

3.1 创建图像选区

在处理图像文件时，如果要对图像中的部分区域进行操作，就需要对图像区域进行选取，从而指明要操作的对象。

3.1.1 知识讲解

为了满足创建图像选区的需要，Photoshop CS4中提供了多种创建方法，主要包括使用选框工具组、套索工具组、魔棒工具组和使用"色彩范围"命令创建选区。

1. 使用选框工具组

选框工具组用于创建一些简单形状的选区，在工具箱中右键单击"矩形选框工具"按钮，可弹出如图3.1所示的工具列表，其中的各工具介绍如下。

图3.1　工具列表

矩形选框工具：用于创建矩形或正方形的选区。在工具箱中选择该命令后，将鼠标指针移至图像窗口中，当鼠标指针变成┿形状时，按住鼠标左键不放并拖动至适当位置，释放鼠标左键即可在预选区域中创建矩形选区，如图3.2所示。

 在使用矩形选框工具创建选区时，按住"Alt"键，可创建由中心开始的选区；按住"Shift"键，可创建正方形选区。

椭圆选框工具：用于创建椭圆或圆形的选区。在工具箱中选择该命令后，将鼠标指针移至图像窗口中，当鼠标指针变成┿形状时，按住鼠标左键不放并拖动至适当位置，释放鼠标左键即可在预选区域中创建椭圆选区，如图3.3所示。

 在使用椭圆选框工具创建选区时，按下"Alt+Shift"组合键可创建从中心开始的圆形选区。

单行选框工具：用来创建沿图像水平方向的1个像素高度的选区。在工具箱中选择该命令后，将鼠标指针移动至图像窗口中并单击，这时即可创建单行选区，如图3.4所示。

单列选框工具：用来创建沿图像垂直方向的1个像素宽度的选区。在工具箱中选择该命令后，将鼠标指针移动至图像窗口中并单击，这时即可创建单列选区，如图3.5所示。

图3.2　矩形选区

图3.3　椭圆选区

图3.4　单行选区

图3.5　单列选区

　　在工具箱中选择任意一个选框工具后，工具属性栏中将显示该选框工具的各项设置参数，如图3.6所示。

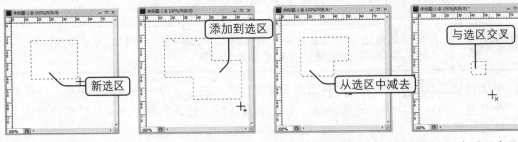

图3.6　属性栏

🖼 **"新选区"按钮** ▢：表示只能创建一个选区，上一次创建的选区将被自动取消，新选区如图3.7所示。

🖼 **"添加到选区"按钮** ▢：表示在已有的选区上继续创建新选区，如图3.8所示。

🖼 **"从选区中减去"按钮** ▢：表示使用当前绘制的选区减去已经存在的选区，如图3.9所示。

🖼 **"与选区交叉"按钮** ▢：表示将选区之间相交的部分保留为选区，如图3.10所示。

图3.7　新选区　　　　图3.8　添加到选区　　　　图3.9　从选区中减去　　　　图3.10　与选区交叉

🖼 **"羽化"文本框**：用来柔化选区的边缘，羽化值越大，则选区的边缘越柔和，羽化值的取值范围为0~250像素之间。

🖼 **"消除锯齿"复选框**：在使用椭圆选框工具创建选区时，消除选区边缘出现的锯齿现象。

🖼 **"样式"下拉列表框**：该下拉列表框主要用于设置选区的形状。其中，选择"正常"选项则通过鼠标键按下后拖动的范围来控制选区形状；选择"固定长宽比"选项，创建的选区将保持在"宽度"和"高度"数值框中设置的长宽比；选择"固定大小"选项，则需在后面的"宽度"和"高度"数值框中输入具体的尺寸大小，然后在图像窗口中单击鼠标左键，即可按设置好的尺寸创建选区。

🖼 **调整边缘... 按钮**：单击该按钮，在弹出的"调整边缘"对话框中可设置边缘的半径、对比度、平滑、羽化和扩展/收缩等，另外还可选择显示模式，如图3.11所示。

2. 使用套索工具组

套索工具组用于创建一些不规则形状的选区，在工具箱中右键单击"套索工具"按钮 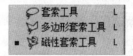，即可弹出如图3.12所示的工具列表，其中的各工具介绍如下。

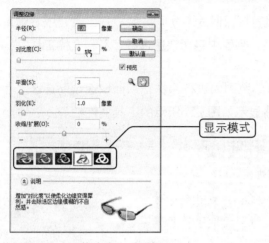

图3.11 "调整边缘"对话框　　　　　　　　　　图3.12 套索工具组

- **套索工具** ：用于创建手绘类不规则选区。在工具箱中选择该命令后，将鼠标指针移动到图像窗口中，按下鼠标左键不放并沿着图像的轮廓移动鼠标，在适当位置释放鼠标后即可完成选区的创建，如图3.13所示。

- **多边形套索工具** ：该工具是通过单击和拖动鼠标的方式，在图像中创建直线或折线样式的选区。选择该命令后，在图像窗口中创建选区的起始点，然后拖动鼠标并进行单击，当绘制选区的结束点和起始点重合时，光标将变成形状，此时即可创建选区，如图3.14所示。

- **磁性套索工具** ：适用于在图像颜色中反差较大的区域创建选区。选择该命令后，在图像窗口中沿着图像的轮廓拖动鼠标，系统会自动捕捉图像中颜色反差较大的图像边界，从而产生锚点，如图3.15所示。

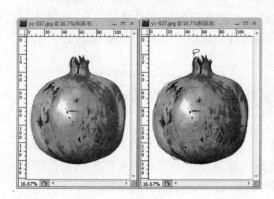　　

图3.13 原图和使用套索工具　　　　　　　　图3.14 多边形套索工具　图3.15 磁性套索工具

说明 在使用套索工具绘制选区的过程中，绘制至任意位置时，双击并释放鼠标左键，则可以将该点与选区的起始点连接起来并形成选区。其中按下"Delete"键可以删除最近选取的边线；按住"Delete"键不放可以依次删除选取的边线；按下"Esc"键可以取消所有已经创建的选区边线。

3. 使用魔棒工具组

魔棒工具用于选择图像中颜色相同和相似的不规则区域。在工具箱中右键单击"魔棒工具"按钮，即可弹出工具列表，列表中包含快速选择工具和魔棒工具。

📁 快速选择工具

快速选择工具是在需要创建选区的范围内进行涂抹，从而快速绘制选区。在工具箱中单击"快速选择工具"按钮后将显示如图3.16所示的工具属性栏。

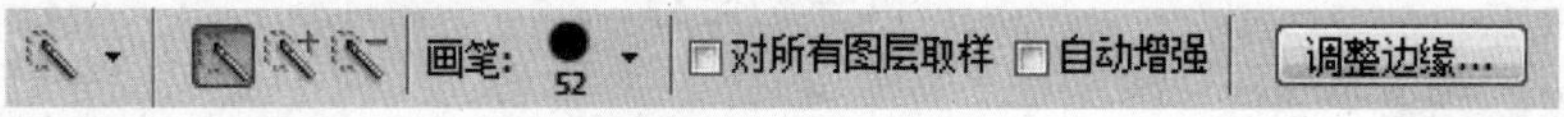

图3.16 "快速选择工具"属性栏

- ✉ **"新选区"按钮**：在Photoshop CS4中默认选中该按钮，用于在图像上创建选区。新创建的选区将覆盖前一次创建的选区。
- ✉ **"添加到选区"按钮**：在原来创建的选区的基础上，添加新的选区，从而累积成多个选区。
- ✉ **"从选区减去"按钮**：在原来创建的选区的基础上减去涂抹的选区。
- ✉ **"画笔"下拉列表框**：在该下拉列表框中可以设置画笔的笔尖、硬度、间距和大小，如图3.17所示。

图3.17 "画笔"列表框

- ✉ **"对所有图层取样"复选框**：选中该复选框，则会将当前文件中所有可见图层中的相同颜色的区域全部选中。
- ✉ **"自动增强"复选框**：选中该复选框，可减少选区边界的粗糙度和块效应。

📁 魔棒工具

魔棒工具用于选择具有相同颜色的图像区域。在工具箱中单击"魔棒工具"按钮后，将鼠标指针移动至图像窗口中，然后在需要选择的区域上单击，即可完成选区的创建。其工具属性栏如图3.18所示。

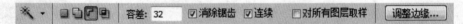

图3.18 "魔棒工具"属性栏

其中，"容差"数值框用于设置将要选取的颜色范围值，输入的数值越大，选取的颜色范围也就越大；数值越小，选择的颜色范围也就越小。下面将在如图3.19所示的图像上创建选区，容差值分别设置为20和80，得到如图3.20和图3.21所示的选区。

图3.19　原图　　　　　　　　图3.20　容差为20的选区　　　　图3.21　容差为80的选区

4. 使用"色彩范围"命令创建选区

使用"色彩范围"命令可以在图像中查找和指定颜色相同或相近的区域，还可以通过指定其他颜色来增加或减少选区。

在菜单栏上选择"文件"→"打开"命令，在弹出的"打开"对话框中选择一个图像文件，单击"打开"按钮。然后在菜单栏上选择"选择"→"色彩范围"命令，即可打开如图3.22所示的"色彩范围"对话框，其中各选项的含义如下。

☁ **"选择"下拉列表框：**在该下拉列表框中可以预设颜色的范围。选择"取样颜色"选项，可以使用吸管工具在图像上进行颜色取样；选择特定的颜色，则颜色容差将不能使用；选择"溢色"选项，可以选择在印刷过程中无法显示的颜色。

☁ **"颜色容差"数值框：**用于调整选区边界外的衰减程度，选取的数值越大，选区的范围也就越大。

图3.22　"色彩范围"对话框

☁ **"范围"数值框：**该选项是Photoshop CS4新增的功能，主要用来调整选区的范围。

☁ **"选择范围"单选按钮：**选择该单选按钮后，预览框中将以黑白的形式显示图像，其中白色为被选取的颜色范围，黑色为没有被选取的颜色范围。

☁ **"图像"单选按钮：**选择该单选按钮后，预览框中将以图像的原状态显示。

☁ **"选区预览"下拉列表框：**在该下拉列表框中可选择不同的预览方式。其中，"无"选项表示在图像窗口中没有变化；"灰度"选项表示在图像窗口中以灰色显示被选取的区域，以黑色显示未被选取的区域；"黑色杂边"选项表示在图像窗口中以彩色显示被选取的区域，以黑色显示未被选取的区域；"白色杂边"选项表示在图像窗口中以彩色显示被选取的区域，以白色显示未被选取的区域；"快速蒙版"选项表示在图像窗口中以彩色显示被选取的区域，以预置的蒙版颜色显示未被选取的区域。

☁ **吸管工具组：** 🖋工具用于在图像窗口中单击取样颜色；🖋工具用来添加选取范围；🖋工具用来减少选取范围。

☁ **"反相"复选框：**该复选框用于切换选取区域和未选取区域。

3.1.2 典型案例——创建图像中黑色区域的选区

案例目标

本案例主要是对图像中的黑色区域进行创建选区的操作，从而使读者更透彻地理解创建选区的过程。

素材位置： 第3课\素材\风景图.jpg

操作思路：

- 打开素材"风景图.jpg"图像文件。
- 在菜单栏上选择"选择"→"色彩范围"命令，在打开的对话框中进行设置。
- 单击"确定"按钮后，即可创建选区。

操作步骤

其具体操作步骤如下：

步骤01 打开Photoshop CS4程序后，在菜单栏上选择"文件"→"打开"命令，在弹出的"打开"对话框中选择素材"风景图.jpg"图像文件，单击"打开"按钮，打开的图像文件如图3.23所示。

步骤02 在菜单栏上选择"选择"→"色彩范围"命令，即可弹出"色彩范围"对话框，如图3.24所示。

步骤03 在"选择"下拉列表中选择"取样颜色"选项，选中"本地化颜色簇"复选框，然后设置颜色容差为"25"。

步骤04 将鼠标指针移动到图像中的黑色区域进行单击，然后单击"色彩范围"对话框中的"添加到取样"按钮，再返回到图像中继续取样。

步骤05 取样完成后，单击"确定"按钮即可在图像窗口上显示黑色区域的选区，效果如图3.25所示。

图3.23 原图

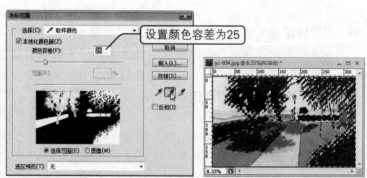
设置颜色容差为25
图3.24 "色彩范围"对话框

图3.25 效果图

案例小结

本案例通过"颜色范围"命令创建选区，主要练习了创建选区的方法和"颜色范围"命令的使用,其他未被练习到的选区工具,读者可以结合"知识讲解"自行练习。

3.2 修改选区

在Photoshop CS4中,最初创建的选区往往不能满足用户的需求,这时就需要对创建的选区进行修改,下面将介绍修改选区的操作方法。

3.2.1 知识讲解

修改选区的操作有多种,主要包括移动选区、添加选区、减少选区、交叉选区、添加选区边界、扩展和收缩选区、平滑选区和调整选区边缘等。

1. 移动选区

在图像中完成选区创建后,如果要对选区进行移动,可保持选区工具,然后将鼠标指针移动到选区内,当指针变成 ▶ 形状时,按住鼠标左键不放并拖动到适当位置,释放鼠标后即可实现选区的移动,如图3.26所示。

图3.26 移动选区的前后效果图

 在移动选区时,按住"Shift"键不放,可以按45度角的倍数方向移动选区;按下"Shift"键的同时按下键盘上的方向键,可实现将选区按10个像素的增量来移动;按下键盘上的方向键,可以实现选区按1个像素的增量来移动。

2. 添加选区

添加选区可以通过前面介绍的"添加到选区"按钮 ▣ 来实现,也可以在使用选区工具时,按下"Shift"键,这时选区工具右下角将出现一个"+"号,在需要添加选区的区域上创建新的选区,即可在原选区上添加新的选区范围。

3. 减少选区

减少选区可以通过前面介绍的"从选区中减去"按钮 ▣ 来实现,也可以在使用选区工具时,按下"Alt"键,这时选区工具右下角将出现一个"−"号,在需要减小选区的区域上创建新的选区,即可使用新选区减去原来的选区。

4. 交叉选区

交叉选区可以通过前面介绍的"与选区交叉"按钮  来实现，也可以在使用选区工具时，按下"Shift+Alt"组合键，这时选区工具右下角将出现一个"×"号，在需要添加选区的区域上创建新的选区，这时只保留原选区和新选区交叉的部分。

5. 添加选区边界

添加选区边界主要用于设置选区边缘的像素宽度。在菜单栏上选择"选择"→"修改"→"边界"命令，在弹出的"边界选区"对话框（如图3.27所示）中设置边界的宽度值，然后单击"确定"按钮即可。将图3.28所示的图像选区添加60像素的边界宽度值，最后效果如图3.29所示。

图3.28　原图

图3.29　添加选区边界后的效果图

 添加选区边界后，还可以对边界进行颜色填充，从而产生描边的效果。

6. 扩展和收缩选区

扩展选区是在原来的选区基础上扩大选区范围。在菜单栏上选择"选择"→"修改"→"扩展"命令，在弹出的"扩展选区"对话框（如图3.30所示）中设置选区扩展的数量值，然后单击"确定"按钮即可。将图3.28所示的图像选区扩展60像素，效果如图3.31所示。

图3.30　"扩展选区"对话框

图3.31　扩展60像素后的效果图

收缩选区主要是在原来的选区基础上缩小选区范围。在菜单栏上选择"选择"→"修改"→"收缩"命令，在弹出的"收缩选区"对话框（如图3.32所示）中设置选区收缩的数量值，然后单击"确定"按钮即可。将图3.28所示的图像选区收缩60像素后的效果如图3.33所示。

图3.32 "收缩选区"对话框　　　图3.33 收缩60像素后的效果图

7. 平滑选区

平滑选区是通过设置选区的平滑度，使选区边界变得连续而平滑，从而消除选区的边缘锯齿。在菜单栏上选择"选择"→"修改"→"平滑"命令，在弹出的"平滑选区"对话框（如图3.34所示）中设置平滑选区边缘的数量值，然后单击"确定"按钮即可。将图3.28所示的图像选区平滑60像素，效果如图3.35所示。

图3.34 "平滑选区"对话框　　　图3.35 平滑60像素后的效果图

8. 调整选区边缘

调整选区边缘主要是调整选区边缘的大小、对比度、平滑、羽化和扩展/收缩等。在菜单栏上选择"选择"→"调整边缘"命令，即可弹出"调整边缘"对话框，其中各参数选项的含义如下。

 "半径"数值框：用于改善包含柔化过渡或细节区域中的边缘。

 "对比度"数值框：用于使柔化的边缘变得犀利，并去除选区边缘模糊的不自然感。

 "平滑"数值框：用于去除选区边缘的锯齿状。

 "羽化"数值框：使用平均模糊的方式柔化选区的边缘。

 "收缩/扩展"数值框：用于缩小或增大选区的边缘。

 **"说明"栏**：将鼠标指针移动到各参数选项时，在该区域中将显示对这一选项的功能说明。

 显示模式：在该对话框的下方提供了5种不同的显示模式。其中"标准"模式可预览具有标准选区边界的选区；"快速蒙版"模式是以快速蒙版的方式预览选区；"黑底"模式是在黑色背景下预览选区；"白底"模式是在白色背景下预览选区；"蒙版"模式可预览用于定义选区的蒙版。

案例目标

本案例将在原来的图像上通过修改选区绘制出新的五角星，主要练习选区的修改操作，完成后将其以".psd"格式进行保存。

素材位置： 第3课\素材\五角星.jpg

效果图位置： 第3课\源文件\新五角星.psd

操作思路：

- 打开素材"五角星.jpg"图像文件。
- 使用魔术棒工具对五角星创建选区。
- 依次使用"收缩"和"边界"命令，绘制出新五角星的选区。
- 利用前景色进行填充，并保存。

操作步骤

其具体操作步骤如下：

步骤01 启动Photoshop CS4程序后，在菜单栏上选择"文件"→"打开"命令，在弹出的"打开"对话框中选择素材"五角星.jpg"图像文件，然后单击"确定"按钮，打开的图像文件如图3.36所示。

步骤02 在工具箱中单击"魔棒工具"按钮，然后在五角星图形上单击创建选区。

步骤03 在菜单栏上选择"选择"→"修改"→"收缩"命令，在弹出的"收缩选区"对话框中设置收缩量为"20"像素，然后单击"确定"按钮，如图3.37所示。

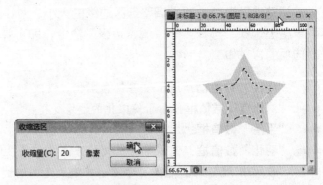

图3.36 "五角星.jpg"文件 　　　　图3.37 收缩后的效果图

步骤04 在菜单栏上选择"选择"→"修改"→"边界"命令，在弹出的"边界选区"对话框中设置宽度为"10"像素，然后单击"确定"按钮，如图3.38所示。

步骤05 单击工具箱中的"颜色块"按钮，设置前景色为白色，然后按下"Alt+Delete"组合键进行填充，效果如图3.39所示。

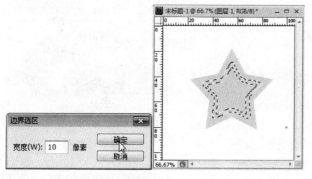

图3.38　设置边界后的效果图　　　　　　　　　图3.39　最终效果图

步骤06　在菜单栏上选择"文件"→"存储为"命令，在弹出的"存储为"对话框中设置文件名为"新五角星"，格式为".psd"格式，完成后单击"保存"按钮即可。

案例小结

　　本案例通过绘制五角星，练习了魔棒工具的使用，并结合"收缩"和"边界"命令对选区进行修改，再为其填充颜色，从而实现图像的绘制，其他未被练习到的修改选区工具，读者可以结合"知识讲解"自行练习。

3.3　编辑选区

　　Photoshop CS4中提供了多种编辑选区的工具，用户可根据实际的需要对选区进行编辑，以使编辑后的选区满足需求。

3.3.1　知识讲解

　　编辑选区的操作有多种，主要包括羽化选区、选区描边、变换选区和取消选区，下面将详细介绍这些操作。

1. 羽化选区

　　羽化选区可使选区的边缘变得平滑，从而使填充选区后的颜色与背景色相融合，其具体操作步骤如下：

步骤01　打开图像文件后，单击工具箱中的"椭圆选区工具"按钮 🔘 ，然后在图像上创建选区，如图3.40所示。

步骤02　在菜单栏上选择"选择"→"修改"→"羽化"命令或按下"Alt+Ctrl+D"组合键，在弹出的"羽化选区"对话框中设置羽化半径为"20"像素，如图3.41所示，然后单击"确定"按钮。

步骤03　在菜单栏上选择"选择"→"反相"命令。

步骤04　按下"Delete"键删除选区内的图像，这时即可方便地观察选区的羽化效果，如图3.42所示。

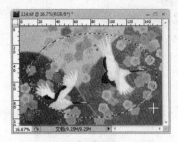

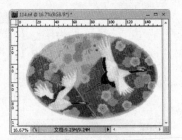

图3.40　创建选区　　　　　图3.41　"羽化选区"对话框　　　图3.42　最终效果图

2. 选区描边

选区描边是指使用一种颜色对选区的边缘进行填充，在菜单栏上选择"编辑"→"描边"命令，打开"描边"对话框，如图3.43所示，其中各参数选项的含义如下。

 "宽度"数值框： 用于设置选区边缘填充的宽度，其取值范围为1~250像素。

 "颜色"选项： 用于设置选区边缘描边的颜色。

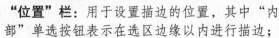 **"位置"栏：** 用于设置描边的位置，其中"内部"单选按钮表示在选区边缘以内进行描边；

图3.43　"描边"对话框

"居中"单选按钮表示以选区的边缘为中心进行描边；"居外"单选按钮表示在选区边缘以外进行描边。

 "模式"下拉列表框： 在该下拉列表框中选择描边后颜色的混合模式。

 "不透明度"数值框： 用于设置描边后颜色的不透明度。

 "保留透明区域"复选框： 选中该复选框，则表示图像中的透明区域不受描边的影响。

在Photoshop CS4中，选区描边的具体操作步骤如下：

步骤01 打开图像文件后，单击工具箱中的"磁性套索工具"按钮 ，创建如图3.44所示的选区。

步骤02 在菜单栏上选择"编辑"→"描边"命令，在弹出的"描边"对话框中设置宽度为"3px"，颜色为"白色"，位置为"居外"，其他为默认值。

步骤03 设置完成后单击"确定"按钮即可实现选区的描边，最终效果如图3.45所示。

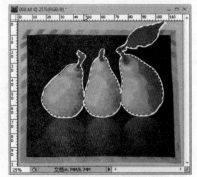

图3.44　创建选区　　　　　　　图3.45　描边后的效果图

3. 变换选区

变换选区操作是对选区的外形进行缩放、旋转、斜切、扭曲、透视和变形等操作。在菜单栏上选择"选择"→"变换选区"命令，这时选区的周围将显示变换框，在任意位置单击鼠标右键，在弹出的快捷菜单中即可选取各种变换命令。

 缩放选区

在快捷菜单中选择"缩放"命令后，将鼠标指针移动到变换框上，当指针变成 形状时，按住鼠标左键不放并拖动至适当的位置，释放鼠标后按下"Enter"键即可完成缩放操作。对如图3.46所示的图像选区进行缩放，其效果如图3.47所示。

技巧 在执行缩放命令时，按住"Alt"键的同时拖动鼠标，是以选区的中心点为基点对选区进行等比例缩放；按住"Shift"键的同时拖动鼠标，是以对角的控制点为基点对选区进行等比例缩放。

 旋转选区

将鼠标指针移动到变换框外，当指针变成 形状时，按住鼠标左键不放并进行顺时针或逆时针旋转，释放鼠标后按下"Enter"键即可完成旋转选区的操作，如图3.48所示。

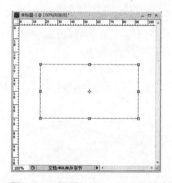
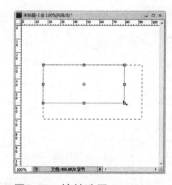
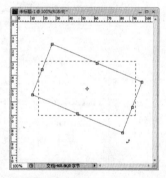

图3.46　原图　　　　　图3.47　缩放选区　　　　　图3.48　旋转选区

说明 如果要精确地旋转选区90度或180度，可通过快捷菜单中的"旋转180度"、"旋转90度（顺时针）"、"旋转90度（逆时针）"、"水平翻转"或"垂直翻转"命令来实现。

 斜切和扭曲选区

在快捷菜单中选择"斜切"命令后，将鼠标指针移动到变换框的控制点旁边，当指针变成 或 形状时，按住鼠标左键不放并进行拖动，这时选区将以自身的一边为基点进行变换，如图3.49所示。

扭曲选区是将鼠标指针移动到变换框的控制点上，当指针变成 形状时，按住鼠标左键不放并进行任意方向上的拖动，然后释放鼠标即可实现选区的扭曲操作，如图3.50所示。

 透视选区

透视选区是将鼠标指针移动到变换框的控制点上，当指针变成 形状时，按住鼠标左键不放并拖动，这时选区虚线上的两个控制点将同时移动，如图3.51所示。

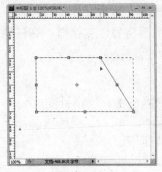
图3.49　斜切选区

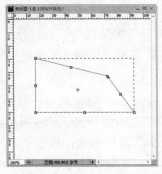
图3.50　扭曲选区

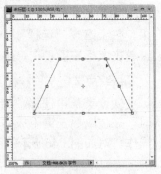
图3.51　透视选区

 变形选区

在快捷菜单中选择"变换"命令后，选区内会显示网格线，这时将鼠标指针移动到网格上，按住鼠标左键不放并拖动，即可实现选区的变形操作，如图3.52所示。

> 在变形选区时也可以单击并拖动网格线上的黑色实心点，这时该点处会显示一个调整柄，拖动该调整柄可以实现精确的变形，如图3.53所示。

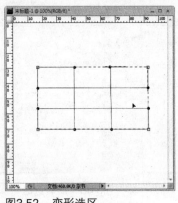
图3.52　变形选区

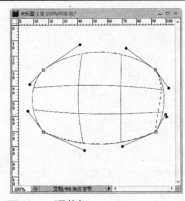
图3.53　调整柄

4. 取消选区

如果要对选区以外的区域进行编辑，首先要取消选区，否则编辑操作将只对选区内的区域起作用。在菜单栏上选择"选择"→"取消选择"命令或按下"Ctrl+D"组合键即可取消选区。

3.3.2　典型案例——制作艺术相片

案例目标

本案例主要对如图3.54所示的婚纱照进行处理，主要练习创建选区、羽化选区、填充选区和取消选区等操作。

素材位置： 第3课\素材\婚纱照.jpg
效果图位置： 第3课\源文件\婚纱照.psd

操作思路：

- 打开素材"婚纱照.jpg"图像文件，然后使用椭圆选框工具创建选区。
- 通过"羽化"对话框对选区进行羽化。
- 将选区反向，并用前景色、图案进行填充。
- 将制作好的艺术相片进行保存。

图3.54 婚纱照.jpg

操作步骤

其具体操作步骤如下：

步骤01 打开素材"婚纱照.jpg"图像文件。

步骤02 单击工具箱中的"椭圆选框工具"按钮 ，然后在图像上创建椭圆选区，如图3.55所示。

步骤03 在菜单栏上选择"选择"→"修改"→"羽化"命令，在弹出的"羽化"对话框中设置羽化半径为"40"像素，如图3.56所示。

图3.55 创建选区

图3.56 "羽化选区"对话框

步骤04 设置完成后单击"确定"按钮，然后在菜单栏上选择"选择"→"反向"命令，使选区反向，如图3.57所示。

步骤05 在工具箱中单击"前景色"色块，在弹出的"拾色器"对话框设置"R：218；G：235；B：255"，然后单击"确定"按钮，如图3.58所示。

图3.57 反向选区

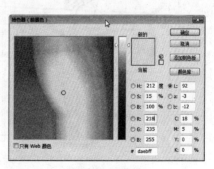

图3.58 "拾色器"对话框

步骤06 按下"Alt+Delete"组合键填充选区,如图3.59所示,然后在菜单栏上选择"编辑"→"填充"命令,即可弹出"填充"对话框。

步骤07 在"使用"下拉列表框中选择"图案"选项,在"自定图案"下拉列表中选择"白色木质纤维纸"选项,然后设置不透明度为"45%",如图3.60所示。

图3.59 填充后的效果图   图3.60 图案填充后的效果图

步骤08 单击"确定"按钮后,按下"Ctrl+D"组合键取消选区。

步骤09 在菜单栏上选择"文件"→"存储为"命令,在弹出的"存储为"对话框中设置文件名为"婚纱照",格式为".psd",然后单击"确定"按钮即可。

案例小结

本案例通过制作艺术相片的过程,主要练习了创建选区、修改选区和编辑选区的部分操作。其他未被练习到的编辑选区工具,读者可以结合"知识讲解"自行练习。

3.4 上机练习

3.4.1 制作卡通画

本次练习将对如图3.61所示的卡通画进行上色,制作出如图3.62所示的卡通画效果,主要练习选区的创建工具和填充工具的使用。

图3.61 原图   图3.62 最终效果图

素材位置：第3课\素材\卡通画.jpg

效果图位置：第3课\源文件\卡通画.jpg

操作思路：

📩 打开素材"卡通画.jpg"图像文件后，用魔棒工具  创建区域。

📩 单击工具箱中的"前景色"色块，在弹出的"拾色器"对话框中设置前景色。

📩 按下"Alt+Delete"组合键填充图像。

3.4.2　绘制花朵

　　本次练习将使用选区绘制花朵，主要练习创建选区、移动选区、旋转选区和取消选区等操作，绘制的花朵如图3.63所示。

　　效果图位置： 第3课\源文件\花朵.psd

　　操作思路：

图3.63　花朵.psd

📩 在菜单栏上选择"文件"→"新建"命令，在弹出的"新建"对话框中设置长为400像素；宽为400像素；分辨率为300像素/英寸；背景色为白色。

📩 使用椭圆选框工具 创建花瓣选区，并用"R：255；G：193；B：255"的前景色进行填充。

📩 对选区进行移动并旋转，然后填充。

📩 重复前面的操作方法，然后使用椭圆选框工具绘制花心，并用"R：255；G：255；B：135"的前景色进行填充。

3.5 疑难解答

问： 在移动选区时，为什么选区内的图像也会跟着移动？

答： 这是因为在移动选区时，选择了移动工具 。如果想只移动选区而不移动选区内的图像，应确保当前的工具是创建选区工具中的任意一种。

问： 在移动选区时，可以将当前图像中的选区移动到其他图像窗口中吗？

答： 当然可以。在处理图像过程中经常需要将当前图像中的选区或选区内的图像移动到另一个图像窗口中，下面将分别介绍这两种功能。

📩 **移动选区到另一个图像窗口：** 在当前图像窗口中创建选区后，确保当前的工具是创建选区工具的一种，然后将鼠标指针移动到选区内，当指针变成 形状时，按住鼠标左键不放并拖动到另一个图像窗口中，释放鼠标即可完成选区的移动。

📧 **移动选区内的图像到另一个图像窗口**：在当前图像窗口中创建选区后，在工具箱中单击"移动工具"按钮 ▶⊕，然后将鼠标指针移动到选区内，当指针变成 ▶ఠ 形状时，按住鼠标左键不放并拖动到另一个图像窗口中，释放鼠标即可发现选区周围的区域将自动消失。

问：我在"调整边缘"对话框中设置选区的羽化值后，在图像窗口中可以预览到羽化后的效果图，但为什么单击"确定"按钮后，图像中的羽化效果反而消失了？

答：这是因为你羽化的是选区的边缘，而不是整个图像。如果要看到羽化的效果，必须对选区或选区周围的区域进行颜色填充或删除。

3.6 课后练习

选择题

1 （　　）用来查找和指定图像中颜色相同或相近的区域。

　　A. 矩形选框工具　　　　　　　　　B. 套索工具

　　C. 魔棒工具　　　　　　　　　　　D. "色彩范围"命令

2 使用键盘上的方向键移动选区时，可以使选区以（　　）为增量移动。

　　A. 1个像素　　　　　　　　B. 10个像素

　　C. 5个像素　　　　　　　　D. 2个像素

3 修改选区的操作包括（　　）。

　　A. 平滑　　　　　　　　　　B. 水平翻转

　　C. 斜切　　　　　　　　　　D. 透视

4 在图像中，取消选区的快捷键是（　　）。

　　A. Ctrl+Shift+I　　　　　　B. Alt+Ctrl+D

　　C. Ctrl+D　　　　　　　　　D. Ctrl+T

问答题

1 使用魔棒工具创建选区时，工具属性栏中的"容差"选项的含义是什么？

2 选区的修改操作主要包含哪些？

3 简述移动选区的几种操作。

上机题

1 打开"苹果"图像文件，分别使用套索工具组、魔棒工具组和"色彩范围"命令选择图像中的苹果，比较一下使用哪种选取工具最快捷。

　　素材位置：第3课\素材\苹果.tif

2 打开如图3.64和图3.65所示的图像文件，利用本课所学的创建选区、羽化选区、移动选区、变换图像等操作方法，制作出如图3.66所示的效果图。

素材位置：第3课\素材\花框.jpg、小女孩.jpg

效果图位置：第3课\源文件\ 花框.psd

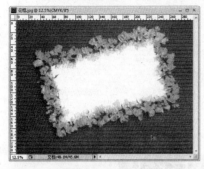  

图3.64　花框.jpg　　　　　图3.65　小女孩.jpg　　图3.66　花框.psd

3 打开如图3.67所示的文件，利用本课所学的创建选区、扩展选区、选区边界和填充选区等操作方法，制作出如图3.68所示的轮廓效果图。

素材位置：第3课\素材\人物.tif

效果图位置：第3课\源文件\人物.jpg

图3.67　原图　　　　　　　　　　　图3.68　效果图

第4课

图像的色彩编辑

▼ **本课要点**

设置绘图颜色

填充颜色

▼ **具体要求**

掌握前景色和背景色的设置

了解绘图颜色调板的使用

掌握存储颜色的方法

了解油漆桶、渐变工具的使用

▼ **本课导读**

本课主要介绍图像的色彩编辑，包括设置前景色和背景色、拾色器、"颜色"调板、"色板"调板、吸管工具、颜色取样器工具、存储颜色、使用"填充"命令填充颜色、使用油漆桶和渐变工具填充颜色等知识。

4.1 设置绘图颜色

设置绘图颜色是处理图像的一个重要环节。在绘图过程中需要根据实际情况，选择合适的颜色对图像区域进行填充，下面将详细介绍其操作方法。

4.1.1 知识讲解

下面详细介绍设置前景色和背景色、拾色器、"颜色"调板、"色板"调板、吸管工具、颜色取样工具和存储颜色的相关知识。

1. 设置前景色和背景色

前景色是用于显示当前绘图工具的颜色，背景色则用于显示图像的底色。默认情况下，前景色为黑色，背景色为白色。单击前景色或背景色图标，如图4.1所示，在弹出的"拾色器"对话框中设置所需的颜色，然后单击"确定"按钮即可设置前景色和背景色。

图4.1　颜色图标

　单击工具箱中的 ↻ 按钮，可以使前景色和背景色互换；单击 ▣ 按钮能将前景色和背景色恢复到默认的黑色和白色。

2. 拾色器

单击前景色或背景色图标，打开"拾色器"对话框，如图4.2所示，其中各参数选项的含义如下。

🖂 **颜色取样框**：在该区域中单击，可以选择不同的颜色。

🖂 **当前所选的颜色**：指的是当前在颜色取样框中选取的颜色。

🖂 **原来的颜色**：指的是当前前景色中的颜色。

🖂 **"色彩模式"区域**：在该区域中可以选择"HSB"模式、"Lab"模式、"RGB"模式或"CMYK"模式。

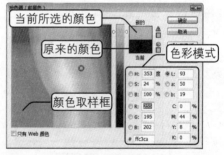

图4.2　"拾色器"对话框

🖂 **"只有Web颜色"复选框**：选中该复选框，可以使对话框的颜色显示模式变为能够应用于网络的颜色。

3. "颜色"调板

通过"颜色"调板可对前景色和背景色进行设置。在菜单栏上选择"窗口"→"颜色"命令，即可弹出"颜色"调板，如图4.3所示。

在该调板中单击前景色或背景色图标，然后拖动各参数的滑块或在数值框中输入颜色值，即可改变前景色和背景色。

在"颜色"调板中单击右上角的扩展按钮，在弹出的下拉列表中可选择颜色滑块或颜色色谱，如图4.4所示。

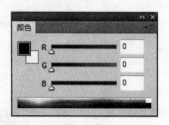

图4.3　"颜色"调板

图4.4　下拉列表

> **技巧**　在"颜色"调板中单击颜色取样条中的颜色可以设置前景色或背景色；单击颜色取样条右边的白色或黑色色块可以直接将前景色和背景色分别设置为黑色和白色。

4. "色板"调板

Photoshop CS4的"色板"调板中提供了多种预置好的颜色，如图4.5所示，用户只需在色样上单击鼠标左键即可改变前景色和背景色的颜色。

在"色板"调板中将鼠标指针移动到调板的空白处，当指针变成🪣形状时，单击鼠标左键，在弹出的"色板名称"对话框中输入名称，然后单击"确定"按钮即可将前景色进行保存，如图4.6所示。

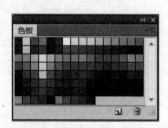

图4.5　"色板"调板

图4.6　"色板名称"对话框

5. 吸管工具

可通过吸管工具在图像中拾取所需要的颜色作为前景色和背景色。单击工具箱中的"吸管工具"按钮🖋，然后将鼠标指针移动到图像中，单击需要的颜色即可选择出新的前景色。

> **说明**　如果要使用单击处的颜色作为背景色，可在单击的同时按住"Ctrl"键来实现。

6. 颜色取样器工具

颜色取样器工具是对颜色进行采样，它不能直接选取颜色，但可以通过设置取样点来获取颜色信息。

　　单击工具箱中的"颜色取样器工具"按钮 ，然后在图像中需要的颜色上单击即可设置颜色取样点。

　　在同一个图像中，最多可以设置4个取样点，同时，在"信息"调板中可查看取样点的颜色信息。

4.1.2　典型案例——设置新文件的前景色为蓝色

案例目标

　　本案例将创建一个新图像文件，然后通过"拾色器"对话框设置前景色并进行填充，主要练习前景色和背景色的设置以及拾色器的应用。

　　操作思路：

 启动Photoshop CS4程序后，在打开的"新建"对话框中创建新图像文件。

 在工具箱中单击"前景色"图标，在弹出的"拾色器"对话框中设置颜色为蓝色。

 单击"确定"按钮，在菜单栏上选择"编辑"→"填充"命令。

 在弹出的"填充"对话框中设置填充选项，完成后单击"确定"按钮即可。

操作步骤

　　其具体操作步骤如下：

步骤01 启动Photoshop CS4程序后，在菜单栏上选择"文件"→"新建"命令，即可弹出"新建"对话框，如图4.7所示。

步骤02 在"名称"文本框中输入"蓝色背景文件"、设置宽度为"400像素"，高度为"400像素"，分辨率为"300像素/英寸"，背景内容为"白色"，然后单击"确定"按钮。

步骤03 单击工具箱中的"前景色"图标，这时将弹出"拾色器"对话框，如图4.8所示。

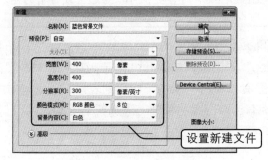

图4.7　"新建"对话框

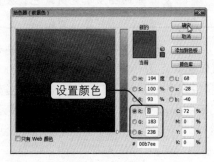

图4.8　"拾色器"对话框

步骤04 在该对话框中设置"R：0、G：183、B：238"，然后单击"确定"按钮，这时"前景色"图标将显示为蓝色。

步骤05 在菜单栏上选择"编辑"→"填充"命令，在弹出的"填充"对话框的"使用"下拉列表中选择"前景色"选项，然后单击"确定"按钮即可。

案例小结

　　本案例主要练习前景色和背景色的设置及应用，先创建新文件，然后在"拾色器"对话框中设置前景色并进行填充。

4.2 填充颜色

　　在处理图像过程中，经常需要对图像区域进行填充，从而使图像达到理想的效果，下面将介绍填充颜色的几种方法。

4.2.1 知识讲解

　　填充颜色的方法主要包括使用"填充"命令填充颜色、使用油漆桶填充颜色和使用渐变工具填充颜色。

1. 使用"填充"命令填充颜色

　　在Photoshop CS4中使用"填充"命令不但可以填充单一的颜色还可以填充图案。在菜单栏上选择"编辑"→"填充"命令，在弹出的"填充"对话框中单击"使用"右侧的 ▾ 按钮，在打开的下拉列表框中选择"前景色"、"背景色"、"图案"等相应的选项进行颜色填充，如图4.9所示。

　　在该对话框中如果选择"前景色"或"背景色"选项，则表示以当前前景色或背景色的颜色进行填充；选择"颜色…"选项，则在弹出的"选取一种颜色"对话框中自定义一种颜色，然后单击"确定"按钮；选择"图案"选项，则可以在"自定图案"下拉列表框中使用预置的图案进行填充，如图4.10所示。

> **技巧** 在Photoshop CS4程序中，按下"Alt+Delete"组合键，可以为选区或当前的图层填充前景色；按下"Ctrl+Delete"组合键，可以为选区或当前的图层填充背景色。

　　单击"自定图案"下拉列表框右侧的 ▾ 按钮，在弹出的下拉列表中单击要添加的预置图案，这时系统将弹出"Adobe Photoshop"对话框，如图4.11所示。其中，单击"确定"按钮则表示以选择的图案替换当前的图案；单击"取消"按钮则表示取消之前选择图案的操作；单击"追加"按钮则表示在拥有当前图案的基础上添加新的图案。

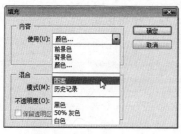
图4.9　填充选项

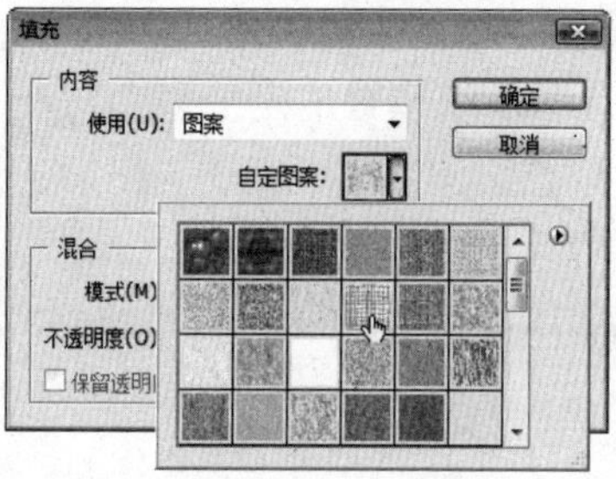

图4.10　图案填充

图4.11　"Adobe Photoshop"
　　　　对话框

2. 使用油漆桶填充颜色

使用油漆桶工具可对图像中位于容差范围内的区域进行颜色或图案填充。单击工具箱中的"油漆桶工具"按钮 ，将显示如图4.12所示的属性栏，其中各选项的含义如下。

图4.12　"油漆桶工具"属性栏

- 前景 下拉列表框：在该下拉列表框中可以选择填充方式。其中"前景"选项是以前景色填充图像区域；"图案"选项是以系统预置的填充图案进行填充。
- "模式"下拉列表框：在该下拉列表中选择用于填充的图案或颜色与源图像颜色的混合模式。
- "不透明度"数值框：用于设置填充颜色或图案的不透明度。
- "容差"数值框：用于设置油漆桶工具填充图像的范围，该数值越大，填充的范围就越大。
- "消除锯齿"复选框：选中该复选框，可消除填充图像区域时产生的锯齿现象。
- "连续的"复选框：选中该复选框，可填充与鼠标单击处颜色一致或相近的图像区域。
- "所有图层"复选框：选中该复选框，可将填充的操作应用于所有的图层；反之则只作用于当前图层。

将如图4.13所示的图像分别使用前景色（绿色）和图案进行填充，效果如图4.14和图4.15所示。

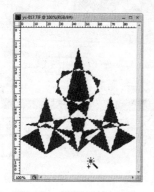
图4.13　原图

图4.14　前景色填充

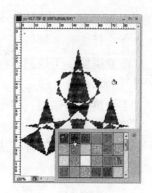
图4.15　图案填充

3. 使用渐变工具填充颜色

在Photoshop CS4中可以选择系统预置的渐变颜色进行填充，也可以自定义颜色来进行渐变填充。单击工具箱中的"渐变工具"按钮 ![], 将显示如图4.16所示的工具属性栏，其中各参数选项的含义如下。

图4.16 "渐变工具"属性栏

- ![] 下拉列表框：单击右侧的 ![] 按钮，在弹出的下拉列表框中可选择系统预置的颜色渐变效果。
- 线性渐变 ![]：该渐变方式是从起点到终点进行直线形状的渐变，如图4.17所示。
- 径向渐变 ![]：该渐变方式是从中心开始进行放射状圆形的渐变，如图4.18所示。
- 角度渐变 ![]：该渐变方式是围绕起点开始到终点产生圆锥形的渐变，如图4.19所示。
- 对称渐变 ![]：该渐变方式是在起点两侧进行对称式直线形渐变，如图4.20所示。
- 菱形渐变 ![]：该渐变方式是从起点开始进行菱形方式的渐变，如图4.21所示。
- "反向"复选框：选中该复选框，可以使得到的渐变效果与所设置的渐变效果相反。
- "仿色"复选框：选中该复选框，可使用递色法增加中间色调，从而使渐变更加平滑。
- "透明区域"复选框：选中该复选框，可打开或关闭渐变效果的透明度设置。

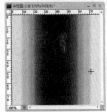 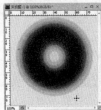 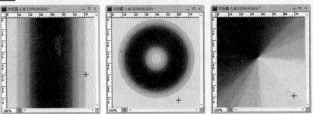 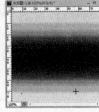 

图4.17 线性渐变　　图4.18 径向渐变　　图4.19 角度渐变　　图4.20 对称渐变　　图4.21 菱形渐变

在"渐变工具"属性栏中单击"渐变颜色条" ![] 后，系统会弹出如图4.22所示的"渐变编辑器"对话框，在该对话框中可以创建和编辑渐变颜色条。

- "预设"栏：在该栏中提供了多种内置的渐变样式，单击其中一种即可将其设置为当前的渐变样式。
- "名称"文本框：在该文本框中可查看或输入渐变样式的名称。
- "渐变类型"下拉列表框：在该下拉列表框中可以选择需要的渐变类型。
- "平滑度"数值框：用于设置渐变图案的平滑度，该数值越大则越平滑。
- 渐变条：用于显示渐变的颜色效果。
- 透明标：用于设置渐变颜色的透明度，单击渐变条上方的透明标后，在"色标"栏中设置渐变颜色的不透明度和位置。

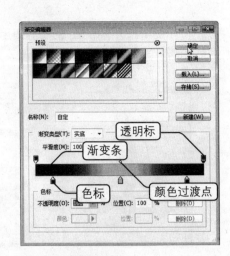

图4.22 渐变编辑器

- **色标：** 用于设置渐变的颜色和位置，单击渐变条下方的色标后，在"色标"栏中设置颜色和位置；色标主要是用来调节颜色之间的过渡距离；将光标移动到渐变条的下方，当光标变成 手 形状时，单击鼠标左键即可在单击处添加一个色标，如图4.23所示；将色标拖离渐变条即可删除该色标。
- **颜色过渡点：** 用于调节色标之间的位置。

图4.23　添加色标

4.2.2　典型案例——自定义渐变颜色

案例目标

本案例将通过渐变编辑器来自定义渐变颜色，主要练习新建文件和使用渐变工具填充颜色的操作。

操作思路：

- 新建一个图像文件，然后在工具箱中单击"渐变工具"按钮 。
- 在属性栏中单击"渐变颜色条" ，即可弹出"渐变编辑器"对话框。
- 设置自定义的颜色，然后单击"确定"按钮。
- 在图像文件中进行菱形填充。

操作步骤

其具体操作步骤如下：

步骤01　启动Photoshop CS4程序后，在菜单栏上选择"文件"→"新建"命令，在弹出的"新建"对话框中设置宽度为"300像素"、高度为"300像素"、分辨率为"72像素/英寸"，如图4.24所示。

图4.24　"新建"对话框

步骤02　单击"确定"按钮即可创建新的图像文件。

步骤03　单击工具箱中的"渐变工具"按钮 ，在工具属性栏中单击"渐变颜色条" ，即可弹出如图4.25所示的"渐变编辑器"对话框。

步骤04　在"名称"栏中输入"红、白、黄渐变"，单击渐变条下方左边的"色标"图标，在"色标"栏中单击"颜色"色块。

步骤05 在弹出的"选择色标颜色"对话框中选择红色，如图4.26所示，然后单击"确定"按钮即可在"渐变编辑器"对话框中查看到变化。

 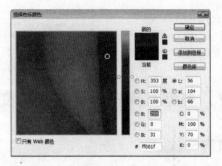

图4.25 "渐变编辑器"对话框　　　图4.26 "选择色标颜色"对话框

步骤06 将光标移动到渐变条的下方，当光标变成形状时单击，即可添加一个新的色标，然后在"色标"栏中设置"颜色"色块为白色。

步骤07 单击渐变条下方右边的"色标"图标，然后在"色标"栏中设置"颜色"色块为黄色。

步骤08 设置完成后，依次单击对话框中的"新建"按钮和"确定"按钮，如图4.27所示。

步骤09 在工具属性栏中单击"菱形渐变"按钮，然后将鼠标指针移动到图像窗口上，按住鼠标左键并从上向下进行拖动，最终效果如图4.28所示。

 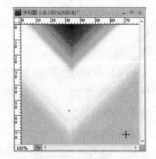

图4.27 "渐变编辑器"对话框　　　图4.28 效果图

案例小结

　　本案例通过自定义渐变颜色的操作，主要练习了渐变编辑器的设置、使用渐变工具填充颜色等知识。对于未练习到的知识，用户可根据"知识讲解"自行练习。

4.3 上机练习

4.3.1 制作光盘

本次练习制作如图4.29所示的光盘，主要练习创建选区、使用渐变工具填充选区以及修改选区等操作。

效果图位置： 第4课\源文件\光盘.psd

操作思路：

图4.29 光盘

📧 新建一个长为400像素，宽为400像素，分辨率为72像素/英寸的图像文件。

📧 创建圆形选区，并对选区进行"色谱"样式的渐变填充。

📧 保持选区状态，并在"图层"调板中新建图层，然后使用"扩展"命令，将选区扩展3像素，填充为白色，并将图层移动到原来图像图层的下方。

📧 取消选区状态，再创建3个大小不一的圆形选区，在填充时设置前景色为白色，并将填充大圆的不透明度设置为40，中间圆的不透明度设为25。

📧 创建中间圆的选区，然后选择大圆图层，按下"Delete"键即可。

📧 制作完成后，将其保存为"光盘.psd"。

4.3.2 制作包装盒

本次练习制作如图4.30所示的包装盒，主要练习创建选区、渐变填充选区、修改选区、描边选区和移动图像等操作。

素材位置： 第4课\素材\牛.jpg

效果图位置： 第4课\源文件\包装盒.psd

操作思路：

图4.30 包装盒

📧 新建一个长为400像素，宽为400像素，分辨率为300像素/英寸的图像文件。

📧 创建矩形选区并使用"透视"命令修改选区，然后进行渐变填充和描边选区，这样包装盒的正面就完成了。

📧 利用前面介绍的方法，绘制包装盒的侧面和底面，这时主要应用"扭曲"命令修改选区。

📧 打开素材"牛.jpg"图像文件，然后用魔棒工具将牛周围的区域进行选择，在菜单栏上选择"选择"→"反向"命令。

◢ 在工具箱中单击"移动工具"按钮,然后将选区移动到新建的图像文件,并进行自由变换、复制和移动图像。

◢ 在复制图像的图层上更改其不透明度,最后输入文字并进行适当调整。

4.4 疑难解答

问: 在Photoshop CS4中,能将自己喜欢的图案填充到图像区域中吗?

答: 当然可以。你只要将喜欢的图案创建为选区,然后在菜单栏上选择"编辑"→"定义图案"命令,在弹出的"图案名称"对话框中输入名称,然后单击"确定"按钮即可。如果要查看定义好的图案,可在"填充"对话框中的"图案"列表中实现。

问: 在图像处理过程中,我该如何实现填充的颜色由实色向透明过渡?

答: 在Photoshop CS4中,渐变颜色分为实色和透明两种,默认情况下,渐变的样式都是实色渐变,如果要实现由实色向透明渐变,则需要在打开的"渐变编辑器"对话框中选择"渐变条"上方的"透明标",这时"色标"栏中的"不透明度"和"位置"数值框将被激活。在"不透明度"数值框中输入数值就可以定义颜色的透明程度,当输入的数值为0时,表示该填充的颜色以透明显示。

4.5 课后练习

选择题

1 在同一个图像中,颜色取样器最多可以设置( )取样点。

    A. 1个   B. 2个   C. 3个   D. 4个

2 在图像或选区中,填充前景色的快捷键是( )。

    A. Alt+Delete   B. Ctrl+Delete

    C. Ctrl+T   D. Ctrl+D

3 使用( )可以在图像容差范围内进行颜色填充或图案填充。

    A. "填充"命令   B. 油漆桶工具

    C. 渐变工具   D. 吸管工具

问答题

1 如何将前景色保存到"色板"调板上?

2 使用"填充"命令填充图案时,在"填充"对话框中如何添加系统预置的未显示的图案?

3 使用渐变工具填充颜色时,系统提供了几种渐变类型?分别是哪几种?

上机题

1 打开素材"水墨画.jpg"图像文件后，在"填充"对话框中选择"树叶图案纸"图案，设置不透明度为20%，然后进行图案填充，如图4.31所示。

　　素材位置： 第4课\素材\水墨画.jpg

　　效果图位置： 第4课\源文件\水墨画.jpg

图4.31　水墨画效果图

2 在"渐变编辑器"对话框中自定义红、橙、黄、绿、青渐变颜色，然后新建图像文件并填充。

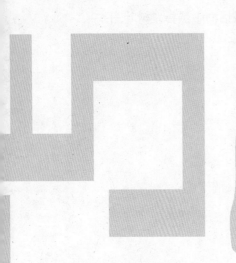

第5课

绘制与修饰图像

▼ **本课要点**
图像绘制工具
设置画笔工具
图像修饰工具

▼ **具体要求**
掌握画笔、形状、图章和橡皮擦等工具的使用
掌握"仿制源"调板的设置和应用
了解画笔工具、预设笔尖的形状
掌握修复、模糊和减淡等工具组的使用

▼ **本课导读**
绘制和修饰图像是使用Photoshop CS4进行图像处理的重要一环。本课主要介绍图像绘制工具和画笔工具的设置，以及图像修饰工具的使用。通过对本课的学习，可以使读者掌握图像绘制与图像修饰的操作技巧。

5.1 图像绘制工具

Photoshop CS4中提供了多种绘制图像的工具，通过这些工具用户可以绘制出满意的图像效果。

5.1.1 知识讲解

图像绘制工具主要包括画笔工具组、形状工具组、图章工具组、橡皮擦工具组和"仿制源"调板，下面将详细介绍这些内容。

1. 画笔工具组

画笔工具组主要由画笔工具、铅笔工具和颜色替换工具组成，如图5.1所示。下面将分别介绍这几种工具的使用方法。

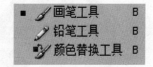

图5.1 画笔工具组

📂 画笔工具

画笔工具主要用于创建边缘柔和的线条，以及通过系统提供的不同画笔样式绘制水彩笔或毛笔效果的线条笔触。

单击工具箱中的"画笔工具"按钮 后，系统会自动显示如图5.2所示的工具属性栏，其中各参数选项的含义如下。

图5.2 "画笔工具"属性栏

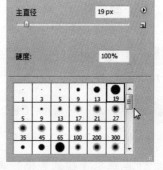

☁ **"画笔"**：单击右侧的下拉按钮 ，即可弹出如图5.3所示的画笔设置面板。

☁ **"模式"下拉列表框**：在该下拉列表框中可选择画笔颜色与当前图像中像素的混合模式。

☁ **"不透明度"数值框**：设置画笔颜色的不透明度。数值越大，不透明度越高。

☁ **"流量"数值框**：用于设置画笔颜色的浓度。数值越大，画笔笔触就越浓。

图5.3 画笔设置面板

☁ **"喷枪"按钮** ：单击该按钮后即可启动喷枪功能，此时将鼠标指针移动到图像上的任意一个位置上，停留的时间越长，所喷洒出的颜色就越多，其色彩就越浓。

☁ **"切换画笔调板"按钮** ：单击该按钮即可在弹出的"画笔"控制调板中进行动态画笔的具体设置。

📂 铅笔工具

铅笔工具用于创建一些边缘生硬的直线或曲线。它与画笔工具的设置及使用方法相似。单击工具箱中的"铅笔工具"按钮 后，系统将显示如图5.4所示的工具属性栏。

铅笔 | 画笔: ⚫ 20 | 模式: 正常 ▼ | 不透明度: 100% ▶ | ☑自动抹除

图5.4 "铅笔工具"属性栏

在该属性栏中选中"自动抹除"复选框后，铅笔工具将具有擦除功能，即在绘制图像过程中铅笔工具经过的图像区域与前景色一致时，系统会自动擦除前景色而填入黑色。下面对如图5.5所示的"八卦"图像进行自动擦除操作，设置图像的前景色为黑色，背景色为白色，最终的效果如图5.6所示。

图5.5 原图

图5.6 自动抹除后的效果图

> **技巧** 在Photoshop CS4中如果要使用铅笔工具绘制直线，则需按住"Shift"键然后进行绘制；如果要绘制曲线，则直接拖动鼠标即可实现。

📁 颜色替换工具

颜色替换工具用于更改当前图像中不同区域的颜色，同时保留原始图像的纹理和阴影。单击工具箱中的"颜色替换工具"按钮🖌，系统将弹出如图5.7所示的工具属性栏，其中各参数选项的含义如下。

颜色替换 | 画笔: ⚫ 13 | 模式: 颜色 ▼ | 🖌🖊🖌 限制: 连续 ▼ | 容差: 30% ▶ | ☑消除锯齿

图5.7 "颜色替换工具"属性栏

☁ **"画笔"下拉列表框**：单击右侧的 ▼ 按钮，在弹出的下拉列表框中可设置画笔的大小、硬度和间距等参数。

☁ **"模式"下拉列表框**：在该下拉列表框中可选择"色相"、"饱和度"、"颜色"或"明度"选项，从而在所选的模式下进行颜色的替换。

☁ **"容差"数值框**：用来设置所替换颜色的不透明度。

☁ **"清除锯齿"复选框**：选中该复选框后，在涂抹时将自动清除笔触中的锯齿现象。

在Photoshop CS4中，使用颜色替换工具对如图5.8所示的"狗.jpg"图像进行替换颜色操作，具体操作步骤如下：

步骤01 在菜单栏上选择"文件"→"打开"命令，在弹出的"打开"对话框中选择

"狗.jpg"图像文件。

步骤02 单击"打开"按钮,在工具箱中单击"颜色替换工具"按钮,然后设置前景色为"R:230、G:201、B:121"。

步骤03 在图像中需要替换的颜色上进行涂抹,即可将图像颜色替换为前景色,效果如图5.9所示。

图5.8 原图

图5.9 效果图

2. 形状工具组

形状工具组主要包括矩形工具、圆角矩形工具、椭圆工具、多边形工具、直线工具和自定形状工具,如图5.10所示。

📁 矩形工具

矩形工具用于绘制矩形或正方形。单击工具箱中的"矩形工具"按钮▣,这时系统将弹出如图5.11所示的工具属性栏,其中各参数选项的含义如下。

图5.10 形状工具组

图5.11 "矩形工具"属性栏

◈ ▣▣▣按钮组:用来设置绘制对象的类型,3个按钮依次表示形状、路径和填充效果。

◈ ◊◊按钮组:用于选择需要的钢笔工具,以绘制对象路径。

> **注意** 有关路径的具体设置和应用将在本书的第10课中详细介绍。

◈ ▣▣○○\☆按钮组:单击其中某个按钮时,即可激活相对应的形状工具属性栏,并切换到该形状工具。

◈ **"几何选项"下拉按钮**▾:单击该下拉按钮,系统将弹出如图5.12所示的下拉列表框。其中"不受约束"单选按钮表示可以自

图5.12 "矩形选项"列表框

由绘制任意大小的矩形；"方形"单选按钮表示只能绘制正方形；"固定大小"单选按钮是在后面的"W"和"H"数值框中输入数值，从而使绘制出的矩形的"长"和"宽"与输入数值一致；"比例"单选按钮是在后面的"W"和"H"数值框中输入数值，从而使用户按设置的比例绘制矩形；"从中心"复选框则是由中心开始绘制矩形；"对齐像素"复选框则表示矩形边缘将自动与图像边缘重合。

 "模式"下拉列表框：用来设置当前绘制的矩形与图像的混合模式。

 "不透明度"数值框：用于设置当前绘制矩形的颜色的不透明度。

 "消除锯齿"复选框：选中该复选框，则表示消除在绘制矩形时出现的锯齿状。

 在绘制矩形时，按下"Shift"键即可绘制正方形，按下"Shift+Alt"组合键即可绘制由中心开始的正方形。

📁 **圆角矩形工具**

圆角矩形工具用于绘制四角平滑的矩形。单击工具箱中的"圆角矩形工具"按钮，这时会发现其属性栏和矩形工具的属性栏相似。

在该属性栏中增加了一个用于设置圆角矩形半径大小的"半径"参数选项，其半径值越大，圆角的弧度也就越大，如图5.13所示为不同半径的圆角矩形效果。

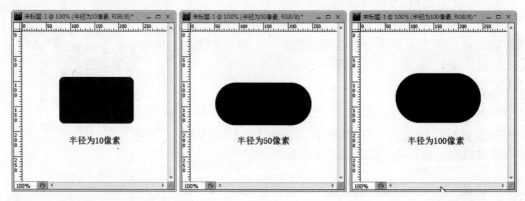

图5.13　不同半径的圆角矩形效果

📁 **椭圆工具**

椭圆工具是用于绘制椭圆或正圆形状的工具。单击工具箱中的"椭圆工具"按钮，然后将鼠标指针移动到图像窗口上，按住鼠标左键不放并进行拖动，即可绘制出椭圆形状；按住"Shift"键的同时按下鼠标左键并拖动则可绘制出正圆，如图5.14所示为不同的椭圆形状。

📁 **多边形工具**

多边形工具是用于绘制多种星形或多边形的工具。单击工具箱中的"多边形工具"按钮，在弹出的工具属性栏中增加了一个用于设置多边形边数的参数选项，如图5.15所示为绘制的不同边数的多边形。

图5.14 不同的椭圆形状效果

单击属性栏中的"几何选项"下拉按钮，系统将弹出如图5.16所示的下拉列表框，其中各参数选项的含义如下。

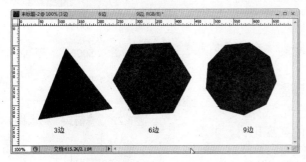

图5.15 不同边数的多边形

图5.16 "多边形选项"列表框

- **"半径"文本框**：用于设置多边形的半径值，如图5.17所示。
- **"平滑拐角"复选框**：使绘制的形状的尖角变成圆角，如图5.18所示。
- **"星形"复选框**：用于绘制星形。
- **"缩进边依据"数值框**：用于设置星形的缩进量，如图5.19所示。
- **"平滑缩进"复选框**：主要使缩进的星形的边缘变得圆滑，如图5.20所示。

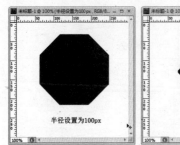  

图5.17 多边形   图5.18 平滑拐角   图5.19 缩进边依据   图5.20 平滑缩进

直线工具

直线工具用于绘制直线或箭头的形状。单击工具箱中的"直线工具"按钮，这时系统显示的工具属性栏中将增加一个设置直线粗细的参数选项，如图5.21所示为不同粗细的直线形状。

图5.21　不同粗细的直线形状

如果要绘制箭头，可单击工具属性栏中的"几何选项"下拉按钮 ，这时系统将弹出如图5.22所示的下拉列表框，其中各参数选项的含义如下。

图5.22　"箭头"列表框

"起点"复选框：选中该复选框则表示在线段的起点位置添加箭头，如图5.23所示。

"终点"复选框：选中该复选框则表示在线段的终点位置添加箭头，如图5.24所示。

"宽度"数值框：用于设置箭头的宽度比例，其取值范围为10%~1000%，如图5.25所示。

"长度"数值框：用于设置箭头的长度比例，其取值范围为10%~5000%，如图5.26所示。

"凹度"数值框：用于设置箭头的凹陷程度，其取值范围为−50%~50%，如图5.27所示。

　如果同时选中"起点"和"终点"复选框，则可绘制出双箭头，如图5.28所示。

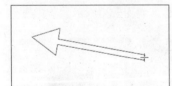

图5.23　起点

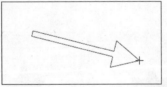

图5.24　终点

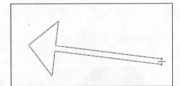

图5.25　设置宽度为1000%

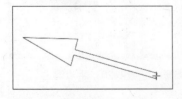

图5.26　设置长度为1000%

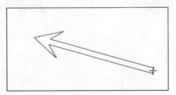

图5.27　设置凹度为50%

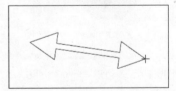

图5.28　双箭头

　自定形状工具

Photoshop CS4提供了多种预置的形状，单击工具箱中的"自定形状工具"按钮 ，

在弹出的工具属性栏中单击"形状"右侧的小三角按钮，在弹出的下拉列表框中可选择需要的形状，如图5.29所示，然后将鼠标指针移动到图像窗口，按住鼠标左键并拖动，完成后释放鼠标即可。

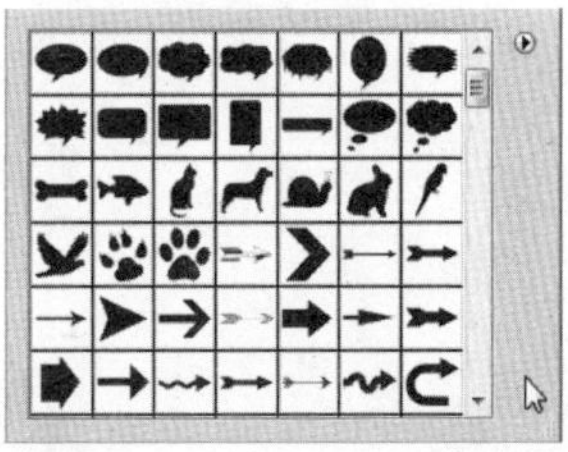

图5.29　"自定形状"列表框

3. 图章工具组

图章工具组用于对图像进行修补和复制等操作，其中主要包括仿制图章工具 和图案图章工具 。

📁 仿制图章工具

仿制图章工具是将图像中的局部区域复制到另一个图像中。单击工具箱中的"仿制图章工具"按钮 ，系统将弹出如图5.30所示的属性栏。

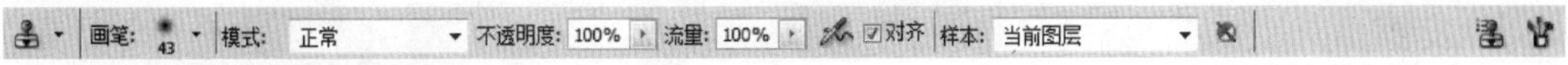

图5.30　"仿制图章工具"属性栏

在Photoshop CS4中，使用仿制图章工具的具体操作步骤如下：

步骤01　打开如图5.31所示的图像文件，然后单击工具箱中的"仿制图章工具"按钮 ，并在工具属性栏中设置画笔大小。

步骤02　将鼠标指针移动到图像区域上，然后按下"Alt"键的同时在需要复制的区域上单击，然后在图像窗口中的目标位置单击并进行涂抹，即可得到复制图像区域，如图5.32所示。

图5.31　原图

图5.32　效果图

📁 图案图章工具

图案图章工具 是将系统中预置好的图案复制到图像中。单击工具箱中的"图案图章工具"按钮 ，然后在显示的工具属性栏中单击 按钮，在其下拉列表中选择需要的图案，如图5.33所示，并将鼠标指针移动到图像窗口中单击或按住鼠标左键不放进行拖动，这时图案就会相应地进行填充。

在图案图章工具的属性栏中，"图案"列表框中提供了系统默认和用户手动定义的图案；"印象派效果"复选框则表示绘制的图案将具有印象派的绘画效果，如图5.34所示。

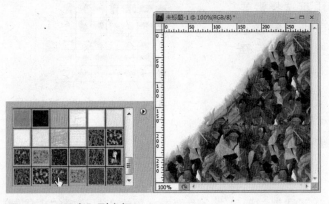

图5.33　"图案"列表框

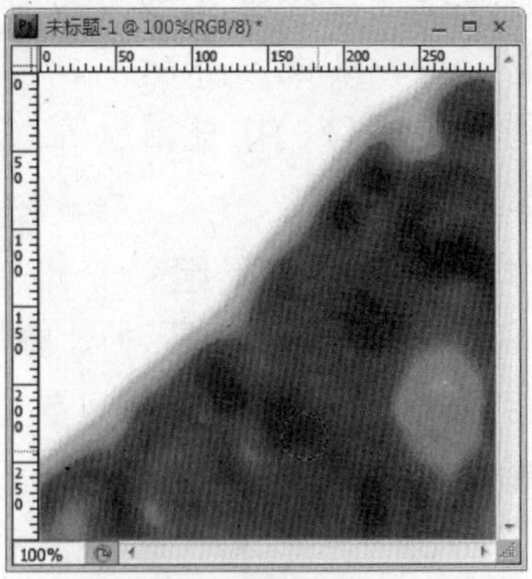

图5.34　印象派效果图

4. 橡皮擦工具组

橡皮擦工具组主要包括橡皮擦工具 ![橡皮擦]、背景橡皮擦工具 ![背景橡皮擦] 和魔术橡皮擦工具 ![魔术橡皮擦]，如图5.35所示。

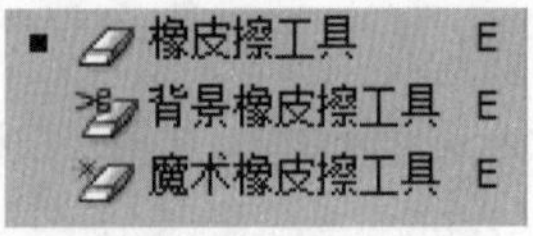

> ■　![橡皮擦] 橡皮擦工具　　　E
> 　　![背景橡皮擦] 背景橡皮擦工具　E
> 　　![魔术橡皮擦] 魔术橡皮擦工具　E
>
> 图5.35　橡皮擦工具组

📁 橡皮擦工具

橡皮擦工具 ![橡皮擦] 用于擦掉图像中不需要的像素。在擦除背景图层的图像时，系统会自动以背景色填充擦除区域；在擦除普通图层的图像时，则擦除区域将变为透明状态。

单击工具箱中的"橡皮擦工具"按钮 ![橡皮擦]，在其工具属性栏中可设置"画笔"、"模式"、"不透明度"、"流量"和"抹到历史记录"等参数，如图5.36所示。

图5.36　"橡皮擦工具"属性栏

☁ **"模式"下拉列表框**：在该下拉列表框中可以选择"画笔"、"铅笔"或"块"等擦除方式进行擦除。其中"画笔"方式擦除的区域的边缘比较平滑；"铅笔"方式擦除的区域的边缘会出现锯齿状；"块"方式是以正方形的形状进行擦除的。

☁ **"抹到历史记录"复选框**：若选中该复选框，则必须在"历史记录"调板中设置历史记录画笔的源，在"历史记录"调板左侧的小方格中单击即可完成设置。

📁 背景橡皮擦工具

背景橡皮擦工具 ![背景橡皮擦] 用来擦除图像中颜色相同或相近的区域并使之透明。单击工具箱中的"背景橡皮擦工具"按钮，系统将弹出如图5.37所示的工具属性栏，其中各参数选项的含义如下。

图5.37　"背景橡皮擦工具"属性栏

☁ **"画笔"下拉按钮**：单击右侧的下拉按钮 ![下拉]，在弹出的下拉列表框中设置直径、硬度、间距、角度、圆度、大小和容差等选项，如图5.38所示。

图5.38　下拉列表框

- **"连续"按钮** ：单击该按钮，则可以在图像窗口中对颜色进行连续取样，如图5.39所示。

- **"一次"按钮**：单击该按钮，是仅在开始进行擦除操作时进行一次性取样，如图5.40所示。

- **"背景色板"按钮**：单击该按钮，则是以背景色进行取样，只能擦除图像中有背景色的区域，如图5.41所示。

- **"限制"下拉列表框**：在该下拉列表中可以选择"连续"、"不连续"和"查找边缘"这3种限制类型。其中"连续"表示只能擦除容差范围内和取样颜色连续的区域；"不连续"表示可以擦除区域内和取样颜色相同或相近的区域；"查找边缘"表示在擦除颜色时保存图像中颜色对比明显的边缘。

- **"容差"数值框**：用于设置擦除图像的范围，输入的数值越大，擦除的范围也就越大。

- **"保护前景色"复选框**：选中该复选框，则在擦除过程中，与前景色相同的区域将不受影响，如图5.42所示。

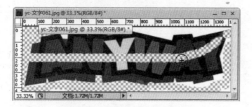

图5.39　连续擦除图像

图5.40　取样点为紫色的擦除效果

图5.41　背景色为蓝色的擦除效果

图5.42　前景色为黄色的擦除效果

📁 魔术橡皮擦工具

使用魔术橡皮擦工具 ，只需在图像窗口中单击需要擦除的区域，即可快速擦除图像中所有与取样颜色相同或相近的像素。在工具箱中单击该按钮后，系统将弹出如图5.43所示的工具属性栏，其中各参数选项的含义如下。

图5.43　"魔术橡皮擦"工具属性栏

- **"消除锯齿"复选框**：选中该复选框后，可以消除擦除后图像中出现的锯齿，从而使擦除后的图像边缘变得光滑。

- **"连续"复选框**：选中该复选框后，只能擦除连续的在色彩容差范围内的图像像素。反之则擦除当前图像中所有在色彩容差范围内的图像像素。

"对所有图层取样"复选框：将所有的图层作为一层进行擦除。

"不透明度"数值框：对擦除后图像的效果进行不透明度设置。

打开如图5.44所示的图像文件后，单击工具箱中的"魔术橡皮擦工具"按钮 ，然后将鼠标指针移动到图像中需要擦除的位置，单击鼠标左键即可擦除所有与取样颜色相同或相近的像素，效果如图5.45所示。

图5.44　原图　　　　　　　　　　　　　　图5.45　取样点为白色的擦除效果

5. "仿制源"调板

在Photoshop CS4中，"仿制源"调板主要是配合仿制图章工具 使用的。在菜单栏上选择"窗口"→"仿制源"命令即可弹出"仿制源"调板，如图5.46所示。

在该调板中，用户可以对仿制源进行移动、缩放、旋转、混合等编辑操作，其具体操作步骤如下：

图5.46　　"仿制源"调板

步骤01　打开一个图像文件，如图5.47所示，然后单击工具箱中的"仿制图章工具"按钮 。

步骤02　在菜单栏上选择"窗口"→"仿制源"命令即可弹出"仿制源"调板，然后在 后的文本框中设置旋转的数值为"45度"；在"W"和"H"后的文本框中设置仿制源的大小为"80%"。

步骤03　将鼠标指针移动到图像窗口中，然后在需要仿制的区域上按住"Alt"键并单击，这时在图像的区域上进行涂抹即可得到效果图，如图5.48所示。

图5.47　原图　　　　　　　　　　图5.48　效果图

5.1.2 典型案例——绘制星形卡通画

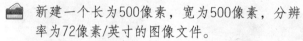

本案例将制作如图5.49所示的卡通画效果，主要练习多边形工具、椭圆工具、直线工具和变换命令等的设置和使用方法。

效果图位置： 第5课\源文件\星形卡通画.psd

操作思路：

 新建一个长为500像素，宽为500像素，分辨率为72像素/英寸的图像文件。

 使用多边形工具，并在该工具属性栏的"几何选项"下拉列表框中设置参数，然后在图像窗口中绘制五角星。

 将绘制的形状选取为选区，并进行移动复制。

使用椭圆工具绘制眼睛，并进行移动。

使用直线工具绘制嘴巴，然后用变换命令对图像的嘴巴进行变形。

图5.49　星形卡通画

其具体操作步骤如下：

步骤01 启动Photoshop CS4程序后，在菜单栏上选择"文件"→"新建"命令，在弹出的"新建"对话框中设置长为"500像素"，宽为"500像素"，分辨率为"72像素/英寸"，然后单击"确定"按钮，如图5.50所示。

步骤02 单击工具箱中的"多边形工具"按钮，然后在工具属性栏中单击"几何选项"按钮，在弹出的下拉列表框中设置半径为"200px"，选中"平滑拐角"和"星形"复选框，设置缩进边依据为"50%"，如图5.51所示。

步骤03 设置前景色为"R：197、G：2、B：37"，然后将鼠标指针移动到图像窗口中单击并进行拖动，即可绘制出如图5.52所示的图形。

图5.50　"新建"对话框

图5.51　"多边形选项"列表框　图5.52　星形

步骤04 将该图形选取为选区，然后单击工具箱中的"移动工具"按钮 ，按住"Alt"键不放的同时按下键盘上的"→"键，效果如图5.53所示。

步骤05 设置前景色为"R：224、G：10、B：10"，然后按下"Alt+Delete"组合键进行填充。

步骤06 设置前景色为黑色，然后单击工具箱中的"椭圆工具"按钮 ，并在图形中绘制眼睛，如图5.54所示。

步骤07 单击工具箱中的"移动工具"按钮 ，然后按住"Alt"键的同时对椭圆图形进行复制，如图5.55所示。

图5.53　复制选区

图5.54　绘制椭圆

图5.55　复制椭圆形状

步骤08 设置前景色为白色，并按照步骤6和步骤7的方法绘制眼珠，如图5.56所示。

步骤09 单击工具箱中的"直线工具"按钮 ，并绘制嘴巴，如图5.57所示。

步骤10 在菜单栏上选择"编辑"→"变换"→"变形"命令，然后对绘制的直线进行变换操作，完成后单击属性栏上的 按钮即可完成星形卡通画的绘制，最终效果如图5.58所示。

图5.56　绘制眼珠

图5.57　绘制嘴巴

图5.58　最终效果图

案例小结

　　本案例通过绘制星形卡通画，主要练习形状工具组的设置和使用方法，并复习了前面介绍的复制图像、变换图像等操作。

5.2　设置画笔工具

　　在使用画笔工具进行绘图时，需要根据实际情况对画笔的大小、硬度、颜色混合模式和不透明度等参数进行设置，从而使绘制的图像达到需要的效果。

5.2.1 知识讲解

设置画笔工具主要包括画笔预设和画笔笔尖形状的设置，下面将详细介绍设置方法。

1. 画笔预设

📁 自定义画笔

在Photoshop CS4中提供了多种画笔样式，用户不但可以方便地选择已有的画笔样式，还可以自定义画笔样式，其操作步骤如下：

步骤01 打开如图5.59所示的图像文件。

步骤02 在菜单栏上选择"编辑"→"定义画笔预设"命令，在弹出的"画笔名称"对话框中输入名称"小马"，然后单击"确定"按钮，如图5.60所示。

步骤03 设置前景色为"R：0、G：242、B：143"，单击工具箱中的"画笔工具"按钮 ，然后在显示的工具属性栏中单击"画笔"右侧的下拉按钮。

步骤04 在弹出的下拉列表框中选择该自定义的画笔样式，然后将鼠标指针移动到窗口上，单击鼠标左键即可完成图像绘制，效果如图5.61所示。

图5.59　原图

图5.60　"画笔名称"对话框

图5.61　效果图

📁 设置画笔的样式和大小

要设置画笔的样式和大小，先在工具箱中单击"画笔工具"按钮 ，在显示的工具属性栏中单击"画笔"右侧的下拉按钮，然后在弹出的下拉列表框中进行设置，如图5.62所示。该下拉列表框中各参数选项的含义如下。

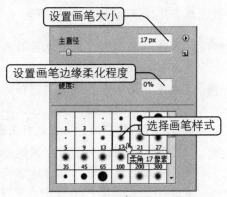

图5.62　下拉列表框

🔖 **"主直径"文本框**：用来控制画笔的大小，在该文本框中输入数值或拖动下面的滑块可设置画笔的大小。

🔖 **"硬度"数值框**：用来控制绘图边缘的硬化程度，在该数值框中输入数值或拖动下面的滑块可设置画笔的硬度。

- **"画笔样式"列表框**：在该列表框中选择需要的画笔样式，然后将鼠标指针移动至图像窗口中，进行绘制。

📁 画笔的基本操作

画笔的基本操作主要包括存储、载入、复位和删除等。在工具属性栏中单击"画笔"右侧的▼按钮，在弹出的下拉列表框中单击右上角的⊙按钮，这时系统将弹出如图5.63所示的下拉列表。

- **存储操作**：该操作主要是为了方便用户以后使用该画笔样式。在弹出的下拉列表中选择"存储画笔"选项，然后在弹出的"存储"对话框中输入文件名、设置保存路径，完成后单击"确定"按钮即可完成存储操作。

- **载入操作**：该操作是将保存的画笔进行加载，在下拉列表中选择"载入画笔"选项，然后在弹出的"载入"对话框中选择.ABR画笔文件，完成后单击"确定"按钮即可。

- **复位操作**：该操作主要用于重新设置画笔样式，在下拉列表中选择"复位画笔"选项，即可将画笔调板中的当前画笔恢复到初始的默认设置。

图5.63　下拉列表

- **删除操作**：该操作是在"画笔"调板中删除画笔，在下拉列表中选择"删除画笔"选项，在弹出的提示框中单击"确定"按钮即可将选定的画笔删除。

2. 设置画笔笔尖形状

画笔笔尖形状工具用于设置画笔笔触的主直径、硬度、间距、角度和圆度等参数。单击"画笔工具"属性栏右侧的"切换画笔调板"按钮▣，即可弹出如图5.64所示的"画笔"调板，在左侧单击"画笔笔尖形状"选项，其中各参数选项的含义如下。

- **"直径"文本框**：用于设置画笔的大小，其中的数值越大，画笔的直径也越大。

- **"角度"文本框**：指定椭圆画笔或样本画笔的长轴从水平方向旋转的角度。在文本框中输入数值或拖动右侧控制框中的箭头控制杆来进行设置。

- **"圆度"数值**：用于指定画笔短轴和长轴之间的比率，在数值框中输入百分比值或在预览框中拖动点来进行设置。其中100%表示圆形画笔，0%表示线性画笔，介于两者之间的值表示椭圆画笔。

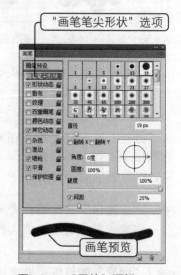

图5.64　"画笔"调板

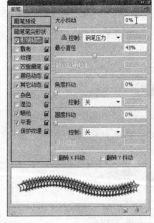

图5.65 "形状动态"面板

📁 **"硬度"数值框：** 用于设置画笔硬度中心的大小，该选项在选择椭圆形画笔时才能被激活，其中百分数越大，画笔的边缘越清晰，反之越柔和。

📁 **"间距"数值框：** 用于控制两个画笔之间的距离，其中百分数越大，间距越大。

📁 画笔"形状动态"选项

"形状动态"选项决定描边中画笔笔迹的变化。在"画笔"调板中单击左侧的"形状动态"选项，这时该调板将显示如图5.65所示的面板，其中各参数选项的含义如下。

📁 **"大小抖动"数值框：** 用于设置指定描边中画笔笔迹大小的幅度，其中输入的百分数越大，波动的幅度越大，如图5.66所示。

📁 **"控制"下拉列表框：** 用于控制画笔抖动的方式，在该下拉列表中"关"选项表示不控制画笔笔迹的大小变化；"渐隐"选项表示按指定数量的步长在初始直径和最小直径之间渐隐画笔笔迹的大小；"钢笔压力"、"钢笔斜度"和"光笔轮"选项表示依据这些选项的位置，在初始直径和最小直径之间改变画笔笔迹大小。图5.67所示为选择"渐隐"选项的效果图。

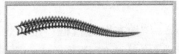

图5.66 原图和大小抖动为100％的效果图　　　　图5.67 渐隐为65

📁 **"最小直径"数值框：** 用于设置画笔尺寸发生波动时画笔的最小尺寸。输入的百分数越大，则发生波动的范围越小，波动的幅度也会相应变小，如图5.68所示。

📁 **"倾斜缩放比例"数值框：** 在"控制"下拉列表中选择"钢笔斜度"选项后，该数值框被激活。它主要用来定义画笔倾斜的缩放比例。

📁 **"角度抖动"数值框：** 用于控制画笔在角度上的波动幅度。输入的百分数越大，波动的幅度也越大，画笔显得越紊乱，如图5.69所示。

📁 **"控制"下拉列表框：** 用于设置画笔笔迹角度的改变方式。在该下拉列表中，"关"选项表示不控制画笔笔迹的角度变化；"渐隐"选项表示按指定数量的步长在0和360度之间渐隐画笔笔迹角度；"钢笔压力"、"钢笔斜度"、"光笔轮"和"旋转"选项表示在0和360度之间改变画笔笔迹角度；"初始方向"选项表示画笔笔迹的角度基于画笔描边的初始方向；"方向"选项表示画笔笔迹的角度基于画笔描边的方向，图5.70所示为渐隐后的效果图。

📁 **"圆度抖动"数值框：** 用于设置画笔在圆度上的波动幅度。

📁 **"控制"下拉列表框：** 主要用于设置画笔笔迹的圆度变化。"关"选项表示不控制画笔笔迹的圆度变化；"渐隐"选项表示按指定数量的步长在100％和最小圆度值之间渐隐画笔笔迹的圆度；"钢笔压力"、"钢笔斜度"、"光笔轮"和"旋转"选项表示在100%和最小圆度值之间改变画笔笔迹的圆度，图5.71所示为渐隐后的效果图。

🞂 **"最小圆度"数值框**：用来指定画笔在绘制线条的过程中，笔尖在最小范围内的圆度动态变化状况。其中的百分数越大，发生波动的范围越小，波动的幅度也会相应变小，如图5.72所示。

🞂 **"翻转X抖动"复选框**：指画笔形状在水平方向翻转时所显示的抖动效果。

🞂 **"翻转Y抖动"复选框**：指画笔形状在垂直方向翻转时所显示的抖动效果，如图5.73所示。

图5.68　最小直径为30%

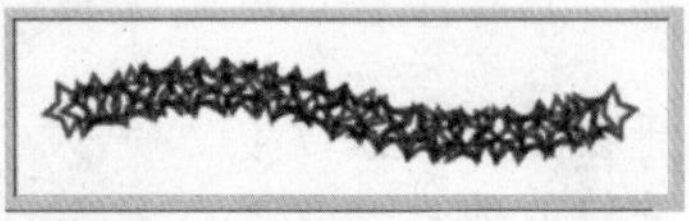

图5.69　角度抖动为100%

图5.70　渐隐为45

图5.71　渐隐为25

图5.72　最小圆度为64%

图5.73　翻转Y抖动

📁 画笔"散布"选项

"散布"选项用于确定绘制线条中画笔笔尖的数量和位置。在"画笔"调板中单击左侧的"散布"选项，这时该调板将显示如图5.74所示的面板，其中各参数选项的含义如下。

🞂 **"散布"数值框**：用于设置画笔偏离所绘制的笔画的分布方式，其中输入的百分数越大，则偏离的程度越大，如图5.75所示。

🞂 **"两轴"复选框**：选中该复选框，画笔笔尖将在X和Y两个轴向上发生分散；取消该复选框的选取，则只在X轴上发生分散，如图5.76所示。

图5.74　"散布"面板

🞂 **"数量"数值框**：用于指定在每个间距间隔应用的画笔笔迹数量，如图5.77所示。

🞂 **"数量抖动"数值框**：指定画笔笔迹的数量如何针对各种间距间隔而变化，如图5.78所示。

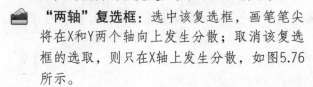
图5.75　原图和散布为234%的效果图

图5.76　两轴为0%

图5.77　数量为1

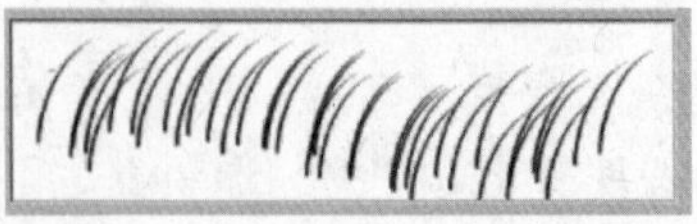

图5.78　数量抖动为52%

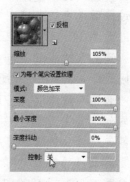

📁 画笔"纹理"选项

画笔"纹理"选项是利用图案，使描边看起来像是在带纹理的画布上绘制的一样。在"画笔"调板中单击左侧的"纹理"选项，这时该调板将显示如图5.79所示的面板，其中各参数选项的含义如下。

📩 **"纹理"预览框**：单击其右侧的下拉按钮，在弹出的下拉列表框中可选择需要的纹理。

📩 **"反相"复选框**：基于图案中的色调反转纹理中的亮点和暗点，如图5.80所示为选中该复选框后的效果。

图5.79 "纹理"面板

📩 **"缩放"数值框**：用于设置纹理的缩放比例，如图5.81所示。

图5.80 选中"反相"复选框后的效果 　　　　图5.81 缩放比例为9%

📩 **"为每个笔尖设置纹理"复选框**：选中该复选框，选定的纹理将单独应用于画笔描边中的每个画笔笔迹，而不是作为整体应用于画笔描边。

📩 **"模式"下拉列表框**：在该下拉列表框中可以选择一种纹理与画笔的叠加模式，图5.82所示是选择"减去"模式后的效果。

📩 **"深度"数值框**：用于设置所使用的纹理显示时的最浅浓度。百分数越大，则纹理显示效果的波动幅度越小，如图5.83所示。

图5.82 模式为"减去" 　　　　图5.83 深度为48%

📩 **"最小深度"数值框**：在选中"为每个笔尖设置纹理"复选框的前提下，定义画笔渗透图案的最小深度。

📩 **"深度抖动"数值框**：用于设置纹理显示浓淡度的波动程度。其中百分数越大，则波动的幅度也越大。

📁 画笔"双重画笔"选项

"双重画笔"选项是应用两种画笔笔尖效果来创建画笔。在"画笔"调板中单击左侧的"双重画笔"选项，这时该调板将显示如图5.84所示的面板，其中各参数选项的含义如下。

📩 **"模式"下拉列表框**：在该下拉列表框中选择主要笔尖和双重笔尖组合画笔笔迹时要使用的混合模式，如图5.85所示。

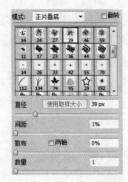

图5.84　　"双重画笔"调板

- "**直径**"**文本框**：用来控制笔尖的大小，通过拖动滑块或直接在文本框中输入数字均可进行设置，效果如图5.86所示。
- "**间距**"**数值框**：用来控制所画线条中画笔间的距离，如图5.87所示。
- "**散布**"**数值框**：用来控制所画线条中画笔的分布方式，选中"两轴"复选框时，画笔笔尖是呈放射状分布的，若不选中"两轴"复选框，画笔笔尖的分布与画笔绘制线条方向垂直，散布为500%时的效果如图5.88所示。
- "**数量**"**数值框**：指定在每个间距间隔应用的双笔尖画笔笔迹的数量。

图5.85　　原图、模式为"叠加"和选择"绒毛球"画笔样式的效果图

图5.86　　直径为35px　　　　图5.87　　间距为100%　　　　图5.88　　散布为500%

📁 画笔"颜色动态"选项

"颜色动态"选项用于决定描边路线中油彩颜色的变化方式。在"画笔"调板中单击左侧的"颜色动态"选项，这时该调板将显示如图5.89所示的面板，其中各参数的含义如下。

图5.89　　"颜色动态"调板

- "**前景/背景抖动**"**数值框**：用来定义绘制的线条在前景色和背景色之间的动态变化。其中百分数越大，则画笔的颜色发生随机变化时越接近于背景色；百分数越小，则画笔的颜色发生随机变化时越接近于前景色，如图5.90所示。
- "**色相抖动**"**数值框**：用来指定绘制线条的色相动态变化范围，如图5.91所示。
- "**饱和度抖动**"**数值框**：用来指定绘制线条的饱和度动态变化范围，如图5.92所示。
- "**亮度抖动**"**数值框**：指定描边中油彩亮度可以改变的百分比，如图5.93所示。
- "**纯度**"**数值框**：主要是用来增大或减小颜色的饱和度，当"亮度抖动"数值为−100%时，可得到灰度效果的动态变化，如图5.94所示。

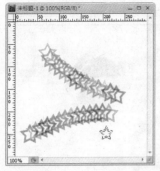
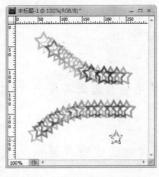
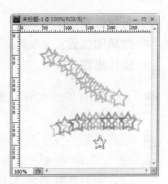

图5.90　前景/背景抖动为100%　　　图5.91　色相抖动为80%　　　图5.92　饱和度抖动为74%

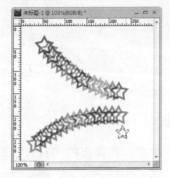
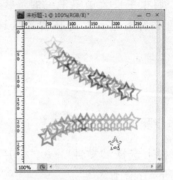

图5.93　亮度抖动为57%　　　图5.94　纯度为0%

📁 画笔"其他动态"选项

"其他动态"选项用于决定在绘制线条的过程中"不透明度抖动"和"流量抖动"的动态变化情况。

📁 画笔其他选项

除了以上的画笔笔尖设置外，系统还提供了一些其他选项的画笔笔尖，以供用户在绘制线条时使用。

- ✉ **"杂色"选项**：为画笔添加自由的随机杂色效果，对于软边的画笔效果比较明显。
- ✉ **"湿边"选项**：沿画笔描边的边缘增大油彩量，从而创建水彩效果。
- ✉ **"喷枪"选项**：用于模拟传统的喷枪效果，添加渐变色调的效果，此选项将共用喷枪工具选项栏中的所有参数设置。
- ✉ **"平滑"选项**：用于在绘制线条时使其产生流畅的曲线，此选项对使用绘图板的读者非常便利，通常情况下是默认应用状态。
- ✉ **"保护纹理"选项**：将相同图案和缩放比例应用于具有纹理的所有画笔预设。

5.2.2　典型案例——绘制照片背景

案例目标 ✛

本案例将绘制出如图5.95所示的照片背景图效果，主要练习选区的创建和修改选区等操作及画笔工具、画笔笔尖形状的设置和使用。

素材位置：第5课\素材\照片.jpg
效果图位置：第5课\源文件\照片.psd
操作思路：

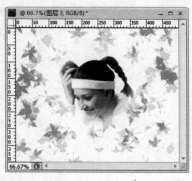

图5.95　照片.psd

- ☁ 打开素材图像文件，然后使用椭圆选框工具创建选区。
- ☁ 设置选区羽化，然后进行反向选择。
- ☁ 按下"Delete"键将选区内的区域进行删除，然后选择画笔工具。
- ☁ 在"画笔"调板中设置画笔笔尖的形状。
- ☁ 设置前景色和背景色，对选区内的区域进行画笔绘制。

操作步骤

其具体操作步骤如下：

步骤01 在菜单栏上选择"文件"→"打开"命令，在弹出的"打开"对话框中选择如图5.96所示的图像文件。

步骤02 单击工具箱中的"椭圆选框工具"按钮，然后在图像区域上创建选区，如图5.97所示。

步骤03 在菜单栏上选择"选择"→"修改"→"羽化"命令，在弹出的"羽化选区"对话框中设置羽化半径为"40"像素，然后单击"确定"按钮，如图5.98所示。

图5.96　原图

图5.97　创建选区

图5.98　"羽化选区"对话框

步骤04 按下"Shift+Ctrl+I"组合链对选区进行反向选择，然后单击"Delete"键删除不要的区域，如图5.99所示。

步骤05 单击工具箱中的"画笔工具"按钮，然后在其工具属性栏中单击"切换到画笔面板"按钮，这时即可弹出"画笔"调板。

步骤06 在该调板的"画笔预设"面板中选择"散布叶片"画笔样式，然后切换到"双重画笔"选项，在右侧的面板中选择"枫叶"画笔样式，这时可以在预览框中看到如图5.100所示的效果。

步骤07 设置前景色为"R：248、G：184、B：18"，背景色为"R：244、G：72、B：

21"，然后将鼠标指针移动到图像中，按住鼠标左键并进行拖动，即可绘制出如图5.101所示的效果图。

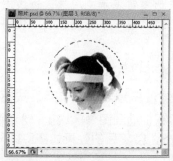
图5.99　删除不需要的区域

图5.100　画笔笔尖形状

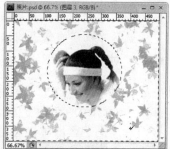
图5.101　画笔绘制

案例小结

本案例通过绘制照片的背景，练习画笔笔尖形状的设置和画笔工具的使用方法，并复习了创建选区和修改选区的方法。其中未讲解到的知识，用户可根据"知识讲解"自行练习。

5.3　图像修饰工具

在处理图像过程中，修饰工具可以更好地帮助用户绘制出完美、具有丰富艺术性的图像。

5.3.1　知识讲解

在Photoshop CS4中，常用的图像修饰工具主要有修复工具组、模糊工具组和减淡工具组等。

1. 修复工具组

修复工具组用于修复图像中的污点、红眼等瑕疵，该工具组主要由污点修复画笔工具、修复画笔工具、修补工具和红眼工具组成，如图5.102所示。

图5.102　修复工具组

📁 污点修复画笔工具

污点修复画笔工具用于快速移去照片中的污点和其他不理想部分。使用该工具时，系统将自动从所修饰区域的周围取样，然后对图像的污点进行修复。

单击工具箱中的"污点修复画笔工具"按钮，系统将弹出如图5.103所示的工具属性栏，其中各参数选项的含义如下。

图5.103　"污点修复画笔工具"属性栏

📨 **"画笔"下拉列表框**：用于设置画笔的大小和样式。

📨 **"模式"下拉列表框**：用于设置绘制后生成图像和底色之间的混合模式。

📨 **"类型"栏**：用于设置修复类型，其中"近似匹配"单选按钮表示使用选区边缘周围的像素来查找要用做选定区域修补的图像区域；"创建纹理"单选按钮表示使用选区中的所有像素创建一个用于修复该区域的纹理。

📨 **"对所有图层取样"复选框**：选中该复选框，则对所有可见图层进行取样。

打开如图5.104所示的图像文件后，单击工具箱中的"污点修复画笔工具"按钮，在显示的工具属性栏中设置画笔的大小，并将鼠标指针移动到图像区域上，然后在污点周围的区域单击进行取样，将指针移动到污点处单击，修复后的效果如图5.105所示。

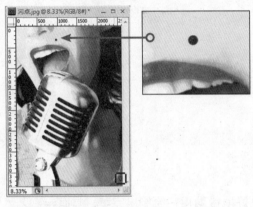

图5.104　原图

图5.105　修复后的效果图

📁 修复画笔工具

修复画笔工具用于校正瑕疵，使它们消失在周围的图像中。单击工具箱中的"修复画笔工具"按钮，系统将弹出如图5.106所示的工具属性栏，其中各参数选项的含义如下。

图5.106　"修复画笔工具"属性栏

📨 **"源"栏**：用于指定修复像素的源，其中"取样"单选按钮表示使用当前图像的像素修复图像；"图案"单选按钮则表示在旁边的"图案"下拉列表框中选择某个图案的像素进行修复。

📨 **"对齐"复选框**：选中该复选框，则表示连续对像素进行取样，即使释放鼠标按钮，也不会丢失当前取样点。

📨 **"样本"下拉列表框**：在右侧的下拉列表中选择从指定图层中进行数据取样。

打开如图5.107所示的图像文件，单击工具箱中的"修复画笔工具"按钮，在显示的工具属性栏中设置画笔的大小，并将鼠标指针移动到图像区域上，按住"Alt"键的同时单击进行取样，然后释放鼠标，在要修复的区域上按住鼠标左键不放并进行拖动，修复后的效果如图5.108所示。

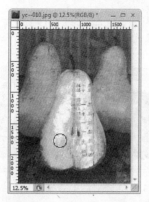

图5.107　原图

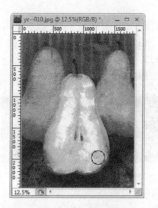

图5.108　修复后的效果图

📁 修补工具

通过修补工具，可以使用图案或图像的其他区域来修补当前选中的区域。单击工具箱中的"修补工具"按钮 ⟲，系统将弹出如图5.109所示的工具属性栏。

图5.109　"修补工具"属性栏

打开如图5.110所示的图像文件，单击工具箱中的"修补工具"按钮 ⟲，然后在要修补的区域上创建选区，并将其拖动到与修复区域大致一样的图像区域上，释放鼠标后系统将自动进行修补，修补后的效果如图5.111所示。

图5.110　原图

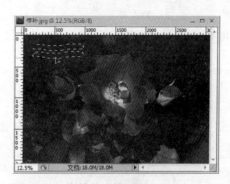

图5.111　修补后的效果图

📁 红眼工具

红眼工具用于修复图像中因曝光等原因而产生的颜色偏差。单击工具箱中的"红眼工具"按钮 ⊕，系统将弹出如图5.112所示的工具属性栏，其中各参数选项的含义如下。

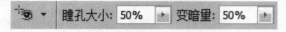

图5.112　"红眼工具"属性栏

 "瞳孔大小"数值框：用于设置瞳孔的大小，即眼球的黑色中心。

 "变暗量"数值框：用于设置瞳孔变暗的程度，范围为1%~100%。

打开如图5.113所示的图像文件,单击工具箱中的"红眼工具"按钮 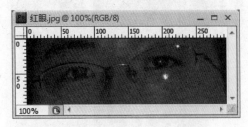,然后将鼠标指针移动到红眼上,单击鼠标左键即可完成修复操作,效果如图5.114所示。

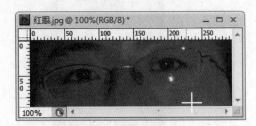

图5.113　原图　　　　　　　　　　　　　　图5.114　修复后的效果图

2. 模糊工具组

模糊工具组是由模糊工具、锐化工具和涂抹工具组成的,下面将详细介绍这些工具。

📁 **模糊工具**

模糊工具 用于柔化硬边缘或减少图像中的细节,用该工具绘制的次数越多,图像区域就越柔和。

单击工具箱中的"模糊工具"按钮,在弹出的工具属性栏中设置"画笔"、"模式"、"强度"和"对所有图层取样"等参数,如图5.115所示。其中"强度"参数用来设置工具对画面操作的强度,强度越大,模糊的效果就越明显。

图5.115　"模糊工具"属性栏

📁 **锐化工具**

锐化工具 主要用于增加边缘的对比度以增强外观上的锐化程度,其作用刚好与模糊工具相反,但操作方法相同,这里就不再详细介绍了。下面将如图5.116所示的图像分别进行模糊和锐化处理,得到的效果如图5.117和图5.118所示。

图5.116　原图　　　　　　　图5.117　模糊效果　　　　　　图5.118　锐化效果

📁 **涂抹工具**

涂抹工具 是模拟手指在未干的画布上进行涂抹而产生的效果,使用该工具可以对图像的局部进行变形处理。

打开如图5.119所示的图像文件，单击工具箱中的"涂抹工具"按钮 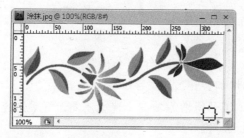，然后在图像中进行涂抹处理，效果如图5.120所示。

图5.119　原图

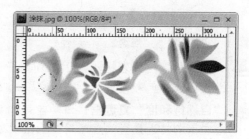

图5.120　涂抹后的效果图

3. 减淡工具组

减淡工具组是由减淡工具、加深工具和海绵工具组成的，下面将详细介绍这些工具。

📁 减淡工具

减淡工具 🔍 用于改变图像的颜色，对图像中局部曝光不足的区域进行加亮处理。单击工具箱中的"减淡工具"按钮 🔍，系统将弹出如图5.121所示的工具属性栏，其中各参数选项的含义如下。

图5.121　"减淡工具"属性栏

☁ **"范围"下拉列表框**：用于设置图像色调的范围。其中"中间调"选项用于提高灰度区域的亮度；"阴影"选项用来提高暗部及阴影区域的亮度；"高光"选项用于提高亮部区域的亮度。

☁ **"曝光度"数值框**：用于设置曝光强度，其中的百分数越大，则操作后的效果就越明显。

☁ **"保护色调"复选框**：该功能是Photoshop CS4新增的功能，用于防止颜色发生色相偏移。

📁 加深工具

加深工具 ✊ 用于对图像中局部曝光过度的区域进行加深处理，其作用刚好与减淡工具相反，但操作方法相同，这里就不再详细介绍了。下面将如图5.119所示的图像分别进行减淡和加深处理，得到的效果分别如图5.122和图5.123所示。

图5.122　减淡效果和选中"保护色调"复选框后的减淡效果

图5.123　加深效果

📁 海绵工具

海绵工具 🧽 用于加深或降低目标区域的色彩饱和度，从而达到修正图像色彩偏差的效果。单击工具箱中的"海绵工具"按钮 ，系统将弹出如图5.124所示的工具属性栏，其中各参数选项的含义如下。

图5.124 "海绵工具"属性栏

- **"模式"下拉列表框**：用于增加或降低饱和度，其中"降低饱和度"选项表示降低操作区域的色彩饱和度；"饱和"选项表示增加操作区域的色彩饱和度。

- **"自然饱和度"复选框**：该功能是Photoshop CS4新增的功能，选中该复选框后系统会在颜色接近最大饱和度时最大限度地减少色彩饱和度。

下面将如图5.119所示的图像分别进行降低饱和度和加深饱和度处理，得到的效果分别如图5.125和图5.126所示。

图5.125 降低饱和度和选中"自然饱和度"复选框后的降低效果 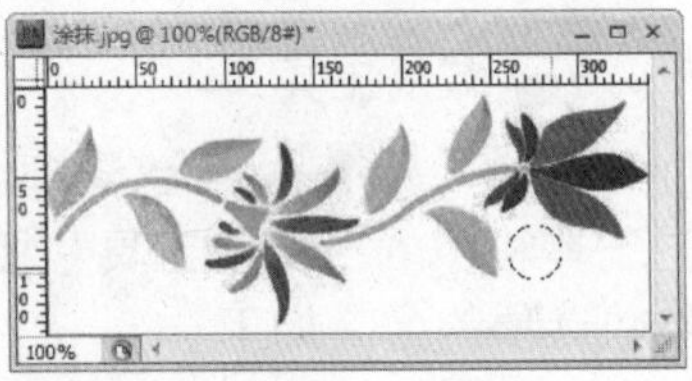   图5.126 加深饱和度效果

5.3.2 典型案例——合成照片

案例目标

本案例的目标是将两张照片合成一张新的照片，主要练习移动工具、橡皮擦工具、模糊工具和减淡工具的使用方法，效果如图5.127所示。

素材位置：第5课\素材\背景图.jpg、猫.jpg

效果图位置：第5课\源文件\猫.psd

操作思路：

图5.127 猫.psd

- 打开素材"背景图.jpg"和"猫.jpg"图像文件。
- 使用移动工具将"猫.jpg"图像文件拖动到"背景图.jpg"文件中。
- 使用变换命令将"猫.jpg"图像文件进行适当的缩小。
- 使用橡皮擦工具对"猫.jpg"图像文件中不需要的区域进行擦除。
- 使用模糊工具将"猫.jpg"图像文件和"背景图.jpg"图像文件相接的边缘进行模糊处理。
- 用减淡工具修饰猫的图像。
- 绘制完成后将合成的照片进行保存，格式为PSD。

其具体步骤如下:

步骤01 打开素材"背景图.jpg"和"猫.jpg"图像文件,分别如图5.128和图5.129所示。

步骤02 单击工具箱中的"移动工具"按钮，将"猫.jpg"图像文件拖动到"背景图.jpg"图像文件中。

步骤03 按下"Ctrl+T"组合键,将图像处于变换状态。然后将鼠标指针移动到变换框的对角处,按住"Shift"键的同时拖动鼠标至适当位置,如图5.130所示。

图5.128 背景图　　　　　　图5.129 猫　　　　　　图5.130 拖动图像

步骤04 按下"Enter"键即可完成缩放操作,单击工具箱中的"橡皮擦工具"按钮，然后在工具属性栏中设置画笔样式为"柔角100像素",将猫边缘的区域进行擦除,如图5.131所示。

步骤05 单击工具箱中的"模糊工具"按钮，在工具属性栏中设置画笔样式为"柔角65像素",然后在猫的边缘进行模糊处理,如图5.132所示。

步骤06 单击工具箱中的"减淡工具"按钮，在工具属性栏中设置画笔样式为"柔角100像素",然后在猫的身上和杯子进行擦除,从而增加图像亮度,如图5.133所示。

步骤07 将两张照片合成好后,另存为PSD格式的文件。

图5.131 擦除背景后的效果　　图5.132 模糊边缘的效果　　图5.133 使用减淡工具后的效果

案例小结

本案例在合成照片过程中主要练习了移动工具、橡皮擦工具、模糊工具和减淡工具的使用。其中每个工具在应用时都应根据实际的情况设置画笔的大小,对于未练习到的知识，用户可根据"知识讲解"自行练习。

5.4　上机练习

5.4.1　绘制乐谱

本次练习将制作如图5.134所示的乐谱效果，主要练习直线工具、自定形状工具的使用和图像的移动、复制等操作。

效果图位置：第5课\源文件\乐谱.psd

操作思路：

- 在Photoshop CS4程序中新建图像文件。
- 使用直线工具，在其工具属性栏中设置"粗细"为1像素，然后绘制直线。
- 使用自定形状工具，在工具属性栏的"形状"下拉列表框中选择"音符"选项，然后进行绘制。

图5.134　乐谱

- 通过图像的移动、复制等操作，完成乐谱的绘制，最后将文件保存为PSD格式。

5.4.2　绘制意境图

本次练习将绘制如图5.135所示的意境图，主要练习渐变工具、画笔笔尖、画笔工具、移动工具、变换命令、橡皮擦工具、模糊工具以及自定形状工具的使用。

素材位置：第5课\素材\意境人物.jpg

效果图位置：第5课\源文件\意境图.psd

操作思路：

- 在Photoshop CS4程序中新建图像文件。

图5.135　意境图

- 设置前景色为"R：244、G：199、B：33"，背景色为"R：244、G：75、B：21"，然后使用渐变工具进行径向填充。
- 选择画笔工具，在"画笔"调板中的"画笔预设"面板中选择"散布叶片"笔尖，然后在"双重画笔"面板中选择 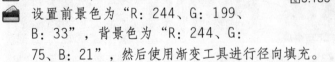 笔尖。
- 在新建的图像窗口中绘制画笔，然后打开素材"意境人物.jpg"图像文件并将其拖动到新窗口中。

- 使用橡皮擦工具对人物边缘多余的图像进行擦除。
- 使用模糊工具使人物融合到背景图之间，然后使用自定形状工具添加部分形状。

5.5 疑难解答

问：在使用橡皮擦工具擦除图像时，擦掉的部分为什么会显示背景色而不是透明的？

答：这是因为在擦除图像时，没有注意到图层问题。如果你在"背景"图层上进行擦除，则会以背景色替换擦除的图像；如果是在普通的图层上进行擦除，则擦除的区域就会变成透明的。

问：模糊工具和锐化工具的作用相反，那么在进行模糊操作后的图像再经过锐化处理就能恢复到原来状态吗？

答：不能，这是因为锐化工具只能通过增加颜色的强度来达到使图像清晰的目的。

问：在绘制图像时，鼠标的指针突然变成十字形状了，这是怎么回事？

答：这是因为你在绘制图像时不小心按下"Caps Lock"键了，如果要调整为原来的笔尖形状，只需要再次按下该键即可。在Photoshop CS4程序中，在菜单栏上选择"编辑"→"首选项"→"光标"命令，在弹出的"首选项"对话框中对绘画光标进行统一管理，用户可根据习惯进行选择，完成后单击"确定"按钮即可。

5.6 课后练习

选择题

1 使用（   ）工具可以绘制出边缘生硬的直线或曲线。

A. 画笔　　　　　　　　　　B. 铅笔

C. 直线　　　　　　　　　　D. 历史记录艺术画笔

2 使用仿制图章工具复制图像时，需要按下（   ）键来指定取样点。

A. Ctrl　　　B. Shift　　　C. Alt　　　D. Enter

3 （   ）工具可以改变图像的颜色，对图像中局部曝光不足的区域进行加亮处理。

A. 减淡　　　B. 加深　　　C. 海绵　　　D. 锐化

问答题

1 简述自定义画笔的操作过程。

2 简述污点修复画笔工具和修复画笔工具的异同点。

3 图像修饰工具主要由哪些组成？

上机题

1 使用修复工具对如图5.136所示的老照片进行修复，效果如图5.137所示。

2 利用选区工具、移动工具、变换命令和模糊工具等制作如图5.138所示的效果图。

素材位置： 第5课\素材\球.jpg、手.jpg

效果图位置： 第5课\源文件\手.psd

提示：

🔺 通过椭圆选区工具创建选区。

🔺 选择移动工具，并将选区拖动到"手.jpg"图像文件上。

🔺 利用变换命令，对图像进行缩放操作。

⬛ 使用模糊工具，在球和手的相接边缘进行涂抹。

图5.136　要修复的照片　　图5.137　修复后的效果　　图5.138　手

第6课

文字的创建与编辑

▼ **本课要点**
创建文字
文字的编辑操作
文字的特殊操作

▼ **具体要求**
掌握创建文字的方法
掌握文字的编辑操作
了解文字的特殊操作

▼ **本课导读**
在图像处理过程中，文字起着非常重要的作用，它是传达各种信息的主要手段。使用文字工具可直接在图像中输入文字，也可以对文字进行编辑、变形等操作。本课将详细介绍如何创建文字、文字的编辑和文字特殊操作的方法和技巧。

6.1 创建文字

创建文字主要是通过文字工具组来实现的，其中包括横排文字工具 T 、直排文字工具 IT 、横排文字蒙版工具 T 和直排文字蒙版工具 IT ，下面主要介绍创建文字的几种不同方法。

6.1.1 知识讲解

在Photoshop CS4中可以创建多种不同类型的文字，分别是横排文字、直排文字、段落文字和通过文字蒙版工具创建文字选区。

1. 创建横排文字

单击工具箱中的"横排文字工具"按钮 T ，将鼠标指针移动到图像上单击，这时单击处就会出现文本光标，选择适当的输入法输入需要的文字并单击工具属性栏中的 ✔ 按钮即可完成横排文字的创建，如图6.1所示。

选择该文字工具后，系统将显示如图6.2所示的工具属性栏，其中各参数选项的含义如下。

图6.1 创建横排文字

图6.2 "横排文字工具"属性栏

- **IT 按钮**：用于更改字体的显示方向。单击该按钮则可以实现文字在横排和直排之间的转换。

- **新宋体 下拉列表框**：在该下拉列表框中可选择文字的字体。

- **- 下拉列表框**：用于设置文字的字体样式，包括"常规"、"粗体"、"斜体"和"粗斜体"等选项。

- **IT 24点 下拉列表框**：在该下拉列表框中可选择文字的字体大小。

- **aa 锐利 下拉列表框**：在该下拉列表框中选择消除文字锯齿的方式，包括"无"、"锐利"、"犀利"、"浑厚"和"平滑"5个选项。

- **按钮组**：该按钮组用于设置文字的对齐方式，依次分别是"左对齐"、"居中对齐"和"右对齐"按钮。

- **颜色块**：单击该颜色块，在弹出的"拾色器"对话框中可设置字体的颜色。

- **按钮**：单击该按钮，在弹出的对话框中可设置文字的变形方式。

- **按钮**：单击该按钮，在弹出的"字符"调板中可设置文字的属性。

2. 创建直排文字

单击工具箱中的"直排文字工具"按钮 IT ，将鼠标指针移动到图像上单击，这时单击处就会出现文本光标，选择适当的输入法输入需要的文字并单击工具属性栏中的 ☑ 按钮即可完成直排文字的创建，如图6.3所示。

图6.3 创建直排文字

3. 创建段落文字

段落文字分为横排段落文字和直排段落文字两种类型，其创建方法相似。

单击工具箱中的"横排文字工具"按钮 T 或"直排文字工具"按钮 IT ，将鼠标指针移动到图像上，当光标变成 I 形状时，在适当位置单击鼠标左键并进行拖动，释放鼠标后即可创建一个文字输入框并显示文本光标（如图6.4所示），输入文字后单击工具属性栏中的 ☑ 按钮即可，创建的段落文字如图6.5所示。

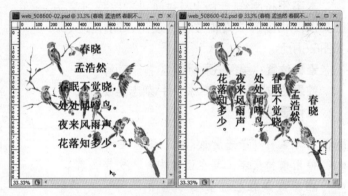

图6.4 文字输入框　　　图6.5 横排段落文字和直排段落文字

 如果要快速地转换横排文字和直排文字，可在输入好文字后单击属性栏上的 IT 按钮来实现。

4. 创建文字选区

在Photoshop CS4中创建文字选区可通过文本蒙版工具来实现。单击工具箱中的"横排文字蒙版工具"按钮 T 或"直排文字蒙版工具"按钮 IT ，将鼠标指针移动到图像上单击（或按住鼠标左键拖动），在显示文本光标后输入文字，然后单击工具属性栏中的 ☑ 按钮即可，如图6.6所示。

 创建文字选区后，就不能对文字的字体进行更改了，只能像编辑普通的选区一样，进行填充、变换、描边等操作，将图6.6所示的文字选区渐变填充，效果如图6.7所示。

图6.6　创建文字选区　　　　　　图6.7　填充文字选区

6.1.2　典型案例——制作杂志封面

案例目标

　　本案例将制作一个杂志封面，主要练习文字工具以及相应的工具属性栏的使用，制作的效果如图6.8所示。

　　素材位置： 第6课\素材\杂志背景.jpg
　　效果图位置： 第6课\源文件\杂志封面.psd
　　操作思路：

📧 打开素材"杂志背景.jpg"图像文件。
📧 使用横排文字工具在图像中输入文字内容。
📧 在工具属性栏中设置文字的大小、字体和颜色。

图6.8　杂志封面.psd

操作步骤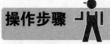

　　其具体操作步骤如下：

步骤01 打开素材"杂志背景.jpg"图像文件，如图6.9所示。

步骤02 单击工具箱中的"横排文字工具"按钮 **T**，然后在图像中单击并输入"FASHION"文字，如图6.10所示。

步骤03 在"N"字母后按下鼠标左键并向前拖动，当文字显示为黑白时就表示选中了文本，如图6.11所示。

图6.9　杂志背景.jpg

图6.10 输入文本

图6.11 选择文本

步骤04 在工具属性栏中设置字体为"方正大黑简体"、大小为"140点",单击颜色图块,在弹出的"拾色器"对话框中设置"R:201、G:128、B:59",然后单击✓按钮即可,效果如图6.12所示。

步骤05 单击工具箱中的"横排文字工具"按钮 **T**,输入"MOVE INTO SPRING…"文本,选择该文本,在字体属性栏中设置大小为"30点",颜色为"R:20、G:74、B:172",然后单击✓按钮。

步骤06 使用横排文字工具输入如图6.13所示的文字,选择该文本后在工具属性栏中设置字体为"Britannic Bold"、大小为"24点"、颜色为"R:85、G:101、B:29",然后单击✓按钮。

图6.12 设置文本属性后的效果

图6.13 输入文本

步骤07 使用横排文字工具输入如图6.14所示的文字,选择该文本后在工具属性栏中设置字体为"Arial"、大小为"24点",然后单击✓按钮。

步骤08 使用横排文字工具输入如图6.15所示的文字,选择该文本后在工具属性栏中设置字体为"Benguiat Bk BT"、大小为"20点",然后单击✓按钮。

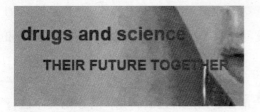

图6.14 输入文本

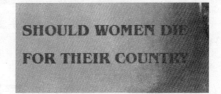

图6.15 输入文本

步骤09 使用横排文字工具输入如图6.16所示的文字,选择"LONDON STYLE…"文本,在工具属性栏中设置字体为"Arial"、大小为"60点"、颜色为"R:20、G:74、B:172";选择"LONDON GIRLS"文本,在工具属性栏中设置字体为"Arial"、大小为"48点"、颜色为"R:20、G:74、B:172",最后单击✓按钮。

步骤10 单击工具箱中的"移动工具"按钮 ，将文本内容移动到适当的位置,然后保存为PSD格式的文件，最终效果如图6.17所示。

图6.16　输入文本　　　　　　　　　　　　　　　　图6.17　最终效果

案例小结

　　本案例通过制作一个杂志封面，主要练习文字工具以及工具属性栏的使用。在制作过程中，读者可根据实际情况选择在输入文字前设置属性或在输入文字后设置属性。其中未讲解到的知识，读者可根据"知识讲解"自行练习。

6.2　文字的编辑操作

　　前面介绍了文字的输入和文字属性的设置，下面将深入介绍文字的编辑操作。

6.2.1　知识讲解

　　文字的编辑操作包括栅格化文字图层、设置文字属性、设置段落属性、变形文字和设置文字的样式等。

1. 栅格化文字图层

　　在Photoshop CS4中，输入的文字是以一个单独的图层存在的，用户可以对文字进行编辑操作，但有些操作是不能应用在文字图层上的。

　　如果要对文字进行某些操作，首先必须通过"栅格化"命令将文字图层转换为普通图层。在"图层"调板中选择"文字图层"，然后在菜单栏上选择"图层"→"栅格化"→"文字"命令即可实现栅格化图层。

> **注意**　文字图层转换为普通图层后，图层中的文字将不再具有文字属性，也就不能对文字的字符和段落属性进行修改和设置。

2. 设置文字属性

文字属性除了可在工具属性栏上设置外，还可以通过"字符"调板来设置。在菜单栏上选择"窗口"→"字符"命令，即可弹出如图6.18所示的"字符"调板，其中各参数选项的含义如下。

图6.18 "字符"调板

- 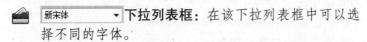**下拉列表框**：在该下拉列表框中可以选择不同的字体。

- **下拉列表框**：用于设置字体形态。

- **下拉列表框**：在该下拉列表框中选择合适的字符大小，可直接在数值框中输入数值。

- **下拉列表框**：在该下拉列表框中设置文本的行距，可直接在数值框中输入数值，其中数值越大，行间距就越大。

- **数值框**：在该数值框中设置文本在垂直方向上的缩放比例。

- **数值框**：在该数值框中设置文本在水平方向上的缩放比例。

- **下拉列表框**：在该下拉列表框中设置字符的比例间距，可在数值框中直接输入数值。

- **下拉列表框**：用于设置字符之间的距离，其中数值越大，字符间距就越大。

- **下拉列表框**：用于设置两个字符之间的间距微调。

- **文本框**：用于设置文本基线的偏移量。

- **色块**：单击该颜色块，在弹出的"拾色器"对话框中设置字体颜色。

- **按钮组**：该按钮组用来设置文字的样式，从左到右依次是"仿粗体"按钮、"仿斜体"按钮、"全部大写字母"按钮、"小型大写字母"按钮、"上标"按钮、"下标"按钮、"下画线"按钮和"删除线"按钮。

- **下拉列表框**：在该下拉列表中选择语言选项。

- **下拉列表框**：在该下拉列表框中设置消除锯齿的方法。

3. 设置段落属性

要设置段落属性，首先要创建段落文字并进行选择，然后在菜单栏上选择"窗口"→"段落"命令，弹出如图6.19所示的"段落"调板，其中各参数选项的含义如下。

图6.19 "段落"调板

- **按钮组**：该按钮组用于设置段落的对齐方式，其中从左到右依次是"左对齐"按钮、"居中对齐"按钮和"右对齐"按钮。

- **按钮组**：该按钮组用于设置段落文本的最后一行文字的对齐方式，其中从左到右依次是"左对齐"按钮、"居中对齐"按钮、"右对齐"按钮和"全部对齐"按钮。

- **正0点 文本框**：该文本框用于设置段落向右或向下的缩进量。
- **正0点 文本框**：该文本框用于设置段落向左或向上的缩进量。
- **正0点 文本框**：该文本框用于设置段落首行的缩进量。
- **正0点 文本框**：该文本框用于设置段落插入点和前一段落间的距离。
- **正0点 文本框**：该文本框用于设置段落插入点和后一段落间的距离。
- **"避头尾法则设置"下拉列表框**：主要是为了避免句号、逗号、问号、分号等符号出现在每行的开头，避免左引号、左书名号等出现在每行的末尾。
- **"间距组合设置"复选框**：用于设置内部字符间距。
- **"连字"复选框**：选中该复选框，可以使文本的最后一个英文单词在需要跨行显示时出现连字符号。

4．变形文字

Photoshop CS4中提供了多种文字变形样式，通过设置这些样式可绘制出文字的艺术效果。在图像窗口中选择需要变形的文字，在工具属性栏中单击 按钮，这时系统将弹出如图6.20所示的"变形文字"对话框，其中各参数选项的含义如下。

图6.20　　"变形文字"对话框

- **"样式"下拉列表框**：在该下拉列表框中选择文字的变形样式，其中包括"扇形"、"下弧"、"上弧"、"拱形"、"凸起"、"贝壳"、"花冠"、"旗帜"、"波浪"、"鱼形"、"增加"、"鱼眼"、"膨胀"、"挤压"和"扭转"等15种样式。
- **○水平(H) ○垂直(V)选项组**：该选项组用于设置文本的变形方向，默认情况下选择"水平"单选按钮。
- **"弯曲"数值框**：用于设置文本的弯曲程度。
- **"水平扭曲"数值框**：用于设置文本在水平方向上的扭曲程度。
- **"垂直扭曲"数值框**：用于设置文本在垂直方向上的扭曲程度。

5．设置文字样式

设置文字样式是在"图层"调板中选择文字图层后，在菜单栏上选择"窗口"→"样式"命令，在弹出的"样式"调板（如图6.21所示）中选择需要的样式并单击，这时对应的样式就自动应用到文字上了。

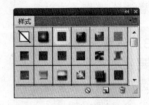

图6.21　　"样式"调板

6.2.2　　典型案例——制作新年贺卡

案例目标

本案例将制作新年贺卡，主要练习文字工具的使用、文字属性的设置及变形文字等操作，制作完成的效果如图6.22所示。

素材位置： 第6课\素材\新年贺卡背景
图.jpg

效果图位置： 第6课\源文件\新年贺
卡.psd

操作思路：

打开素材"新年贺卡背景图.jpg"图像
文件，然后利用文字工具输入文字。

在"字符"调板中设置文字的属性，并
在"变形文字"对话框中设置文字变
形，然后在"样式"调板中选择文字的样式。

图6.22　新年贺卡.psd

操作步骤

其具体操作步骤如下：

步骤01　在菜单栏上选择"文件"→"打开"命令，在弹出的"打开"对话框中选择素
材"新年贺卡背景图.jpg"图像文件，然后单击"打开"按钮，打开的图片如图
6.23所示。

步骤02　单击工具箱中的"横排文字工具"按钮 T，然后将鼠标指针移动到图像窗口上
单击鼠标，输入"2009"文本，如图6.24所示。

图6.23　新年贺卡背景图

图6.24　创建文字

步骤03　选择"2009"文字，然后在菜单栏上选择"窗口"→"字符"命令，在弹出的
"字符"调板中设置字体为"迷你简菱心"，字号为"120点"，颜色为"R：
227、G：248、B：89"，如图6.25所示。

步骤04　单击工具属性栏中的"创建文字变形"按钮 ，在弹出的"变形文字"对话框
中设置样式为"波浪"，然后单击"确定"按钮，效果如图6.26所示。

图6.25　设置文字属性

图6.26　文字变形

步骤05 在菜单栏上选择"窗口"→"样式"命令,在弹出的"样式"调板中选择"黄色回环"样式,这时文字的效果图如6.27所示。

步骤06 单击工具箱中的"横排文字工具"按钮 T,在其工具属性栏中设置字体为"方正水柱简体",字号为"43",颜色为"R:227、G:248、B:89",然后输入"新年快乐"文字,如图6.28所示。

步骤07 制作完成后,将图像文件保存为"新年贺卡.psd"。

图6.27　设置文字样式　　　　　　　　　图6.28　创建文字

案例小结

本案例通过制作新年贺卡,主要练习创建文字、设置文字属性、变形文字和设置文字样式的操作。其中未练习到的知识,读者可根据"知识讲解"自行练习。

6.3 文字的特殊操作

Photoshop CS4中提供了多种特殊的文字操作,下面将详细介绍这些操作。

6.3.1 知识讲解

文字的特殊操作包括将文字转换为路径、将文字转换为形状、点文字图层与段落文字图层的转换、沿路径绕排文字效果、文字拼音检查以及查找和替换文本等。

1. 将文字转换为路径

将文字转换为路径是在图像中创建好文字后,在菜单栏选择"图层"→"文字"→"创建工作路径"命令,这时在"路径"调板中将自动创建一个新的工作路径,用户可根据实际的情况对路径进行编辑。将如图6.29所示的文字转换为路径并描边,效果如图6.30所示。

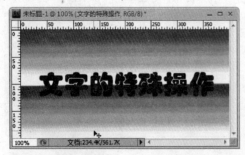 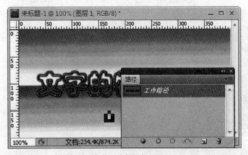

图6.29　输入的文字　　　　　　　　　图6.30　转换为路径并描边

2. 将文字转换为形状

将文字转换为形状是在图像中创建好文字后，在菜单栏上选择"图层"→"文字"→"转换为形状"命令，这时在"图层"调板中将自动创建一个新图层。单击工具箱中的"直接选择工具"按钮 ，将鼠标指针移动到文本上，框选文字区域并进行编辑，效果如图6.31所示。

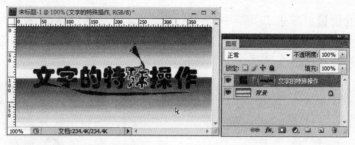

图6.31 转换为形状并编辑

3. 点文字图层与段落文字图层的转换

点文字通常在文字内容较少的时候使用，它的文字行是独立的，即文字行的长度随着文字的增加而变长，但不会自动换行，需要按"Enter"键进行换行。

在Photoshop CS4中，点文本和段落文本在创建完成后是可以相互转换的。在图像窗口中创建好点文本后，在"图层"调板中选择该文本所在的图层，然后在菜单栏上选择"图层"→"文字"→"转换为段落文本"命令，即可将原来的点文字图层转换为段落文字图层。

4. 沿路径绕排文字效果

在Photoshop CS4中，可以沿着创建好的路径绕排文字，其具体操作方法如下：

步骤01 新建图像文件，单击工具箱中的"自定形状工具"按钮 ，然后在工具属性栏中单击"路径"按钮，并在"形状"下拉列表框中选择需要的形状，绘制路径形状，如图6.32所示。

步骤02 单击工具箱中的"横排文字工具"按钮 ，将鼠标指针移动到路径上，当指针变成 I 形状时输入需要的文字，如图6.33所示。

步骤03 选择输入的文字，然后在"字符"调板中设置文字的属性，效果如图6.34所示。

图6.32 绘制路径形状

图6.33 输入文字

图6.34 设置文字属性

创建路径文字后，还可以通过以下两种方法对文字进行调整。

- **改变路径形状**：输入文字后在"路径"调板中选择文字绕排的路径，然后单击工具箱中的"直接选择工具"按钮 ，在路径上单击，这时路径上将显示节点和控制柄，调整控制柄对路径形状进行修改后，文字会按新的路径形状进行排列，如图6.35所示。

- **修改文字的位置**：单击工具箱中的"横排文字工具"按钮 ，将鼠标指针移动到路径文字上单击，插入文字光标，按下"Ctrl"键，这时光标变成 形状。拖动文本位置，即可移动文字在路径上的位置，如图6.36所示。

图6.35 改变路径形状

图6.36 修改文字的位置

  单击工具箱中的"直接选择工具"按钮 ，然后在路径文字中按住鼠标左键并拖动，这时即可移动文字在路径上的位置。

5. 文字拼音检查

在Photoshop CS4中输入大量的英文时，经常会出现输入错误的情况。为了避免该情况的发生，系统提供了拼音检查的功能，其具体操作步骤如下：在图像文件中输入一段英文，然后在菜单栏上选择"编辑"→"拼写检查"命令，在弹出的"拼写检查"对话框中系统会自动选择错误的文本，并在"建议"列表框中列出修改的文本，选择正确的文本后单击"更改"按钮即可，如图6.37所示。

图6.37 拼写检查

6. 查找和替换文本

如果要查找和替换文本，可在"图层"调板中选择文字图层，在菜单栏上选择"编辑"→"查找和替换文本"命令，在弹出的"查找和替换文本"对话框中输入要查找的内容和替换后的内容，单击"查找下一个"按钮，查找到文字后单击"更改"按钮即可将文本替换为指定的文本，如图6.38所示。

图6.38　查找和替换文本

6.3.2　典型案例——制作化妆品广告

案例目标

本案例将制作化妆品广告，主要练习文字工具的使用、文字属性的设置、沿路径绕排文字的使用等，制作出的效果如图6.39所示。

素材位置：第6课\素材\化妆品背景图.jpg

效果图位置：第6课\源文件\化妆品广告.psd

操作思路：

图6.39　化妆品广告

✉ 利用横排文字工具输入广告宣传主题词，并设置文字属性。

✉ 利用钢笔工具绘制路径，然后使用横排文字工具输入文本，并设置文字属性。

操作步骤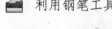

其具体操作步骤如下：

步骤01 打开素材"化妆品背景图.jpg"图像文件，如图6.40所示。

步骤02 单击工具箱中的"横排文字工具"按钮 **T** ，将鼠标指针移动到图像窗口的左上方，单击并输入文字"丽欧化妆品"，如图6.41所示。

步骤03 选择输入的文字，单击工具属性栏中的 ▤ 按钮，在弹出的"字符"调板中设置字体为"汉仪秀

图6.40　化妆品背景图

英体简"，字号为"36点"，颜色为"白色"，如图6.42所示。

图6.41　输入文字　　　　　　　　　　　　图6.42　设置文字属性

步骤04 使用文字工具输入"万千惊艳 一支美睫膜"，并在"字符"调板中设置字体为"汉仪秀英体简"，字号为"36"，颜色为"R: 241、G: 213、B: 105"。

步骤05 单击工具箱中的"钢笔工具"按钮，然后在图像窗口中绘制路径，如图6.43所示。

步骤06 单击工具箱中的"横排文字工具"按钮，然后将鼠标指针移动到路径上并输入文字"2009值得拥有的睫毛膏"广告语，如图6.44所示。

步骤07 选择该广告语，然后在"字符"调板中设置字体为"文鼎霹雳体"，字号为"40点"，颜色为"R: 52、G: 11、B: 55"，如图6.45所示，设置完成后保存为"化妆品广告.psd"文件。

图6.43　创建路径　　　　　　图6.44　输入文字　　　　　　图6.45　设置文字属性

案例小结

　　本案例制作了一个化妆品广告，主要运用了创建文字工具、设置文字属性和沿路径绕排文字等操作。其中未练习到的知识，读者可根据"知识讲解"自行练习。

6.4　上机练习

6.4.1　制作房地产广告

　　本次练习将制作如图6.46所示的房地产广告，主要练习使用文字工具、设置文字属性及创建段落文字等。

　　素材位置：第6课\素材\房地产背景图.jpg

　　效果图位置：第6课\源文件\房地产广告.psd

　　操作思路：

　　使用横排文字工具在图像中输入文字"康福家园"，并设置文字的字体、字号和字符颜色等。

- 输入段落文字，并依次选择"40~180平方米"和"3600元/平方米"文字，设置其文字属性。
- 输入段落文字并在"段落"调板中设置"段前添加空格"，选择段落首字，在"字符"调板中设置字号为"18点"。
- 使用横排文字工具输入段落文字。

图6.46 房地产广告

6.4.2 制作名片

本次练习将制作如图6.47所示的名片，主要练习文字工具的使用和文字属性的设置。

素材位置： 第6课\素材\名片背景图.jpg

效果图位置： 第6课\源文件\名片.psd

操作思路：

- 使用横排文字工具在图像中输入"丽欧化妆品有限公司"文字，在"字符"调板中设置字体、字号和字符颜色等。
- 使用横排文字工具输入段落文字。

图6.47 名片

6.5 疑难解答

问： 能否在创建好的路径中输入文字？

答： 当然能。在创建好的路径中输入文字主要是在图像窗口中绘制路径，然后单击工具箱中的"横排文字工具"按钮，将鼠标指针移动到路径内部，当指针变成 形状时输入所需的文字，按下"Enter"键确认输入文字。在如图6.48所示的路径中输入文字，效果如图6.49所示。

图6.48 路径形状

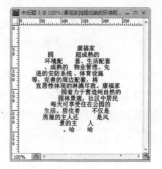

图6.49 输入文字

问： 在使用文字工具时，怎样才能增加一些系统中没有的字体？

答： 你可以在网络上搜索并下载一些字体或购买一张字体光盘，然后将这些文字安装到系统盘中的"WINDOWS\Fonts"文件夹下。

6.6 课后练习

选择题

1 设置文字字体、字号、颜色和字距等属性的调板是（　　　）。

　A．字符　　　　B．段落　　　　C．路径　　　　D．图层

2 变形文字的样式主要有（　　）种。

　A．5　　　　　B．10　　　　　C．15　　　　　D．20

3 使用（　　）工具可以创建横排文字选区。

　A．横排文字　　　　　　　　　B．直排文字

　C．横排文字蒙版　　　　　　　D．直排文字蒙版

问答题

1 简述如何创建段落文字。

2 如何设置段落文字的字体、字号、颜色等属性？

3 简述如何在程序中进行文字的拼写检查和替换。

上机题

1 利用文字工具、"字符"调板、段落文字和"段落"调板制作如图6.50所示的宣传册广告。

　素材位置： 第6课\素材\宣传册背景图.jpg

　效果图位置： 第6课\源文件\宣传册广告.psd

　提示：

　　　使用横排文字工具依次输入"中式家园"、"复古的家居建设"、"完善的设施"和"绿化式的家园"文本。

　　　使用文字工具创建段落文字。

　　　使用"字符"调板和"段落"调板设置文字的属性。

2 利用文字工具和"字符"调板制作如图6.51所示的简历封面。

　素材位置： 第6课\素材\简历背景图.jpg

　效果图位置： 第6课\源文件\简历封面.psd

　提示：

　　　所有文字都是通过横排文字工具进行输入的。

在"字符"调板中，读者可根据自己的喜好设置文字的属性。

图6.50　宣传册广告

图6.51　简历封面

第7课

图层的基本应用

▼ **本课要点**

图层的基本操作

编辑图层

▼ **具体要求**

掌握图层的基本操作

了解编辑图层的方法

掌握图层组的应用

▼ **本课导读**

在Photoshop CS4中，任何图像的合成效果都离不开对图层的操作。一幅较为复杂的图像是由若干个图层组成的，图层是处理图像的基础。本课将主要介绍图层的基本操作和编辑图层的相关知识。

7.1 图层的基本操作

在Photoshop CS4中，图像都是建立在图层基础上的，图层是创建各种合成效果的重要途径。将不同的图像放在不同的图层上，可以对其进行独立操作而不影响其他的图层。

7.1.1 知识讲解

图层的基本操作主要包括创建图层、选择图层、调整图层顺序、显示与隐藏图层、复制图层、删除图层、合并图层、链接和锁定图层、对齐和分布图层、自动对齐图层和自动混合图层等。

1. 创建图层

在Photoshop CS4中可以创建多种图层，包括空白图层、文字图层、背景图层和形状图层。

📂 创建空白图层

在菜单栏上选择"窗口"→"图层"命令，然后在弹出的"图层"调板中单击底部的"创建新图层"按钮 即可创建空白图层，如图7.1所示。

在菜单栏中选择"图层"→"新建"→"图层"命令或按下"Ctrl+Shift+N"组合键，在弹出的"新建图层"对话框中输入新建图层的名称，然后单击"确定"按钮也可创建新空白图层，如图7.2所示。

📂 创建文字图层

创建文字图层主要是通过单击工具箱中的"文字工具"按钮 **T** ，将鼠标指针移动到图像窗口上单击并输入文字，系统会自动创建一个文字图层，图层名就是输入的文字，如图7.3所示。

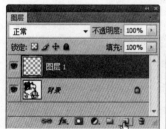

图7.1 创建空白图层　　　图7.2 "新建图层"对话框　　　图7.3 创建文字图层

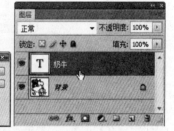

📂 创建背景图层

背景图层是所有图像中的基本图层，它位于所有图层的最下面，是不透明的图层。该图层默认情况下是锁定的，不能进行图层顺序排列、改变透明度等操作。当用户打开或新建一个图像文件时，系统将自动生成一个背景图层。

📂 创建形状图层

单击工具箱中的"形状工具"组后，在工具属性栏中单击"形状图层"按钮 ，然后将鼠标指针移动到图像窗口上单击并进行绘制，这时系统将自动创建一个形状图层，如图7.4所示。

　　📁 创建填充图层

　　填充图层主要有"纯色"、"渐变"和"图案"这3种类型。在菜单栏上选择"图层"→"新建填充图层"命令，在弹出的子菜单中选择需要的填充类型，然后在弹出的"新建图层"对话框中输入新图层的名称，单击"确定"按钮后在弹出的对话框中进行设置，最后单击"确定"按钮即可，如图7.5所示。

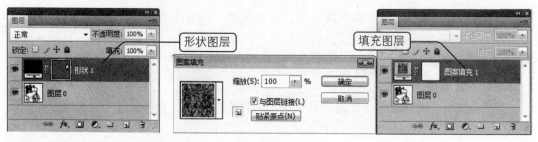

图7.4　创建形状图层　　　图7.5　创建填充图层

　　📁 创建调整图层

　　调整图层用于调整图像的色彩和色调，且下层图像中的实际像素值将不会改变，这是调整图层的最大优点。创建调整图层可通过以下几种方法来实现。

　　在菜单栏上选择"图层"→"新建调整图层"命令，在弹出的子菜单中选择相应的命令，在弹出的"新建图层"对话框（如图7.6所示）中输入图层名称，然后单击"确定"按钮即可，如图7.7所示。

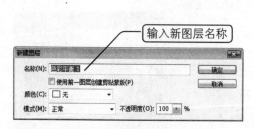

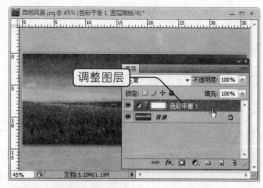

图7.6　"新建图层"对话框　　　　图7.7　创建调整图层

　　在"图层"调板中，单击底部的"创建新的填充或调整图层"按钮 ⬤，在弹出的下拉列表中选择相应的命令即可创建调整图层。

　　通过"调整"调板来创建调整图层，这是Photoshop CS4的新增功能之一。在菜单栏上选择"窗口"→"调整"命令，在弹出的"调整"调板中选择相应的"调整"图标（如图7.8所示），即可在"图层"调板中新建一个调整图层。

　　在"调整"调板中选择"调整"图标后，该调板将显示相对应的参数设置（如图7.9所示）。用户只需在调板中更改其参数，即可使图像文件达到不同的效果。

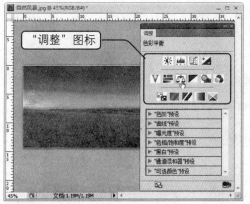

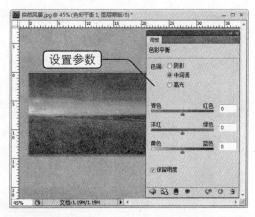

图7.8 "调整"调板　　　　　　　　　　　　　　　图7.9 参数设置

针对图层中某一图像区域，创建调整图层。可在打开的图像文件中将需要调整的区域创建为选区，然后用前面介绍的几种创建调整图层的方法进行操作即可，如图7.10所示。

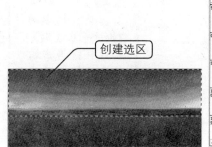
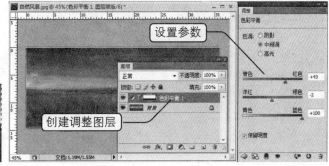

图7.10 创建区域调整图层

在创建选区区域的调整图层后，为了避免操作时移动调整图层的位置，可将调整图层与被调整的图层进行链接，链接图层的知识将在后面的内容中进行介绍。

2. 选择图层

在Photoshop CS4中，一个图像通常是由多个图层中的图像叠加在一起构成的。在编辑这类多图层图像时，需要正确地选择图层，然后才能对图像进行编辑和修饰。下面介绍选择图层的几种方法。

选择单个图层：在"图层"调板中，将鼠标指针移动到要选择的图层上，当指针变成 形状时单击即可，如图7.11所示。

选择多个连续图层：在"图层"调板中选择一个图层，按下"Shift"键的同时单击另一个图层，则位于这两个图层之间的所有图层都会被选中，如图7.12所示。

选择多个不连续图层：在"图层"调板中选择一个图层，按下"Ctrl"键的同时单击需要选择的图层，即可选择不连续排列的多个图层，如图7.13所示。

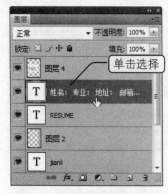
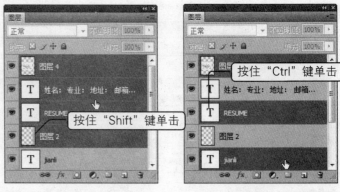

图7.11 选择单个图层　　　　　图7.12 选择多个连续图层　　　　图7.13 选择多个不连续图层

通过移动工具选择图层：单击工具箱中的"移动工具"按钮 ，按下"Ctrl"键的同时在图像窗口中单击图像，即可选择该图像所在的图层，如图7.14所示。

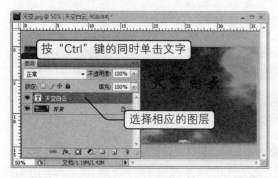

图7.14 通过移动工具选择图层

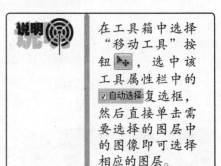

在工具箱中选择"移动工具"按钮 ，选中该工具属性栏中的 ☑自动选择复选框，然后直接单击需要选择的图层中的图像即可选择相应的图层。

除了前面介绍的几种选择图层的方法外，还可以在图像窗口中选择多个图层。单击工具箱中的"移动工具"按钮 ，在未选中"自动选择"复选框时，按"Ctrl+Shift"组合键的同时单击图像窗口中的图像，即可选择该图像所在的图层。

在"移动工具"属性栏中选中"自动选择"复选框时，按下"Shift"键的同时单击图像窗口中的图像，即可选择该图像所对应的图层。

3. 调整图层顺序

在"图层"调板中，位于上层的图像会遮盖下层的图像，因此一幅图像的总体效果与图层的上下位置有很大的关系。通过调整图层的排列顺序，得到的显示效果也会不同。

调整图层顺序的方法主要有以下两种。

在"图层"调板中选择要调整的图层，按下鼠标左键不放向上或向下拖动到适当位置，释放鼠标后即可调整图层位置，如图7.15所示。

在"图层"调板中选择要调整的图层，然后在菜单栏上选择"图层"→"排列"命令，在弹出的子菜单中选择相应的命令即可，如图7.16所示。

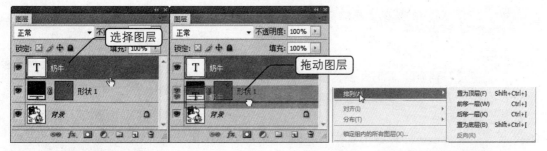

图7.15 手动调整图层顺序   图7.16 通过菜单调整图层顺序

 选择需要调整的图层，按下"Ctrl+]"组合键，可使图层上移；按下"Ctrl+["组合键，可使图层下移；按下"Ctrl+Shift+]"组合键，可将该图层置于最顶层；按下"Ctrl+Shift+["组合键，可将该图层置于最底层。

4. 显示与隐藏图层

在"图层"调板中如果要查看图像文件中某个或某几个图层的效果，可以将其他图层进行隐藏，而不必删除其他图层。

在"图层"调板中，位于图层左侧的"眼睛"图标显示为 状态时，表示该图层是可见的，即在图像窗口中显示该图层中的图像（如图7.17所示）；单击"眼睛"图标 ，当其不可见时，即可在图像窗口中隐藏该图层中的图像（如图7.18所示）；再次单击"眼睛"图标所在的位置使其显示，又可重新显示该图层。

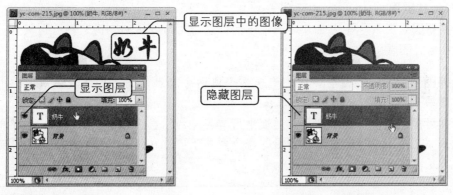

图7.17 显示图层   图7.18 隐藏图层

5. 复制图层

在Photoshop CS4中复制图层（如图7.19所示）的方法有多种，下面将详细介绍这些操作方法。

📋 在"图层"调板上选择需要复制的图层，然后在菜单栏上选择"图层"→"复制图层"命令，在弹出的"复制图层"对话框中进行设置，完成后单击"确定"按钮，即可在"图层"调板中显示复制的图层。

📋 在"图层"调板中，直接拖动需要复制的图层至调板底部的"创建新图层"按钮 上，释放鼠标后，即可快速复制该图层。

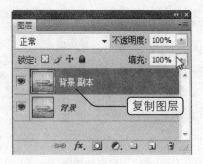

图7.19　复制图层

- 单击"图层"调板右上角的扩展按钮，在弹出的下拉列表中选择"复制图层"命令即可。

- 在"图层"调板中需要复制的图层上单击鼠标右键，在弹出的下拉列表中选择"复制图层"命令即可。

- 单击工具箱中的"移动工具"按钮，然后按下"Alt"键的同时拖动该图层中的图像，即可复制图层。

- 单击工具箱中的"移动工具"按钮，然后按下"Alt"键的同时拖动需要复制的图层，释放鼠标后即可完成对该图层的复制。

6. 删除图层

删除图层是将图像中不需要的图层进行删除，从而减少图像文件的内存，提高电脑的运行速度，下面将详细介绍删除图层的操作方法。

- 在"图层"调板中选择要删除的图层，然后单击调板底部的 按钮即可。

- 在"图层"调板中选择要删除的图层，单击鼠标右键，在弹出的下拉列表中选择"删除图层"命令即可。

- 单击"图层"调板右上角的扩展按钮，在弹出的下拉列表中选择"删除图层"命令即可。

7. 合并图层

合并图层是将几个图层合并成一个图层，这样可方便地对图像文件进行管理。合并图层包括合并图层、合并可见图层和拼合图像。

- **合并图层**：在"图层"调板中选择两个或两个以上的图层，然后在菜单栏上选择"图层"→"合并图层"命令或按下"Ctrl+E"组合键即可。

- **合并可见图层**：即将"图层"调板中所有可见的图层合并成一个图层。在菜单栏上选择"图层"→"合并可见图层"命令或按下"Shift+Ctrl+E"组合键即可实现合并可见图层的操作。

> **注意** 在"图层"调板中合并可见图层时，处于隐藏状态的图层将不会被合并。

- **拼合图像**：将"图层"调板中所有可见图层进行合并时，如果有图层处于隐藏状态，系统将弹出提示对话框，单击"确定"按钮后即可丢弃隐藏图层，并以白色填充所有透明区域。

> **说明** 盖印所有可见图层是将"图层"调板中所有可见性的图层进行合并，同时自动创建一个包含合并内容的新图层。盖印所有可见图层的快捷键是"Shift+Ctrl+Alt+E"组合键。

8. 链接和锁定图层

链接图层是将"图层"调板中的多个图层链接成一组，从而方便对链接的多个图层进行统一的编辑。在"图层"调板中选择一个图层，然后按下"Ctrl"键的同时选择多个图层，单击"图层"调板底部的"链接图层"按钮 🔗 或在菜单栏上选择"图层"→"链接图层"命令即可将图层链接，如图7.20所示。

锁定图层是为了避免在进行图像操作时影响其他图层。在"图层"调板中锁定图层包括锁定透明像素、锁定图像像素、锁定位置和锁定全部，如图7.21所示。

- **锁定透明像素**：在"图层"调板中选择图层，然后单击"锁定透明像素"图标 ▣，此时该图层中的图像可进行任何编辑和处理，但图层中的透明区域将不受影响。
- **锁定图像像素**：在"图层"调板中选择图层，然后单击"锁定图像像素"图标 🖋，此时该图层中的所有图像被锁定，不管是透明区域还是图像像素区域都不允许进行编辑操作。
- **锁定位置**：在"图层"调板上选择图层，然后单击"锁定位置"图标 ✥，此时该图层中的变形编辑将被锁定，且图层上的图像将不允许被移动或进行其他变形。
- **锁定全部**：在"图层"调板上选择图层，然后单击"锁定全部"图标 🔒，此时前面的"锁定透明像素"、"锁定图像像素"和"锁定位置"将自动锁定；图层的所有编辑被锁定，图层上的图像不允许进行任何编辑操作。

图7.20　链接图层　　　　　　　　　　　　图7.21　锁定图层

9. 对齐和分布图层

在Photoshop CS4中可以让几个图层按照一定的方式沿直线自动对齐或按一定的间距分布。

在"图层"调板中选择两个或两个以上的图层，然后在菜单栏上选择"图层"→"对齐"命令，在弹出的子菜单中选择所需的命令即可，如图7.22所示。

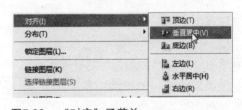

图7.22　"对齐"子菜单

另外，还可以通过单击工具箱中的"移动工具"按钮 ➤，在其属性栏的 ▦▦▦ ▦▦▦ 按钮组中单击相应的对齐按钮即可。

- **"顶对齐"按钮** ▦：将所有选中图层中最顶端的像素和基准图层最上方的像素对齐。
- **"居中对齐"按钮** ▦：将所有选中图层中的图像纵向居中对齐。

- **"底对齐"按钮** : 将所有选中图层中的图像按底对齐。
- **"左对齐"按钮** : 将所有选中的图层中的图像向左对齐。
- **"水平居中对齐"按钮** : 将所有选中的图层中的图像水平居中对齐。
- **"右对齐"按钮** : 将所有选中的图层中的图像向右对齐。

在"图层"调板中选择3个或3个以上的图层才能激活分布图层命令。在菜单栏上选择"图层"→"分布"命令，在弹出的子菜单中选择所需的命令即可。

另外，还可以通过单击工具箱中的"移动工具"按钮 ，在其属性栏中的 按钮中单击相应的分布按钮即可。

- **"按顶分布"按钮** : 将所有选中图层中的图像按顶边分布。
- **"垂直居中分布"按钮** : 将所有选中图层中的图像垂直居中分布。
- **"按底分布"按钮** : 将所有选中图层中的图像按底边分布。
- **"按左分布"按钮** : 将所有选中图层中的图像向左分布。
- **"水平居中分布"按钮** : 将所有选中图层中的图像按水平居中分布。
- **"按右分布"按钮** : 将所有选中图层中的图像向右分布。

10. 自动对齐图层

"自动对齐图层"命令是根据不同图层中的相似内容自动对齐图层。在Photoshop CS4中用户可以指定一个图层作为参考图层，也可以让系统自动选择参考图层，其他图层将与参考图层对齐，以便匹配的内容能够自行叠加。

通过使用"自动对齐图层"命令，可以用下面几种方式组合图像。

- 替换或删除具有相同背景的图像部分。对齐图像之后，使用蒙版或混合效果将每个图像的部分内容组合到一个图像中。
- 将共享重叠内容的图像缝合在一起。
- 对于针对静态背景拍摄的视频帧，可以将帧转换为图层，然后添加或删除跨越多个帧的内容。

在菜单栏上选择"编辑"→"自动对齐图层"命令或单击工具箱中的"移动工具"按钮 ，在其属性栏中单击"自动对齐图层"按钮 ，即可弹出如图7.23所示的"自动对齐图层"对话框，其中各参数选项的含义如下。

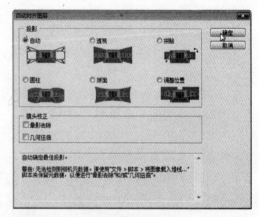

图7.23 "自动对齐图层"对话框

- **"自动"单选按钮**：选择该单选按钮后系统将分析源图像并应用"透视"或"圆柱"版面生成更好的复合图像。
- **"透视"单选按钮**：选择该单选按钮，则将源图像中的一个图像指定为参考图像，然后变换其他图像以便匹配图层的重叠内容。

- **"拼贴"单选按钮**：选择该单选按钮，则对齐图层并匹配重叠内容，不更改图像中对象的形状。
- **"圆柱"单选按钮**：该单选按钮最适合于创建全景图。通过在展开的圆柱上显示各个图像来减少在"透视"版面中会出现的"领结"扭曲。
- **"球面"单选按钮**：选择该单选按钮，则将图像与宽视角对齐（垂直和水平）。指定某个源图像作为参考图像，并对其他图像执行球面变换，以便匹配重叠的内容。
- **"仅调整位置"单选按钮**：选择该单选按钮，对齐图层并匹配重叠内容，但不会变换任何源图层。
- **"晕影去除"单选按钮**：选中该复选框，则对导致图像边缘比图像中心暗的镜头缺陷进行补偿。
- **"几何扭曲"单选按钮**：选中该复选框，则补偿桶形、枕形或鱼眼失真。

11. 自动混合图层

使用"自动混合图层"命令可缝合或组合图像，从而在最终复合图像中获得平滑的过渡效果。"自动混合图层"功能将根据需要对每个图层应用图层蒙版，以遮盖过度曝光或曝光不足的区域或内容差异。

在菜单栏上选择"编辑"→"自动混合图层"命令，即可弹出如图7.24所示的"自动混合图层"对话框。

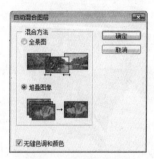

图7.24 "自动混合图层"对话框

- **"全景图"单选按钮**：选择该单选按钮，则将重叠的图层混合成全景图。
- **"堆叠图像"单选按钮**：选择该单选按钮，则混合每个相应区域中的最佳细节。

7.1.2 典型案例——堆叠图像

案例目标

本案例通过"自动混合图像"命令将几幅素材文件中的模糊区域变为清晰的区域，主要练习移动工具的使用及对齐图层、自动混合图层的操作，制作的效果如图7.25所示。

素材位置：第7课\素材\混合图像1.jpg、混合图像2.jpg、混合图像3.jpg

效果图位置：第7课\源文件\混合图像.psd

操作思路：

图7.25 混合图像.psd

- 打开需要的所有素材文件。
- 使用移动工具将"混合图像2.jpg"和"混合图像3.jpg"素材文件拖动到"混合图像1.jpg"窗口中。

在"图层"调板中选择所有的图层，然后在工具属性栏中单击"居中对齐"按钮和"水平居中对齐"按钮。

使用"自动混合图像"命令将图像进行混合。

操作步骤

其具体操作步骤如下：

步骤01 依次打开素材"混合图像1.jpg"、"混合图像2.jpg"和"混合图像3.jpg"图像文件，分别如图7.26、图7.27和图7.28所示。

图7.26　混合图像1.jpg　　　　图7.27　混合图像2.jpg　　　　图7.28　混合图像3.jpg

步骤02 单击工具箱中的"移动工具"按钮，将"混合图像2.jpg"和"混合图像3.jpg"素材文件拖动到"混合图像1.jpg"窗口中。

步骤03 按住"Shift"键的同时选择所有的图层，然后在工具属性栏中单击"居中对齐"按钮和"水平居中对齐"按钮。

步骤04 在菜单栏中选择"编辑"→"自动混合图层"命令，在弹出的"自动混合图层"对话框中选中"堆叠图像"单选按钮，如图7.29所示。

步骤05 单击"确定"按钮即可完成图像的混合操作，完成后的效果如图7.30所示。

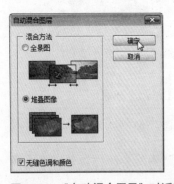

图7.29　"自动混合图层"对话框　　　图7.30　最终效果图

案例小结

本案例实现了将几幅素材文件中的模糊区域变为清晰的区域，主要练习移动工具的使用及对齐图层、自动混合图层等操作。其中未练习到的知识，读者可根据"知识讲解"自行练习。

7.2 编辑图层

在Photoshop CS4中，图层有多种编辑功能，通过这些功能可以将图层中的图像修饰得更加完美。

7.2.1 知识讲解

编辑图层的操作包括剪贴图层、使用图层组和调整图层等，下面将详细介绍这些编辑操作。

1. 剪贴图层

剪贴图层主要是底层图像提供形状，上层图像提供图案，其具体操作步骤如下：

步骤01 新建一个长为300像素，宽为300像素，分辨率为300像素/英寸的图像文件。

步骤02 单击工具箱中的"横排文字工具"按钮 **T**，然后在图像窗口中输入文字"鲜花"，并在"字符"调板中设置字体为"汉仪秀英体简"、字号为"120点"、颜色为"R：0，G：0，B：0"，如图7.31所示。

步骤03 打开一个素材文件，然后使用移动工具将该素材文件拖动到新建的文件中，如图7.32所示。

步骤04 在"图层"调板中选择文字图层，然后单击鼠标右键，在弹出的快捷菜单中选择"栅格化文字"命令。

步骤05 将鼠标移动到"图层1"和"鲜花"图层之间的分界处，按下"Alt"键的同时单击两图层之间的分界处，这时素材图片将剪贴到文字形状中，如图7.33所示。

　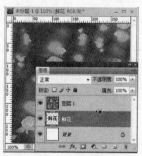　

图7.31　创建文字图层　　图7.32　打开素材文件　　图7.33　创建剪贴图层

> **说明** 如果要撤销剪贴图层操作，可在菜单栏上选择"图层"→"释放剪贴蒙版"命令，或按下"Alt"键并单击剪贴图层之间的分界线。

2. 使用图层组

在处理一个比较复杂的图像文件时，为了方便管理图层，系统提供了图层组功能。该功能是将"图层"调板中的多个图层放置在一个图层组中，从而对多个图层进行统一移动、复制、删除等编辑操作。

在Photoshop CS4中创建图层组的方法有以下几种。

- 在"图层"调板中单击底部的"创建新组"按钮 即可创建图层组。
- 在菜单栏上选择"图层"→"新建"→"组"命令，在弹出的"新建组"对话框中输入新建组的名称，然后单击"确定"按钮即可。

3. 使用调整图层

调整图层是将颜色和色调调整应用于图像，而不会永久更改图像的像素值。通过调整图层可以将颜色和色调调整存储在"图层"调板中新建的调整图层中，并应用于它下面的所有图层。用户也可以随时扔掉、更改并恢复原始图像，其具体操作步骤如下：

步骤01 打开如图7.34所示的图像文件。

步骤02 在菜单栏上选择"图层"→"新建调整图层"→"亮度/对比度"命令，在弹出的"新建图层"对话框中输入名称，如图7.35所示。

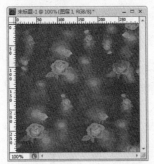

图7.34 原图　　　　　　　　　　　　　　　图7.35 "新建图层"对话框

步骤03 单击"确定"按钮后即可弹出"调整"调板（如图7.36所示），拖动"亮度"或"对比度"下面的滑块，即可得到一个调整图层，如图7.37所示。

 在使用调整图层时，位于该图层下方的所有图层都会受到影响，这样可一次调整多个图层；如果要单独调整图像中的某个区域，可先创建选区区域然后进行调整。

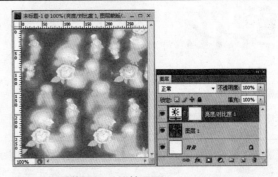

图7.36 "调整"调板　　　　　　　图7.37 调整图层后的效果图

7.2.2　典型案例——为汽车更换颜色

案例目标

　　本案例将使用调整图层的相关知识为汽车更换颜色，主要练习调整图层的方法，制作的效果如图7.38所示。

　　素材位置： 第7课\素材\车.jpg

　　效果图位置： 第7课\源文件\汽车.psd

　　操作思路：

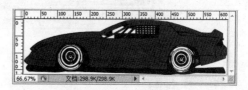

图7.38　汽车.psd

📧 打开"车.jpg"图像文件。

📧 创建调整图层，并在"色相/饱和度"对话框中进行设置。

📧 完成后将图像文件保存为"汽车.psd"文件。

操作步骤

　　其具体操作步骤如下：

步骤01　在菜单栏上选择"文件"→"打开"命令，在弹出的"打开"对话框中选择"车.jpg"文件，然后单击"打开"按钮，打开的图片如图7.39所示。

步骤02　在菜单栏上选择"图层"→"新建调整图层"→"色相/饱和度"命令，在弹出的"新建图层"对话框中输入文件名称，然后单击"确定"按钮，如图7.40所示。

图7.39　原图

图7.40　"新建图层"对话框

步骤03　在弹出的"调整"调板窗口中拖动"色相"滑块或在后面的数值框中输入"-80"，如图7.41所示。

步骤04　这时汽车车身的颜色将发生变化，保存该图像文件为"汽车.psd"，如图7.42所示。

图7.41　"调整"调板

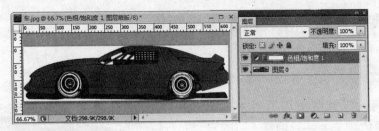

图7.42　效果图

　　本案例通过为汽车更换颜色，主要练习调整图层的使用方法，其中未练习到的知识，读者可根据"知识讲解"自行练习。

7.3　上机练习

7.3.1　为衣服更换颜色

　　本次练习将为衣服更换颜色，主要练习创建选区、复制选区、粘贴选区、创建填充图层等操作和颜色替换工具的使用，制作的效果如图7.43所示。

　　素材位置：第7课\素材\衣服.jpg
　　效果图位置：第7课\源文件\礼服.psd
　　制作思路：

图7.43　礼服.psd

🍮 打开素材"衣服.jpg"图像文件。

🍮 利用磁性套索工具创建出衣服上"蝴蝶结"的选区，然后按下"Ctrl+C"组合键进行复制。

🍮 在"图层"调板中新建一个图层，然后按下"Ctrl+V"组合键进行粘贴。

🍮 利用前面的方法，创建衣服的选区后进行复制，然后在新建图层中进行粘贴。

🍮 在"图层"调板中选择"图层2"，然后在菜单栏中选择"图层"→"新建填充图层"→"渐变"命令，在弹出的"新建图层"对话框中输入名称。

🍮 单击"确定"按钮后在弹出的"渐变填充"对话框中单击"渐变颜色条"，即可弹出"渐变编辑器"对话框。

🍮 根据自己的喜好设置渐变的颜色，单击"确定"按钮，在返回到的"渐变填充"对话框中单击"确定"按钮。

🍮 在"图层"调板中将"图层1"拖动到"渐变填充"图层的上方，然后设置前景色，并在工具箱中单击"颜色替换工具"按钮 。

移动鼠标指针到图像上进行涂抹，完成后将其保存即可。

7.3.2　透视对齐图像

本次练习将多幅图像进行自动透视对齐，主要练习移动工具的使用和对齐图层、自动对齐图层等操作，制作的效果如图7.44所示。

素材位置： 第7课\素材\对齐图像1.JPG、对齐图像2.JPG、对齐图像3.JPG

效果图位置： 第7课\源文件\透视对齐图像.psd

图7.44　透视对齐图像.psd

制作思路：

分别打开素材"对齐图像1.JPG"、"对齐图像2.JPG"和"对齐图像3.JPG"图像文件。

使用移动工具将"对齐图像2.JPG"和"对齐图像3.JPG"素材文件拖动到"对齐图像1.JPG"图像窗口中。

在"图层"调板中同时选择3个图层，然后在其工具属性栏中单击"居中对齐"按钮和"水平居中对齐"按钮。

保持选择3个图层状态，在菜单栏上选择"编辑"→"自动对齐图层"命令，在弹出的"自动对齐图层"对话框中选择"透视"单选按钮，单击"确定"按钮即可查看效果图。

7.4　疑难解答

问： 如何将当前图像中的某一区域创建为一个新图层？

答： 用户可将当前图层中的某一区域通过复制或剪切的方式创建为一个新的图层。复制区域是在当前图层中，创建某一区域选区，然后在菜单栏上选择"图层"→"新建"→"通过拷贝的图层"命令即可得到新的图层；源图层中的图像不受影响；剪切区域是在当前图层中创建选区后，在菜单栏上选择"图层"→"新建"→"通过剪贴的图层"命令即可将区域剪贴到新的图层中，但源图层中位于选区的图像将被删除。

问： 在一个图像窗口中复制一个图层到另一个图像窗口中时，为什么会多复制一个不相关的图层？

答： 这可能是因为在原图像中，复制的图层与其他图层相链接，因此在移动时被链接的图层也移动到了另一个图像中。如果只复制一个图层，则应在原图像的"图层"调板中取消链接，然后再进行移动操作。

7.5 课后练习

选择题

1 在"图层"调板中将两个或两个以上的图层进行链接需要单击（　　）按钮。

A. ■　　　　B. ◐　　　　C. ▭　　　　D. ⊖

2 在"图层"调板中选择图层，然后单击（　　）图标，图层中的透明区域将不受任何操作的影响。

A. ▩　　　　B. ✎　　　　C. ✛　　　　D. 🔒

3 在调整图层顺序时，按住（　　）组合键可使图层置于最低层。

A. Ctrl+]　　　　　　　　B. Ctrl+[

C. Ctrl+Shift+]　　　　　D. Ctrl+Shift+[

问答题

1 创建图层有几种类型，分别是哪些？

2 简述合并可见图层和拼合图像的区别。

3 对齐图层和自动对齐图层之间有什么区别？

上机题

1 使用移动工具、对齐图层和自动混合图层等命令，制作如图7.45所示的风景图。

素材位置：第7课\素材\天空.jpg、自然风景.jpg

效果图位置：第7课\源文件\风景图.psd

提示：

📧 依次打开素材图像文件，然后使用移动工具将"天空.jpg"图像文件移动到"自然风景.jpg"窗口中。

📧 在"图层"调板中同时选择这两个图层，然后使用对齐图层命令进行对齐。

📧 使用自动混合图层命令进行图层堆叠。

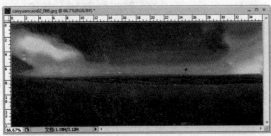

图7.45　风景图.psd

第8课

图层的高级应用

▼ **本课要点**

设置图层混合模式和不透明度

添加图层样式

管理图层样式效果

智能对象

▼ **具体要求**

掌握图层的混合模式和不透明度的设置

了解图层样式的操作

掌握管理图像样式的操作

了解智能对象的操作方法

▼ **本课导读**

通过上一课的学习，我们了解了图层的创建方法和编辑方法。本课将进一步介绍图层的应用，主要包括设置图层混合模式和不透明度、添加图层样式、管理图层样式效果和智能对象。通过对本课的学习，读者可以处理出更加漂亮的图像效果。

8.1 设置图层混合模式和不透明度

设置图层的混合模式和不透明度是为了调整图层之间的相互关系，从而生成新的图像效果。

8.1.1 知识讲解

在处理图像过程中，图层混合模式和不透明度起着非常重要的作用，下面将详细介绍它们的设置及应用。

1. 设置图层的混合模式

设置图层的混合模式是将当前图层与其下方图层的颜色进行色彩混合，从而制作出特殊的图像效果。

Photoshop CS4中提供了多种图层混合模式。在"图层"调板中单击 正常 ▼ 右侧的下拉按钮，在弹出的下拉列表中选择相应的混合模式即可，如图8.1所示。

- **"正常"模式**：该模式是系统默认的混合模式，图层间彼此没有任何影响，如图8.2所示。

- **"溶解"模式**：该模式是根据每个像素点所在位置的不透明度，随机以绘制的颜色取代背景色，并达到与背景色溶解在一起的效果，如图8.3所示。

图8.1　"图层"调板　　　图8.2　"正常"模式　　　图8.3　"溶解"模式

- **"变暗"模式**：该模式将自动查找各颜色通道内的颜色信息，并将当前图层中较暗的颜色调整得更暗，较亮的色彩变得透明，如图8.4所示。

- **"正片叠底"模式**：该模式将当前图层的颜色像素值与其下层的像素值相乘，然后再除以255，得到的结果即是该模式颜色的最终效果，如图8.5所示。

- **"颜色加深"模式**：该模式主要用于查看每个通道的颜色信息，通过增加颜色的对比度得到颜色加深的图像效果，如图8.6所示。

- **"线性加深"模式**：该模式主要用于查看每个通道的颜色信息，通过减少亮度使基色变暗以反映混合色，与白色混合时不发生变化，如图8.7所示。

图8.4   "变暗"模式   图8.5   "正片叠底"模式   图8.6   "颜色加深"模式   图8.7   "线性加深"模式

🔲 **"深色"模式**：该模式是比较混合色和基色的所有通道值的总和并显示最小通道值创建的颜色，如图8.8所示。

🔲 **"变亮"模式**：该模式是选择基色或混合色中较亮的颜色作为结果色，其中比混合色暗的像素将被替换，比混合色亮的像素将保持不变，如图8.9所示。

🔲 **"滤色"模式**：该模式是将当前图层的颜色与其下方图层的颜色的互补色相乘，再除以255，得到的结果就是该模式的最终效果，如图8.10所示。

🔲 **"颜色减淡"模式**：该模式用于查看每个通道的颜色信息，通过减小对比度来提高混合后的图像亮度，如图8.11所示。

图8.8   "深色"模式   图8.9   "变亮"模式   图8.10   "滤色"模式   图8.11   "颜色减淡"模式

🔲 **"线性减淡（添加）"模式**：该模式用于查看每个通道的颜色信息，通过增加亮度来提高混合后的图像亮度，如图8.12所示。

🔲 **"浅色"模式**：该模式是比较混合色和基色的所有通道值的总和并显示最大通道值创建的颜色，如图8.13所示。

🔲 **"叠加"模式**：该模式根据下层图层的颜色，将当前图层的像素进行相乘或覆盖，产生变亮或变暗的效果，如图8.14所示。

🔲 **"柔光"模式**：该模式将产生一种柔和光线照射的效果，其中高光区域更亮，暗调区域更暗，效果如图8.15所示。

图8.12   "线性减淡"模式   图8.13   "浅色"模式   图8.14   "叠加"模式   图8.15   "柔光"模式

- **"强光"模式**：该模式是将当前图层颜色的亮度加强，当混合色比50%的灰色亮时，则原图像会变亮，同时会增加图像的高光效果，如图8.16所示。

- **"亮光"模式**：该模式通过增大或减少对比度来加深或减淡颜色，具体取决于混合色。如果混合色比50%的灰色亮，则图像通过减少对比度来变亮；如果比50%的灰色暗，则图像通过增加对比度来变暗，如图8.17所示。

- **"线性光"模式**：该模式通过增加或降低亮度来加深或减淡颜色，如果混合色比50%的灰色亮，则图像通过增加亮度来变亮；如果比50%的灰色暗，则图像通过降低亮度来变暗，如图8.18所示。

- **"点光"模式**：该模式用当前图层与下层图层的混合色来替换部分较暗或较亮像素的颜色，如图8.19所示。

图8.16 "强光"模式　　图8.17 "亮光"模式　　图8.18 "线性光"模式　图8.19 "点光"模式

- **"实色混合"模式**：该模式用当前图层与下层图层的色值相交，取其最亮的部分，如图8.20所示。

- **"差值"模式**：该模式根据当前图层与下层图层的亮度对比，以较亮颜色的像素值减去较暗颜色的像素值的差值作为最后效果的像素值，如图8.21所示。

- **"排除"模式**：该模式与"差值"模式的效果大致类似，但混合后的效果更加自然、柔和，如图8.22所示。

- **"色相"模式**：该模式用基色的亮度和饱和度以及混合色的色相来创建结果色，如图8.23所示。

图8.20 "实色混合"模式　图8.21 "差值"模式　　图8.22 "排除"模式　　图8.23 "色相"模式

- **"饱和度"模式**：该模式用基色的亮度和色相以及混合色的饱和度来创建结果色，如图8.24所示。

- **"颜色"模式**：该模式用基色的亮度以及混合色的色相和饱和度来创建结果色，如图8.25所示。

📩 **"亮度"模式**：该模式用基色的亮度及混合色的色相和饱和度来创建结果色，如图8.26所示。

图8.24　"饱和度"模式　　　图8.25　"颜色"模式　　　图8.26　"亮度"模式

2. 设置图层的不透明度

设置图层的不透明度可以使当前图层中的图像产生透明或半透明效果。在"图层"调板右上方的"不透明度"数值框中输入需要的数值即可设置图层不透明度。

在"图层"调板中选择要设置不透明度的图层，然后在"不透明度"数值框中输入数值，当该值小于100%时，将显示该图层下面的图像，不透明度越小，就越透明。在如图8.27所示的图像中选择"蝴蝶"图层，分别设置不透明度的值为50%和0%，效果如图8.28和图8.29所示。

图8.27　不透明度为100%　　　图8.28　不透明度为50%　　　图8.29　不透明度为0%

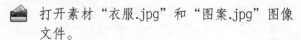

8.1.2　典型案例——为衣服更换图案

案例目标 ✛

本案例将为衣服更换图案，主要练习图层混合模式的应用，效果如图8.30所示。

　　素材位置： 第8课\素材\衣服.jpg、图案.jpg
　　效果图位置： 第8课\源文件\换衣效果.psd
　　操作思路：

📩 打开素材"衣服.jpg"和"图案.jpg"图像文件。

📩 使用移动工具将"图案.jpg"素材文件拖动到"衣服.jpg"图像上。

图8.30　换衣效果

使用变换工具进行缩放，然后使用图层混合模式进行更换。

操作步骤

其具体操作步骤如下：

步骤01 打开素材"衣服.jpg"和"图案.jpg"图像文件，如图8.31和图8.32所示。

图8.31　衣服.jpg

图8.32　图案.jpg

步骤02 单击工具箱中的"移动工具"按钮，然后将"图案.jpg"素材文件拖动到"衣服.jpg"图像上，并使用变换图像命令进行缩放操作，效果如图8.33所示。

步骤03 在"图层"调板中选择"图层1"，然后将混合模式设置为"深色"，得到的效果如图8.34所示。

图8.33　移动、变换后的效果图

图8.34　最终效果图

案例小结

本案例通过为衣服更换图案，主要练习移动工具、变换命令和混合模式的使用方法。其中未练习到的知识，读者可根据"知识讲解"自行练习。

8.2 添加图层样式

在Photoshop CS4中，图层样式是十分实用的功能。图层样式可在不破坏图层像素的基础上，设置图像的各种特殊效果。

8.2.1 知识讲解

图层样式包括混合选项、投影、内阴影、外发光、内发光、斜面和浮雕、光泽、颜色叠加、渐变叠加、图案叠加和描边等11种样式。

在"图层"调板中双击目标图层右边的空白区域，或单击"图层"调板底部的"添加图层样式"按钮 ，即可弹出"图层样式"对话框，如图8.35所示。

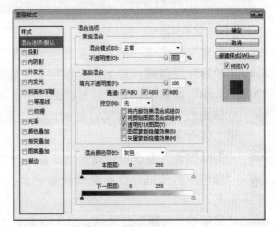

图8.35　"图层样式"对话框

> **技巧** 通过选择菜单栏上的"图层"→"图层样式"命令，在弹出的子菜单中选择相应的图层样式命令，即可为当前图层应用图层样式。

1. 混合选项

混合选项是图层样式的默认选项，在菜单栏上选择"图层"→"图层样式"→"混合选项"命令，在弹出的"对话框"中进行混合选项各参数的设置。

- **"常规混合"栏**：设置图层的"混合模式"和"不透明度"。
- **"高级混合"栏**：分别对图像的通道进行更详细的图层混合设置，其中主要包括"填充不透明度"、"通道"和"挖空"等的设置。
- **"混合颜色带"栏**：用来设置图层上图像像素的色阶显示范围。

2. "投影"样式

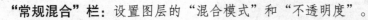
"投影"样式是经常使用的图层样式，它可以使平面的图像生成立体的效果，如图8.36所示。在菜单栏上选择"图层"→"图层样式"→"投影"命令，在弹出的对话框中进行设置，如图8.37所示，其中各参数选项的含义如下。

- **"混合模式"下拉列表框**：在该下拉列表框中选择投影图像和原图像间的混合模式。
- **"不透明度"数值框**：设置投影的不透明度。
- **"角度"数值框**：设置光照的方向，投影在该方向的对面出现。
- **"使用全局光"复选框**：选中该复选框，则指定图像中的所有图层均使用统一光线。

图8.36 投影效果

图8.37 "投影"参数选项

 "距离"数值框：用来设置投影和图像之间的距离。

 "扩展"数值框：用来设置图像与投影相叠处的边界范围。

 "大小"数值框：用来设置投影的模糊程度。

 "等高线"下拉列表框：用来设置投影时采用的等高线的样式，主要加强投影的不同立体效果。

 "消除锯齿"复选框：用来消除投影边缘的锯齿情况。

 "杂色"数值框：在生成的投影中加入杂色，产生特殊效果，其数值越大，效果越明显。

 "图层挖空投影"复选框：用来指定生成的投影是否与当前图像所在的图层相分离。

3. "内阴影"样式

"内阴影"样式是沿图像边缘向内产生投影的效果，如图8.38所示。在菜单栏上选择"图层"→"图层样式"→"内阴影"命令，在弹出的对话框中进行设置，如图8.39所示。其中各参数选项与"投影"样式的参数选项完全相同，这里就不再赘述。

图8.38 内阴影效果

图8.39 "内阴影"参数选项

4. "外发光"样式

"外发光"样式是沿图像或文字的外缘产生发光的效果，如图8.40所示。在菜单栏上选择"图层"→"图层样式"→"外发光"命令，在弹出的对话框中进行设置，如图8.41所示，其中各参数选项的含义如下。

 "方法"下拉列表框：在该下拉列表框中选择用于设置发光边缘的各种光源衰减模式。

 "范围"数值框：用来设置等高线的运用范围。

 "抖动"数值框：改变渐变的透明度与色彩产生部分随机变化的效果。

图8.40　外发光效果

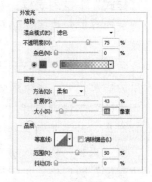

图8.41　"外发光"参数选项

5. "内发光"样式

"内发光"样式是沿图像或文字的边缘向内产生发光的效果，如图8.42所示。在菜单栏上选择"图层"→"图层样式"→"内发光"命令，在弹出的对话框中设置各参数选项即可，如图8.43所示。

图8.42　内发光效果

图8.43　"内发光"参数选项

6. "斜面和浮雕"样式

"斜面和浮雕"样式可以使图像边缘产生立体的倾斜效果，如图8.44所示。在菜单栏上选择"图层"→"图层样式"→"斜面和浮雕"命令，在弹出的对话框中进行设置，如图8.45所示。其中各参数选项的含义如下。

图8.44　斜面和浮雕效果

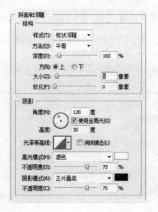

图8.45　"斜面和浮雕"参数选项

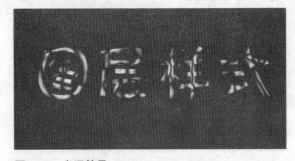 **"样式"下拉列表框**：在该下拉列表中提供了多种形态。其中"外斜面"选项表示在图层内容的外边缘建立斜角效果；"内斜面"选项表示在图层图像的内边缘建立斜角效果；"浮雕效果"选项表示可产生一种凸出于图像平面的效果；"枕状浮雕"选项表示可产生一种凹陷于图像内部的效果；"描边浮雕"选项表示在指定的图层中所套用的描边效果，边缘建立浮雕。

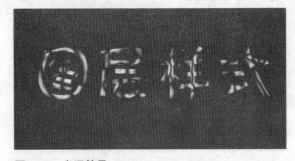 **"方法"下拉列表框**：在该下拉列表中提供了3种浮雕效果。其中"平滑"选项表示可产生一种平滑的浮雕效果；"雕刻清晰"选项表示可产生一种生硬的雕刻效果；"雕刻柔和"选项表示可产生一种柔和的雕刻效果。

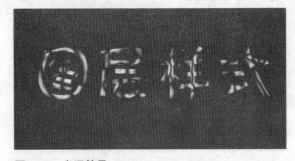 **"深度"数值框**：用于设置斜面和浮雕效果的深浅程度。

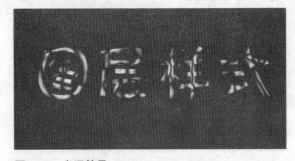 **"方向"栏**：用于设置高光区和阴影区的位置。

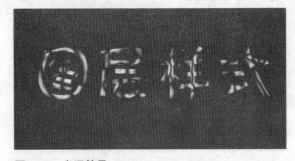 **"高度"数值框**：用于设置光源的高度。

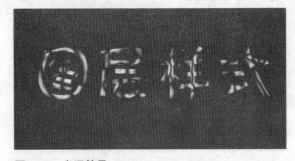 **"高光模式"下拉列表框**：用于设置高光区域的混合模式。

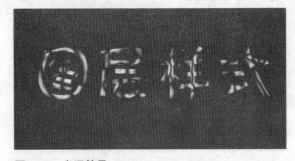 **"阴影模式"下拉列表框**：用于设置阴影区域的混合模式。

7. "光泽"样式

"光泽"样式是在图像上填充颜色并在边缘部分产生柔化的效果，如图8.46所示。在菜单栏上选择"图层"→"图层样式"→"光泽"命令，在弹出的对话框中进行混合模式、颜色、不透明度、角度、距离、等高线等设置，如图8.47所示。

图8.46　光泽效果

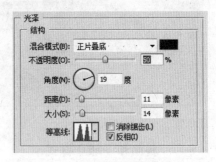

图8.47　"光泽"参数选项

8. "颜色叠加"样式

"颜色叠加"样式可以直接在图像上填充纯色，如图8.48所示。在菜单栏上选择"图层"→"图层样式"→"颜色叠加"命令，在弹出的对话框中设置颜色叠加的各项参数，其中包括颜色的混合模式和不透明度等，如图8.49所示。

图8.48　颜色叠加效果

图8.49　"颜色叠加"参数选项

9. "渐变叠加"样式

"渐变叠加"样式可以直接在图像中填充渐变颜色，如图8.50所示。在菜单栏上选择"图层"→"图层样式"→"渐变叠加"命令，在弹出的对话框中设置渐变颜色、样式、角度和缩放等参数选项，如图8.51所示。

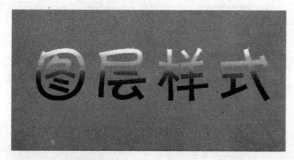

图8.50　渐变叠加效果

图8.51　"渐变叠加"参数选项

10. "图案叠加"样式

"图案叠加"样式就是使用一种图案覆盖在图像表面上，如图8.52所示。在菜单栏上选择"图层"→"图层样式"→"图案叠加"命令，在弹出的对话框中设置混合模式、不透明度和图案等参数选项，如图8.53所示。

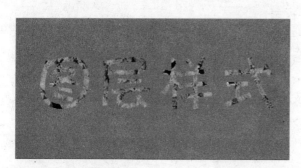

图8.52　图案叠加效果

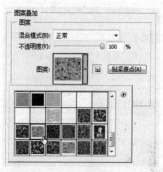

图8.53　"图案叠加"参数选项

11. "描边"样式

"描边"样式主要是为图像边缘填充一种颜色，如图8.54所示。在菜单栏上选择"图层"→"图层样式"→"描边"命令，在弹出的对话框中对描边结构和填充类型进行设置即可，如图8.55所示。

图8.54　描边效果

图8.55　"描边"参数选项

案例目标

本案例将制作如图8.56所示的水晶字，主要练习文字工具和图层样式的设置与应用。

效果图位置： 第8课\源文件\水晶字.psd

操作思路：

- 新建图像文件，然后使用文字工具输入"水晶字"文字。

图8.56　水晶字

- 使用图层样式对文字进行设置，然后保存为"水晶字.psd"文件。

案例目标

其具体操作步骤如下：

步骤01 在菜单栏上选择"文件"→"新建"命令，在弹出的"新建"对话框中设置长为"400像素"，宽为"200像素"，分辨率为"72像素/英寸"，然后单击"确定"按钮，如图8.57所示。

步骤02 单击工具箱中的"文字工具"按钮 T ，然后在工具属性栏中设置字体为"汉仪秀英体简"、大小为"120点"、颜色为"黑色"，并输入文字"水晶字"，如图8.58所示。

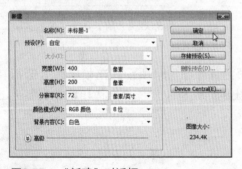

图8.57　"新建"对话框

图8.58　创建文字

步骤03 在"图层"调板中双击"水晶字"图层，即可弹出"图层样式"对话框。

步骤04 在左侧选中"阴影"复选框，在其参数选项面板中设置颜色为"R：204、G：204、B：153"，距离为"11像素"，大小为"13像素"，如图8.59所示。

步骤05 在左侧选中"内阴影"复选框，在其参数选项面板中设置颜色为"R：255、G：255、B：102"，不透明度为"69%"，距离为"14像素"，大小为"25像素"，如图8.60所示。

图8.59　设置阴影后的效果　　　　图8.60　设置内阴影后的效果

步骤06 选中"内发光"复选框，在其参数选项面板中设置混合模式为"滤色"，不透明度为"100%"，方法为"柔和"，阻塞为"73%"，大小为"120像素"，如图8.61所示。

步骤07 选中"斜面和浮雕"复选框，在参数选项面板中设置深度为"100%"，大小为"5像素"，软化为"0像素"，光泽等高线为"环形-双"，颜色为"R：153、G：255、B：102"，如图8.62所示。

图8.61　设置内发光后的效果　　　　图8.62　设置斜面和浮雕后的效果

步骤08 单击"确定"按钮，即可完成水晶字的制作，然后将文件保存为"水晶字.psd"。

案例小结

本案例通过制作水晶字，主要练习文字工具的使用和图层样式的设置等知识。从文字的制作过程中可以看出，一个图层可根据需要应用多种不同的图层样式。

8.3　管理图层样式效果

对于添加了图层样式效果的图层，用户可对其进行查看和在原图层样式的基础上快速编辑图层样式。

8.3.1　知识讲解

管理图层样式包括复制和粘贴图层样式、隐藏和删除图层样式以及缩放图层样式，下面将详细介绍这些内容。

1. 复制和粘贴图层样式

复制和粘贴图层样式是将图层样式复制到当前文件的其他图层或其他图像文件的图层中，以节省重新创建图层样式的时间。复制图层样式的操作方法有以下两种。

 在添加了图层样式的图层上单击鼠标右键，在弹出的快捷菜单中选择"拷贝图层样式"命令，然后在需要粘贴图层样式的图层上单击鼠标右键，在弹出的快捷菜单中选择"粘贴图层样式"命令即可。

将鼠标指针移动到添加了图层样式的图层中的█标记上，按下"Alt"键的同时，用鼠标将其拖至需要应用该图层样式的图层上，释放鼠标后即可将该图层中所有的图层样式复制到目标图层中。

> **注意**：如果源图层中有多种类型的图层样式，而用户只需要复制其中的一种样式到目标图层中，这时可展开所有的图层样式名称，按下"Alt"键的同时将需要复制的样式名称拖至目标图层即可。

2. 隐藏和删除图层样式

在"图层"调板中如果不需要应用图层样式，可选择将其隐藏或删除，隐藏或删除图层样式的操作方法如下。

隐藏图层样式：在"图层"调板中展开所应用的图层样式，单击需要隐藏的图层样式名称前的●按钮，即可将该效果隐藏，如图8.63所示；单击图层前面的●按钮，可隐藏图层和图层中所有的图层样式，如图8.64所示。

删除图层样式：在"图层"调板中将需要删除的图层样式名称拖至"删除图层"按钮🗑上，释放鼠标即可；将整个图层拖至"删除图层"按钮🗑上，释放鼠标后可删除图层和图层中所有的图层样式，如图8.65所示。

　　　　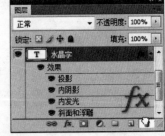

　图8.63　隐藏样式　　　　　图8.64　隐藏所有图层样式　　　图8.65　删除图层样式

3. 缩放图层样式

缩放图层样式用于缩放图层样式中的所有效果，但对图像不产生影响。在Photoshop CS4中，选择需要缩放的图层后，在菜单栏上选择"图层"→"图层样式"→"缩放效果"命令，在弹出的"缩放图层效果"对话框中输入缩放数值，然后单击"确定"按钮即可。

案例目标

本案例将制作如图8.66所示的文字效果，主要练习文字工具的使用及变形文字、图层样式复制和粘贴等操作。

效果图位置：第8课\源文件\粘贴图层样式效果图.psd

图8.66　粘贴图层样式效果图

操作思路：

🖂 新建图像文件，然后使用横排文字工具创建"Computer"文字，并设置该文字的属性。

🖂 打开"水晶字.psd"文件，在"图层"调板中选择"水晶字"图层，然后单击鼠标右键，在弹出的快捷菜单中选择"拷贝图层样式"命令。

🖂 在"图层"调板中选择"Computer"图层，然后单击鼠标右键，在弹出的快捷菜单中选择"粘贴图层样式"命令即可。

🖂 复制"Computer"图层，执行变换命令使其垂直翻转，然后进行移动并设置其不透明度。

操作步骤

其具体操作步骤如下：

步骤01　在菜单栏上选择"文件"→"新建"命令，在弹出的"新建"对话框中设置长为"600像素"，宽为"200像素"，分辨率为"72像素/英寸"，然后单击"确定"按钮，如图8.67所示。

步骤02　单击工具箱中的"横排文字工具"按钮 **T**，在图像窗口中输入文本"Computer"。

步骤03　选择该文本，在工具属性栏中设置字体为"汉仪方隶简"、字号为"80点"、文本颜色为"黑色"，如图8.68所示。

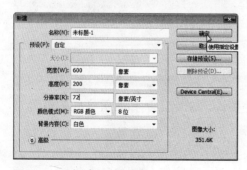

图8.67　"新建"对话框

Computer

图8.68　创建文字

步骤04 单击工具属性栏中的"创建文字变形"按钮
![icon]，在弹出的"变形文字"对话框中设置样
式为"上弧"，选中"水平"单选按钮，设
置弯曲为"50%"，然后单击"确定"按钮，
如图8.69所示。

图8.69　"变形文字"对话框

步骤05 打开"水晶字.psd"图像文件，在"图层"
调板的"水晶字"图层上单击鼠标右键，在
弹出的快捷菜单中选择"拷贝图层样式"命
令，如图8.70所示。

步骤06 在"图层"调板中选择"Computer"图层，单击鼠标右键，在弹出的快捷菜单
中选择"粘贴图层样式"命令即可，效果如图8.71所示。

图8.70　拷贝图层样式

图8.71　粘贴图层样式后的效果图

步骤07 拖动"Computer"图层至调板底部的"创建新图层"按钮![icon]上，这时将复制
一个图层的副本。

步骤08 在菜单栏上选择"编辑"→"变换"→"垂直翻转"命令，然后使用"移动工
具"![icon]将图像文字下移，并设置其不透明度为"34%"。

步骤09 制作完成后，将文件保存为"粘贴图层样式效果图.psd"。

案例小结

　　本案例通过制作文字效果，主要练习了创建文字、设置文字属性、变形文字、拷贝
图层样式、粘贴图层样式、变换图像和设置不透明度等知识点。

8.4　上机练习

8.4.1　制作金属文字

　　本次练习将制作如图8.72所示的金属字，主要练习文字工具和图层样式的设置与
应用。

　　效果图位置： 第8课\源文件\金属字.psd

　　制作思路：

- 新建图像文件，然后使用文字工具输入"金属"文字。
- 选择"金属"文字，设置字体为"汉仪方隶简"，字号为"120点"，颜色为"R：255、G：204、B：0"。
- 在"图层样式"对话框中设置"渐变叠加"，其中不透明度设为"50%"。

图8.72　金属文字

- 在"斜面和浮雕"面板中设置样式为"内斜面"，方法为"雕刻清晰"，深度为"1000%"，大小为"40像素"，光泽等高线为"线性"，阴影模式下的不透明度为"60%"。

8.4.2　制作水晶球

本次练习将制作如图8.73所示的水晶球，主要练习形状工具、选区工具、画笔工具和图层样式的设置与应用。

效果图位置：第8课\源文件\水晶球.psd

制作思路：

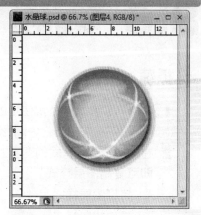

图8.73　水晶球

- 新建图像文件，然后使用"圆形工具"按钮 ⬭ 绘制圆形并填充其前景色为"R：153、G：255、B：255"。
- 在"图层样式"调板的"投影"面板中设置距离为"5像素"，大小为"9像素"。
- 在"内阴影"面板中设置颜色为"R：51、G：153、B：255"，距离为"11像素"，大小为"87像素"。
- 在"内发光"调板中设置颜色为"R：51、G：153、B：255"，阻塞为"11%"，大小为"9像素"。
- 在"斜面和浮雕"面板中设置深度为"81%"，大小为"0像素"，软化为"16像素"，高光模式下的不透明度为"100%"。
- 新建"图层2"，使用椭圆工具绘制圆的高光部分，然后使用模糊工具进行涂抹。
- 复制"图层2"中的图像，然后使用变换图像命令对复制的图像进行移动和缩放操作。
- 在"图层"调板中设置"图层2"和"图层2副本"的不透明度分别为"23%"和"40%"。
- 新建"图层3"，使用椭圆选框工具创建椭圆选区并填充为白色。
- 向右移动选区，然后在"图层"调板中选择"图层3"并按"Delete"键进行删除，设置不透明度为"70%"。
- 复制"图层3"，然后进行旋转、变换和设置不透明度，最后使用画笔工具绘制闪光点。

8.5 疑难解答

问： 为什么设置混合模式为"溶解"时，产生的效果图不发生变化？

答： 这是因为"溶解"混合模式是根据像素位置的不透明度来改变结果色的，因此要产生不同的效果，就必须调整图层的不透明度才能实现。

问： 图层样式中的"描边"样式和"编辑"菜单栏中的"描边"命令有什么区别吗？

答： 当然有区别。图层样式中的"描边"样式是直接应用在图层中的，与是否建立选区无关，并且可随时修改描边的设置；"编辑"菜单栏中的"描边"命令可以作用于整个图层，也可以仅在选区上描边，但设置好的描边不能进行修改。

8.6 课后练习

选择题

1 （　　）样式是经常使用的图层样式，它可以使平面的图像生成立体的效果。

    A．投影　　　　B．内阴影　　C．斜面和浮雕　　　　D．光泽

2 在添加了图层样式的图层上单击鼠标右键，在弹出的快捷菜单中选择（　　）命令即可复制图层样式。

    A．拷贝图层样式　　　　　　　　B．粘贴图层样式

    C．移动图层样式　　　　　　　　D．删除图层样式

3 下面（　　）是图层的混合模式。

    A．颜色减淡　　B．溶解模式　　C．正片叠底　　　　D．叠加模式

问答题

1 Photoshop CS4提供的图层混合模式有哪些？

2 简述如何添加图层的"斜面和浮雕"效果。

3 管理图层样式效果主要包括哪些操作？

上机题

1 参照本课所学的知识，制作如图8.74所示的VIP会员卡。

    素材位置： 第8课\素材\会员卡背景图.jpg

    效果图位置： 第8课\源文件\vip会员卡.psd

图8.74　VIP会员卡

提示：

- 打开素材文件，然后使用文字工具输入文字。
- 为文字图层设置描边、光泽、渐变叠加、斜面和浮雕、投影等图层样式。
- 设置文字图层的混合模式。

2 参照本课所学的知识，制作如图8.75所示的苹果笑脸。

素材位置： 第8课\素材\苹果.jpg

效果图位置： 第8课\源文件\苹果鬼脸.psd

提示：

- 打开素材文件，然后使用画笔工具绘制苹果的眼睛和嘴巴。

- 为图层设置斜面和浮雕、颜色叠加和描边等图层样式。

图8.75　苹果鬼脸

第9课

图像色调和色彩调整

▼ **本课要点**
调整图像色调
调整图像色彩
调整图像的特殊颜色

▼ **具体要求**
掌握调整图像色调的方法
掌握调整图像色彩的方法
掌握调整图像特殊颜色的方法

▼ **本课导读**
Photoshop CS4中提供了多种调整图像色调和色彩的方法，通过这些方法可以方便地调整图像，从而使图像的色彩更符合用户需要。本课主要介绍调整图像色调、调整图像色彩和调整图像的特殊颜色等知识。

9.1 调整图像色调

调整图像色调主要是对图像的明暗程度进行调整，当图像显得比较暗时，可以将其变亮，当其颜色过亮时可以将其变暗。

9.1.1 知识讲解

调整图像色调可通过调整色阶、自动色阶、自动对比度、色彩平衡、亮度/对比度、曲线、阴影/高光和曝光度来实现，下面将详细介绍这些方法。

1. 色阶

通过"色阶"命令，可以自定义调整图像的阴影、中间色调和高光色调。在菜单栏上选择"图像"→"调整"→"色阶"命令，在弹出的"色阶"对话框中进行设置，其中各参数选项的含义如下。

 "通道"下拉列表框：在该下拉列表框中选择用于调整的颜色通道。

 "输入色阶"直方图：用于设置图像的暗部色调、中间色调和亮度色调，在对应的数值框中分别输入数值或拖动直方图底部的滑块都可调整色调。

 "输出色阶"色条：用于设置调整图像的亮度和对比度，其中色条最左侧的黑色滑块表示图像的最暗值，右侧的无色滑块表示图像中的最亮值。

下面对如图9.1所示的图像进行色阶调整，效果如图9.2所示。

图9.1　原图

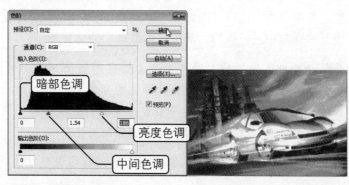

图9.2　调整后的效果图

 在菜单栏上选择"图像"→"自动色调"命令，系统将自动调整图像的明暗度，它通过定义每个颜色通道中的阴影和高光区域，将最亮和最暗的像素分别映射到纯白和纯黑的程度。

2. 色彩平衡

"色彩平衡"命令可以增加或减少图像中的颜色，从而使图像整体色调更加平衡。在菜单栏上选择"图像"→"调整"→"色彩平衡"命令，在弹出的"色彩平衡"对话框中进行设置，其中各参数选项的含义如下。

- **"色彩平衡"栏**：用于设置图像在阴影、中间调或高光部分的平衡效果，在数值框中输入数值或调整滑块来控制图像中各主要色彩的增减范围。
- **"色调平衡"栏**：设置需要进行调整的色彩范围，其中包括"阴影"、"中间调"和"高光"单选按钮及"保持明度"复选框。

下面将如图9.3所示的图像进行色彩平衡调整，调整后的效果如图9.4所示。

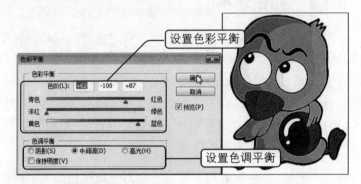

设置色彩平衡

设置色调平衡

图9.3　原图　　　　　　　　图9.4　调整色彩平衡后的效果图

 在菜单栏上选择"图像"→"自动颜色"命令，系统将自动调整图像的对比度和颜色，它通过搜索图像来标识阴影、中间调和高光区域。

3. 亮度/对比度

"亮度/对比度"命令主要用于调整图像的亮度和对比度，从而实现对图像色调的调整。在菜单栏上选择"图像"→"调整"→"亮度/对比度"命令，在弹出的"亮度/对比度"对话框中进行设置，其中各参数选项的含义如下。

- **"亮度"数值框**：用于增加或降低图像的亮度。当数值为负数时，降低图像的亮度；当数值为正数时，提高图像的亮度。
- **"对比度"数值框**：用于设置像素间的对比效果。当数值为负数时，降低图像的对比度；当数值为正数时，提高图像的对比度。

下面将如图9.5所示的图像进行亮度/对比度调整，效果如图9.6所示。

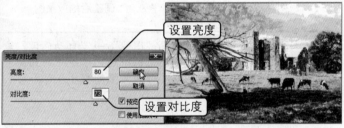

设置亮度

设置对比度

图9.5　原图　　　　　　　　图9.6　调整亮度/对比度后的效果图

 在菜单栏上选择"图像"→"自动对比度"命令，系统将自动调整图像色彩的对比度。它通过定义图像中的阴影和高光区域，将剩余区域的最亮和

Photoshop CS4图像处理培训教程

最暗像素分别映射到纯白和纯黑的程度，从而使图像中的高光更亮，阴影更暗。

4. 曲线

"曲线"命令主要是对图像的明暗度、对比度和色彩等进行自定义调整。在菜单栏上选择"图像"→"调整"→"曲线"命令或按下"Ctrl+M"组合键，即可弹出"曲线"对话框，其中各参数选项的含义如下。

 "通道"下拉列表框：在该下拉列表框中选择用于调整的颜色通道。

 曲线调整框：在该调整框中，水平轴代表图像原来的亮度值，即输入值。垂直轴代表调整后的亮度值，即输出值。

 "曲线工具"按钮 〜：单击该按钮，可以改变图像的亮度、对比度和色彩等。

 "铅笔工具"按钮 ✐：单击该按钮，可以在曲线调整框中绘制自由形状的色调曲线。

 默认状态下，向上拖动曲线可增加图像的亮度，向下拖动曲线可降低图像的亮度。在曲线上单击可增加一个控制点，以便更精确地调整图像。将控制点拖出曲线调整框，可删除该控制点。

下面将如图9.7所示的图像进行曲线调整，调整后的效果如图9.8所示。

图9.7　原图

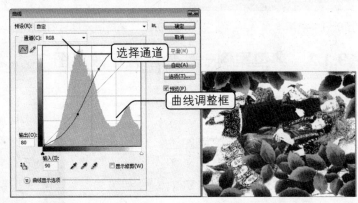

图9.8　调整曲线后的效果图

5. 阴影/高光

"阴影/高光"命令用于增加图像中阴影的亮度，同时降低图像中高光的亮度，以调整图像中的阴影和高光区域。在菜单栏上选择"图像"→"调整"→"阴影/高光"命令，即可弹出"阴影/高光"对话框，其中各参数选项的含义如下。

 "阴影"数值框：用于增加或降低图像中的暗部色调。

 "高光"数值框：用于增加或降低图像中的高光部分。

下面将如图9.9所示的图像进行阴影/高光调整，调整后的效果如图9.10所示。

图9.9　原图

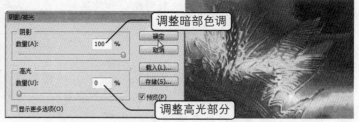

图9.10　调整阴影/高光后的效果图

6. 曝光度

"曝光度"命令用于调整图像的曝光值。在菜单栏上选择"图像"→"调整"→"曝光度"命令，在弹出的"曝光度"对话框中进行设置。下面将如图9.11所示的图像进行曝光度调整，调整后的效果如图9.12所示。

图9.11　原图　　　　　　　图9.12　调整曝光度后的效果图

9.1.2　典型案例——处理客厅效果图

案例目标

本案例将对客厅效果图进行后期处理，主要练习色阶、色彩平衡、移动工具、变换命令和不透明度等的设置和应用，处理后的效果如图9.13所示。

素材位置： 第9课\素材\客厅.jpg、植物.jpg、植物1.jpg

效果图位置： 第9课\源文件\客厅.psd

操作思路：

图9.13　处理后的效果图

- 📧 分别打开素材"客厅.jpg"、"植物.jpg"和"植物1.jpg"图像文件。
- 📧 在"客厅.jpg"图像窗口中通过"色阶"命令进行设置。
- 📧 使用移动工具，将"植物.jpg"和"植物1.jpg"图像文件中的植物拖动到"客厅.jpg"窗口上。
- 📧 复制"植物.jpg"和"植物1.jpg"图像文件，并将其进行垂直翻转。
- 📧 设置不透明度，然后进行保存即可。

其具体操作步骤如下：

步骤01 分别打开素材"客厅.jpg"、"植物.jpg"和"植物1.jpg"图像文件，如图9.14、图9.15和图9.16所示。

图9.14　客厅原图　　　　　　　图9.15　植物　　　　　　　图9.16　植物1

步骤02 在图像窗口中选择"客厅.jpg"图像文件，在菜单栏中选择"图像"→"调整"→"色阶"命令，在弹出的"色阶"对话框中设置中间色调为"1.63"，高光色调为"227"，然后单击"确定"按钮，如图9.17所示。

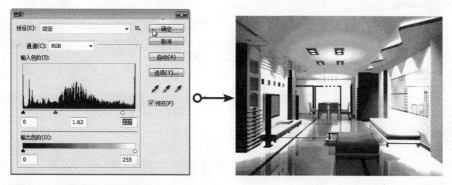

图9.17　调整色阶后的效果图

步骤03 在菜单栏上选择"图像"→"调整"→"色彩平衡"命令，在弹出的"色彩平衡"对话框中设置色阶为"12、22、39"，然后单击"确定"按钮，如图9.18所示。

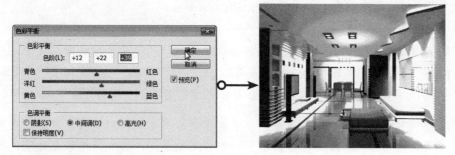

图9.18　调整色彩平衡后的效果图

步骤04 单击工具箱中的"魔术棒工具"按钮 ，然后在"植物.jpg"、"植物1.jpg"
图像窗口中对植物创建选区，并将其拖动到"客厅.jpg"窗口中。

步骤05 使用变换命令对植物进行缩放，然后将植物进行复制并垂直翻转，如图9.19
所示。

步骤06 使用移动工具将植物拖动到适当位置，然后在"图层"调板中设置不透明度为
"40%"，如图9.20所示。

步骤07 设置完成后，对图像文件进行保存。

图9.19　移动植物后的效果图

图9.20　最终效果图

案例小结

本案例通过对客厅效果图进行后期处理，主要练习设置色阶、设置色彩平衡、使用移
动工具、使用变换命令和设置不透明度等操作。其中未练习到的知识，读者可根据"知识
讲解"自行练习。

9.2　调整图像色彩

在Photoshop CS4中，调整图像色彩可以使图像的颜色更加鲜艳、逼真，下面将详细
介绍这些内容。

9.2.1　知识讲解

调整图像色彩包括调整色相/饱和度、自然饱和度、匹配颜色、替换颜色、可选颜
色、通道混合器、渐变映射、照片滤镜和变化等。

1. 色相/饱和度

"色相/饱和度"命令可以调整图像整体或单个颜色的色相、饱和度和亮度，从而实
现图像色彩的改变。在菜单栏上选择"图像"→"调整"→"色相/饱和度"命令，在弹
出的"色相/饱和度"对话框中进行设置，其中各参数选项的含义如下。

☁ **"编辑"下拉列表框：** 在该下拉列表中选择允许调整的色彩范围。其中"全图"选
项可调整整个图像中所有色彩的色相、饱和度和亮度；选择其他颜色选项，可调整
图像中相应的颜色。

"色相"数值框： 用于控制图像中的色相，其取值范围是-180~180。

 "饱和度"数值框： 用于控制图像中的饱和度，其取值范围是-100~100。

 "明度"数值框： 用于控制图像中的明度，其取值范围是-100~100。

 "着色"复选框： 选中该复选框后，可使图像变为灰度或单色图像。

下面将如图9.21所示的图像进行色相/饱和度调整，调整后的效果如图9.22所示。

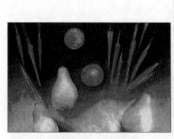
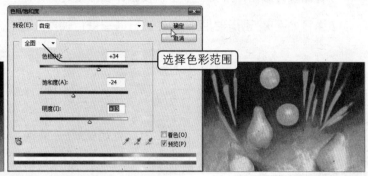

图9.21　原图　　　　　　　　图9.22　调整色相/饱和度后的效果图

2.　自然饱和度

"自然饱和度"命令是通过调整饱和度，从而使颜色接近最大饱和度时最大限度地减少修剪，还可防止肤色过度饱和。在菜单栏上选择"图像"→"调整"→"自然饱和度"命令，在弹出的"自然饱和度"对话框中进行设置，然后单击"确定"按钮即可。下面将如图9.23所示的图像进行自然饱和度调整，调整后的效果如图9.24所示。

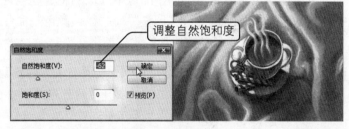

图9.23　原图　　　　　　　　图9.24　调整自然饱和度后的效果图

3.　匹配颜色

"匹配颜色"命令可以在当前图像与指定的另一个图像之间进行色彩匹配，从而使两个图像的颜色达到协调统一。在菜单栏上选择"图像"→"调整"→"匹配颜色"命令，在弹出的"匹配颜色"对话框中进行设置，其中各参数选项的含义如下。

 "目标图像"栏： 用于显示当前图像文件的名称。

 "应用调整时忽略选区"复选框： 选中该复选框，则忽略图层中的选区，而把调整应用到整个目标图层上。

 "亮度"数值框： 该数值框用于控制图像的亮度。

 "颜色强度"数值框： 该数值框用于控制图像匹配颜色的强弱。

 "渐隐"数值框： 该数值框用于控制匹配颜色后的效果。

📧 **"中和"复选框**：选中该复选框，则将两幅图像的中性色进行匹配。

📧 **"源"下拉列表框**：选择要将其颜色匹配到目标图像中的源图像。若选择"无"选项，则可以根据不同的图像来计算色彩调整度，这时目标图像和源图像是相同的。

📧 **"载入统计数据"按钮**：单击该按钮，在弹出的"载入"对话框中载入已存储的设置文件。

📧 **"存储统计数据"按钮**：单击该按钮，在弹出的"存储"对话框中对文件进行保存。

下面将如图9.25所示的图像文件进行匹配颜色调整，调整后的效果如图9.26所示。

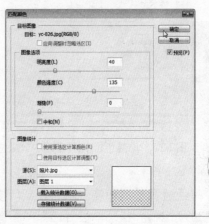

图9.25　原图　　　　　图9.26　调整匹配颜色后的效果图

4．替换颜色

"替换颜色"命令用于调整图像中选取的特定颜色区域的色相、饱和度和亮度值。在菜单栏中选择"图像"→"调整"→"替换颜色"命令，在弹出的"替换颜色"对话框中进行设置，其中各参数选项的含义如下。

📧 **吸管按钮组**：用于拾取颜色，其中 ✒ 按钮表示在图像上单击取样颜色；✒ 按钮表示将在图像上单击的颜色添加到取样后的色彩范围中；✒ 按钮表示将在图像上单击的颜色从取样后的色彩范围中减去。

📧 **"颜色容差"数值框**：用于调整替换颜色的图像范围，其中的数值越大，被替换颜色的图像区域就越大。

📧 **"选区"单选按钮**：选择该单选按钮，则在预览框中显示相应的原图像。

📧 **"图像"单选按钮**：选择该单选按钮，则在预览框中以黑白选区蒙版方式显示图像。

📧 **"替换"栏**：用于调整所替换颜色的色相、饱和度和明度。

下面将如图9.27所示的图像进行替换颜色调整，调整后的效果如图9.28所示。

5．可选颜色

"可选颜色"命令可以对图像中的某种颜色进行调整，而不影响其他的颜色。在菜单栏上选择"图像"→"调整"→"可选颜色"命令，在弹出的"可选颜色"对话框中进行设置，其中各参数选项的含义如下。

📧 **"颜色"下拉列表框**：在该下拉列表中选择要调整的颜色。

图9.27 原图　　　　　　　　　　　　　图9.28 调整替换颜色后的效果图

 颜色滑块：用于为选择的颜色增加或减少当前颜色，颜色滑块包括青色、洋红、黄色和黑色4个。

 "相对"单选按钮：选择该单选按钮，则表示按CMYK总量的百分比来调整颜色。

 "绝对"单选按钮：选择该单选按钮，则表示按CMYK总量的绝对值来调整颜色。

下面将如图9.29所示的图像文件进行可选颜色调整，调整后的效果如图9.30所示。

图9.29 原图　　　　　　　　　　　　　图9.30 调整可选颜色后的效果图

6. 通道混合器

"通道混合器"命令用于改变各种颜色通道的百分比，而且可通过"预设"选项轻松实现高品质的灰度图像或棕褐色调图像。在菜单栏上选择"图像"→"调整"→"通道混合器"命令，在弹出的"通道混合器"对话框中进行设置，其中各参数选项的含义如下。

 "预设"下拉列表框：系统提供了6种灰度的通道混合器预设。

 "输出通道"下拉列表框：在该下拉列表中选择要进行色彩调节的通道。

 "常数"数值框：用于调整通道的互补颜色成分。其中的数值为负值时增加互补色，为正值时减少互补色。

 "单色"复选框：选中该复选框后，可在不改变图像色彩模式的基础上，使当前图像变为灰度图。

下面将如图9.31所示的图像文件进行通道混合器调整，调整后的效果如图9.32所示。

图9.31　原图　　　　　　　　　　图9.32　调整通道混合器后的效果图

7．渐变映射

"渐变映射"命令是以图像的灰度值作为依据，将所设置的渐变颜色映射到图像上，从而使图像产生一种特殊的色彩效果。在菜单栏上选择"图像"→"调整"→"渐变映射"命令，在弹出的"渐变映射"对话框中进行设置，其中各参数选项的含义如下。

☁ **"灰度映射所用的渐变"栏**：单击其下方的颜色显示条，在弹出的"渐变编辑器"对话框中可选择系统提供的渐变色样或对渐变颜色进行自定义设置。

☁ **"仿色"复选框**：选中该复选框，可实现抖动渐变映射效果。

☁ **"反向"复选框**：选中该复选框，可实现反向的渐变映射效果。

下面将如图9.33所示的图像文件进行渐变映射调整，调整后的效果如图9.34所示。

图9.33　原图　　　　　　　　　　图9.34　调整渐变映射后的效果图

8．照片滤镜

"照片滤镜"命令模拟传统的光学滤镜特效，可使图像呈现冷、暖色调以及其他的色调。在菜单栏上选择"图像"→"调整"→"照片滤镜"命令，在弹出的"照片滤镜"对话框中进行设置，其中各参数选项的含义如下。

☁ **"滤镜"单选按钮**：在其右侧的下拉列表中选择预置滤镜中的一种，可以调整图像中白色平衡的色彩转换或以较小幅度调整图像色彩质量的光线平衡滤镜。

☁ **"颜色"单选按钮**：选择该单选按钮并单击其右侧的颜色块，在弹出的"拾色器"对话框中可选择所用滤镜的颜色，从而使图像呈现其他颜色的色调。

☁ **"浓度"数值框**：用于控制着色的强度，其中的数值越大，滤色效果就越明显。

📩 **"保留明度"复选框**：选中该复选框后，可以使图像不会因为添加了色彩滤镜而改变亮度。

下面将如图9.35所示的图像文件进行照片滤镜调整，调整后的效果如图9.36所示。

图9.35　原图　　　　　　　　图9.36　调整照片滤镜后的效果图

9．变化

"变化"命令通过显示图像的不同色调缩略图，为调整色彩平衡、对比度和饱和度提供了一个直观的对比窗口，并自动筛选出最恰当的变化方式。在菜单栏上选择"图像"→"调整"→"变化"命令，在弹出的"变化"对话框中进行设置，其中各参数选项的含义如下。

 "阴影"单选按钮：选择该单选按钮，则将对图像中的阴影区域进行调整。

 "中间色调"单选按钮：选择该单选按钮，则将对图像中的中间色调区域进行调整。

 "高光"单选按钮：选择该单选按钮，则将对图像中的高光区域进行调整。

 "饱和度"单选按钮：选择该单选按钮，则将对整个图像的饱和度进行调整。

下面将如图9.37所示的图像文件进行变化调整，调整后的效果如图9.38所示。

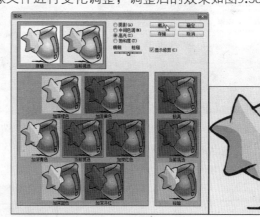

图9.37　原图　　　　　　　图9.38　调整变化后的效果图

9.2.2　典型案例——为照片着色

本案例将为黑白照片添加颜色，主要练习创建选区、设置色彩平衡和色相/饱和度等

操作，调整后的效果如图9.39所示。

　　素材位置：第9课\素材\植物照片.jpg

　　效果图位置：第9课\源文件\植物照片.psd

　　操作思路：

图9.39　植物照片.psd

📩 打开"植物照片.jpg"图像文件，然后创建选区。

📩 在"色彩平衡"对话框中进行设置，单击"确定"按钮后将选区反向选择。

📩 在"色彩平衡"对话框中进行设置，取消选区。

📩 在"色相/饱和度"对话框中设置色相、饱和度和明度，然后进行保存。

操作步骤

其具体操作步骤如下：

步骤01 打开"植物照片.jpg"图像文件，如图9.40所示。

步骤02 单击工具箱中的"磁性套索工具"按钮📌，然后在图像中创建花朵选区，如图9.41所示。

图9.40　原图

图9.41　创建选区

步骤03 在菜单栏上选择"图像"→"调整"→"色彩平衡"命令，在弹出的"色彩平衡"对话框中设置色阶为"68、-81、0"，如图9.42所示。

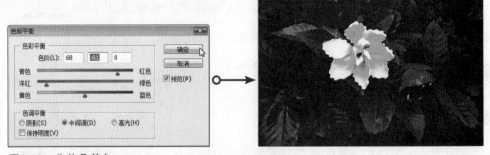

图9.42　为花朵着色

步骤04 单击"确定"按钮，在菜单栏上选择"选择"→"反向"命令，将选区进行反向选择。

步骤05 在菜单栏上选择"图像"→"调整"→"色彩平衡"命令，在弹出的"色彩平衡"对话框中设置色阶为"36、100、−22"，如图9.43所示。

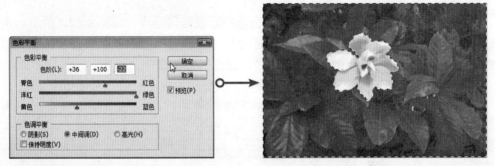

图9.43 在花朵的周围进行着色

步骤06 单击"确定"按钮，然后按下"Ctrl+D"组合键取消选区。

步骤07 在菜单栏上选择"图像"→"调整"→"色相/饱和度"命令，在弹出的"色相/饱和度"对话框中设置色相为"6"、饱和度为"35"、明度为"−14"，如9.44所示。

步骤08 单击"确定"按钮，将图像保存为"植物照片.psd"文件。

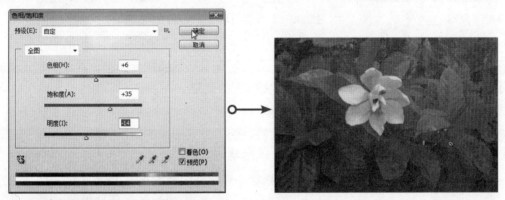

图9.44 调整色相/饱和度后的效果图

案例小结

　　本案例通过为照片着色，主要练习选区工具的使用和色彩平衡、色相/饱和度等命令的操作，其中未练习到的知识，读者可根据"知识讲解"自行练习。

9.3 调整图像的特殊颜色

　　在Photoshop CS4中除了前面介绍的调整图像颜色外，还可以通过调整图像的特殊颜色来使图像颜色更加生动。

　　调整图像的特殊颜色主要包括黑白、去色、反相、色调均化、阈值和色调分离等操作，下面将详细介绍这些内容。

1. 黑白

　　"黑白"命令主要用来调整图像的黑白效果。使用该命令可以根据原图的不同色彩进行黑白效果的调整。在菜单栏上选择"图像"→"调整"→"黑白"命令，在弹出的"黑白"对话框中设置颜色滑块，然后单击"确定"按钮即可。

　　下面将如图9.45所示的图像进行黑白调整，调整后的效果如图9.46所示。

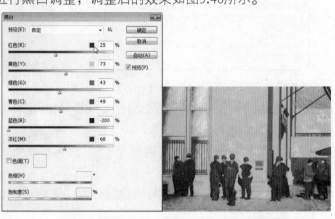

图9.45　原图　　　　　　　　　　图9.46　调整黑白后的效果图

2. 去色

　　"去色"命令用于去掉图像的颜色，只显示具有明暗的灰度颜色。在菜单栏上选择"图像"→"调整"→"去色"命令即可完成去色调整。

3. 反相

　　"反相"命令是将图像的色彩进行反转，而不丢失图像的颜色信息。在菜单栏上选择"图像"→"调整"→"反相"命令，这时就可以将图像的色彩反相，从而转化为负片。下面将如图9.47所示的图像进行反相调整，调整后的效果如图9.48所示。

图9.47　原图　　　　　　　　　　图9.48　调整反相后的效果图

4. 色调均化

　　"色调均化"命令可以自动将当前图像中最暗的像素填充为黑色，最亮的像素填充为白色，然后重新平均图像像素的亮度值，使图像色调表现得更加均匀。在菜单栏上选择"图像"→"调整"→"色调均化"命令，即可实现图像的色调均化。下面将如图

9.49所示的图像进行色调均化调整，调整后的效果如图9.50所示。

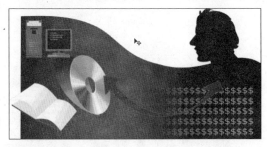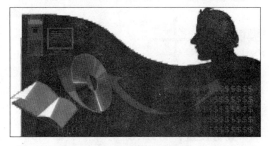

图9.49　原图　　　　　　　　　　　图9.50　调整色调均化后的效果图

5. 阈值

　　"阈值"命令可以将彩色或灰色的图片转换为只有黑白两色的图片。任意指定一个色阶为阈值，那么高于阈值的像素全部转换为白色，低于阈值的像素全部转换为黑色。在菜单栏上选择"图像"→"调整"→"阈值"命令，在弹出的"阈值"对话框中进行设置，然后单击"确定"按钮即可。下面将如图9.51所示的图像进行阈值调整，调整后的效果如图9.52所示。

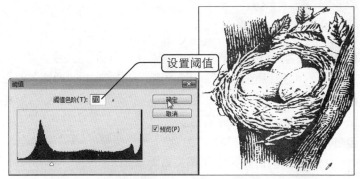

图9.51　原图　　　　　　图9.52　调整阈值后的效果图

6. 色调分离

　　"色调分离"命令可指定图像中每个通道亮度值的数目，并将这些像素映射为最接近的匹配色调，减少并分离图像的色调。在菜单栏上选择"图像"→"调整"→"色调分离"命令，在弹出的"色调分离"对话框中进行设置，然后单击"确定"按钮即可。下面将如图9.53所示的图像进行色调分离调整，调整后的效果如图9.54所示。

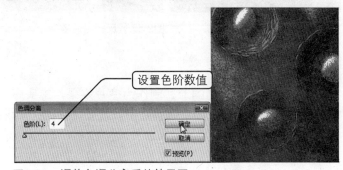

图9.53　原图　　　　　　图9.54　调整色调分离后的效果图

9.3.2 典型案例——制作底片效果

本案例将制作如图9.55所示的底片效果，主要练习"反相"、"去色"命令的操作。

素材位置：第9课\素材\底片原图.jpg

效果图位置：第9课\源文件\底片.psd

操作思路：

- 打开素材图片"底片原图.jpg"。
- 使用"反相"命令将图片进行反转。
- 使用"去色"命令将图片转换为灰度图。

图9.55　底片

操作步骤

其具体操作步骤如下：

步骤01 在菜单栏上选择"文件"→"打开"命令，在弹出的"打开"对话框中选择"底片原图.jpg"图像文件，然后单击"确定"按钮，如图9.56所示。

步骤02 在菜单栏上选择"图像"→"调整"→"反相"命令，将图片进行反转，得到的效果如图9.57所示。

步骤03 在菜单栏上选择"图像"→"调整"→"去色"命令，将图片转换为灰度图，得到的最终效果如图9.58所示。

图9.56　底片原图

图9.57　反相后的效果

图9.58　去色后的效果

案例小结

本案例通过将普通的照片制作为底片效果，主要练习"反相"命令、"去色"命令等的使用方法。其中未练习到的知识，读者可根据"知识讲解"自行练习。

9.4 上机练习

9.4.1 照片处理

本次练习将对如图9.59所示的照片进行处理，主要练习"变化"、"曲线"和"色彩平衡"命令的使用方法，调整后的效果如图9.60所示。

图9.59　照片.jpg

图9.60　照片.psd

素材位置： 第9课\素材\照片.jpg

效果图位置： 第9课\源文件\照片.psd

操作思路：

- 打开"照片.jpg"图像文件，在打开的"变化"对话框中选择"中间色调"单选按钮并单击"加深洋红"上的图像。

- 在"曲线"对话框中设置"输入"为"126"，"输出"为"191"，然后在"色彩平衡"对话框中设置色阶为"10、78、53"。

- 设置完成后，单击"确定"按钮并进行保存。

9.4.2 效果图处理

本次练习将对如图9.61所示的效果图进行色调和色彩的调整，主要练习调整色阶、曲线、色彩平衡和变化等操作方法，调整后的效果如图9.62所示。

图9.61　室内一角.jpg

图9.62　室内一角.psd

素材位置： 第9课\素材\室内一角.jpg

效果图位置： 第9课\源文件\室内一角.psd

操作思路：

📧 打开"室内一角.jpg"图像文件，然后在"色阶"对话框中设置"中间色调"为"1.16"，"高光色调"为"255"。

📧 在"曲线"对话框中设置"输入"为"124"，"输出"为"163"，然后在"色彩平衡"对话框中设置色阶为"57、0、-44"。

📧 在打开的"亮度/对比度"对话框中设置对比度为"60"，然后单击"确定"按钮并进行保存即可。

9.5 疑难解答

问： 使用"自动颜色"命令能产生什么样的效果？

答： "自动颜色"命令可以通过搜索图像中的明暗程度来表现图像的暗调、中间调和高光，以自动调整图像的对比度和颜色。

问： 去色和灰度模式产生的效果都是灰度图像，其中有什么区别吗？

答： "去色"和"灰度模式"命令产生的最终效果都是将彩色图像变成灰度图像。其中"去色"命令是仍然保持原来的颜色模式，可以在图像的局部保留彩色信息；而"灰度模式"是丢掉原图像中的所有彩色信息，并且在这种模式下不能进行任何关于色彩的操作。

问： 使用"色调分离"命令可以产生什么效果？

答： "色调分离"命令可以指定图像中每个通道亮度值的数目，并将这些像素映射为最接近的匹配色调，减少并分离图像的色调。

9.6 课后练习

选择题

1 通过（　　）命令，可调整图像中选取的特定颜色区域的色相、饱和度和亮度值。

    A. 替换颜色   B. 可选颜色

    C. 匹配颜色   D. 色调分离

2 （　　）命令可以将图像的色彩进行反转，而不丢失图像的颜色信息。

    A. 阈值   B. 去色

    C. 反相   D. 黑白

3 （　　　　）命令用于增加图像中阴影的亮度，同时降低图像中高光的亮度，以调整图像中的阴影和高光区域。

　　A．色阶　　　　B．曲线　　　　C．阴影/高光　　　　D．曝光度

问答题

1 在Photoshop CS4中，调整图像色调的命令有哪些？

2 简述"替换颜色"和"匹配颜色"命令产生效果的不同点。

3 调整图像的特殊颜色主要有哪些命令？

上机题

1 打开如图9.63所示的黑白照片，参照9.2.2节典型案例的制作方法，对图像进行着色，调整后的效果如图9.64所示。

　　素材位置： 第9课\素材\羽毛球照片.jpg

　　效果图位置： 第9课\源文件\彩色照片.psd

　　提示：

　　🔺 使用"色阶"命令调整好图像的中间色调，然后使用魔棒工具创建羽毛球拍的选区。

　　🔺 使用"曲线"命令调整图像的明暗度，再用"色彩平衡"命令进行调整。

　　🔺 反选选区，然后在"色相/饱和度"对话框中设置"色相"、"饱和度"和"明度"。

图9.63　羽毛球照片.jpg　　　　　　　　图9.64　彩色照片.psd

2 打开如图9.65所示的图像文件，然后对图像进行色彩和色调的调整，调整后的效果如图9.66所示。

　　素材位置： 第9课\素材\风景图.jpg

　　效果图位置： 第9课\源文件\风景图.psd

　　提示：

　　🔺 打开素材文件，然后在"亮度/对比度"对话框中提高图像的亮度。

　　🔺 在"色彩平衡"对话框中增加图像的黄色和红色。

　　🔺 在"曲线"对话框中的"通道"下拉列表中选择"绿"选项，向下拖动曲线。

图9.65　风景图.jpg

图9.66　风景图.psd

第10课

路径的应用

▼ **本课要点**

绘制路径

路径选择工具

路径的基本操作

设置文件和文件夹

▼ **具体要求**

了解绘制路径的方法

掌握路径选择工具的使用方法

掌握路径的基本操作

了解设置文件和文件夹的操作

▼ **本课导读**

在Photoshop CS4中，路径工具可以帮助用户
创建精确的选区和绘制各种形状的图像效果。
本课将重点介绍绘制路径、路径选择工具、路
径的基本操作等知识。

10.1 绘制路径

路径是Photoshop CS4中的重要工具，主要用于在当前图像中创建图像区域、绘制线条和图形，下面就介绍绘制路径的方法。

10.1.1 知识讲解

本小节主要讲述路径的基本知识以及钢笔工具、自由钢笔工具、添加锚点工具、删除锚点工具和转换锚点工具的使用。

1. 认识路径

在Photoshop CS4中，使用钢笔工具和形状工具都可以创建路径，路径由路径线、节点和控制手柄构成，如图10.1所示。

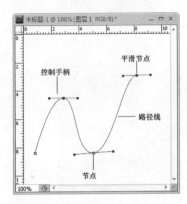

图10.1　路径

- **路径线**：连接两个锚点之间的直线或曲线。
- **控制手柄**：每个选中的锚点都会显示一条或两条方向线，方向线以方向点结束，这一条或两条方向线称为控制手柄。
- **拐角节点**：拐角节点两端也有控制手柄，但这两个手柄不在同一直线上，它们之间是相互独立的，当拖动其中一个手柄时，另一个手柄不会发生变化。
- **平滑节点**：平滑节点两端都有控制手柄，且两端的控制手柄在同一直线上，是互相关联的，当拖动其中一个控制手柄时，另一边的控制手柄和路径线也会随之发生相应的改变。

在创建路径时，可根据绘图需要，创建直线型路径、曲线型路径和混合型路径。

- **直线型路径**：在图像编辑区域中单击，创建路径上的第一个锚点，然后在其他位置单击，创建第二个锚点，这时会发现锚点间由直线相连接，释放鼠标后即可创建直线路径，如图10.2所示。
- **曲线型路径**：在创建路径上的第一个锚点时按下鼠标左键并拖动，然后再拖动控制柄来调整第一个锚点的曲线段的弯曲度和方向，在其他位置单击并拖动鼠标即可创建第二个锚点和曲线段，如图10.3所示。
- **混合型路径**：该路径由直线和曲线路径混合构成，如图10.4所示。

 路径还可分为开放路径和闭合路径两种。其中，开放路径具有路径的起点和终点；闭合路径没有起点和终点，它是由多个路径线连接成的一个整体或由多个相互独立的路径组件组成。

图10.2 直线型路径

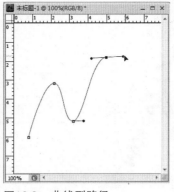

图10.3 曲线型路径

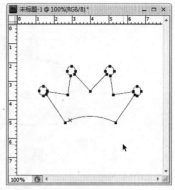

图10.4 混合型路径

2. 钢笔工具

钢笔工具是矢量绘图工具，主要用于勾画出平滑的曲线，在缩放或变形之后仍保持平滑效果。单击工具箱中的"钢笔工具"按钮 ，即可显示如图10.5所示的工具属性栏，其中各参数选项的含义如下。

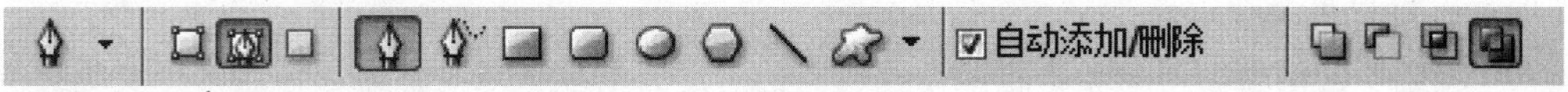

图10.5 工具属性栏

- **"形状图层"按钮** ：单击该按钮，则在绘制路径的同时创建一个形状图层，并填充前景色。
- **"路径"按钮** ：单击该按钮，则在绘制路径的同时创建一个工作路径。
- **"填充像素"按钮** ：该按钮只有在选择形状工具时才能使用。单击该按钮，则在使用形状工具绘制形状时，在当前图层中建立一个形状，并填充前景色。
- **按钮组**：该组按钮用于"钢笔工具"和"自由钢笔工具"之间的切换。
- **按钮组**：该组按钮用于在各种形状工具间进行切换。
- **"橡皮带"复选框**：单击"自定形状工具"按钮 右侧的"几何选项"按钮 ，在弹出的下拉列表框中选中该复选框，则在绘制路径时会自动产生一条连续的橡皮带，用以显示绘制路径的轨迹。
- **"自动添加/删除"复选框**：选中该复选框，系统可自动添加或删除锚点。
- **按钮组**：该组按钮主要用于切换路径之间的运算方式，从左到右依次为"添加到路径区域"、"从路径区域减去"、"交叉路径区域"和"重叠路径区域除外"按钮。

3. 自由钢笔工具

单击工具箱中的"自由钢笔工具"按钮 后，将鼠标指针移动到图像窗口上，按下鼠标左键不放并拖动，这时即可绘制任意形状的路径，如图10.6所示。

单击该工具按钮后，在显示的工具属性栏中单击"几何选项"按钮 ，即可弹出如图10.7所示的下拉列表框，其中各参数选项的含义如下。

- **"曲线拟合"文本框**：用于控制绘制路径时对鼠标移动的敏感性，在该文本框中输入的数值越大，所创建路径的节点就越少，路径越光滑。

图10.6 自由钢笔工具

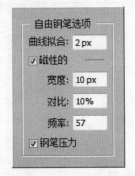

图10.7 "自由钢笔选项"列表框

 "磁性的"复选框：选中该复选框，则下面的选项参数将被激活。

 "宽度"文本框：用于检测从指针开始指定距离以内的边缘，其取值范围为1~256像素。

 "对比"数值框：用于指定将该区域看做边缘所需的像素对比度，其取值越高，图像的对比度越低。

 "频率"数值框：用于指定钢笔设置锚点的密度，其取值越高，路径锚点的密度越大。

 "钢笔压力"复选框：使用钢笔绘图板时，选中该复选框可使钢笔压力增加，从而导致宽度减小。

4. 添加和删除锚点工具

单击工具箱中的"钢笔工具"按钮 或"添加锚点工具"按钮 ，将鼠标指针移动到路径线上，当指针变成 形状时单击，即可添加一个锚点，如图10.8所示。

单击工具箱中的"钢笔工具"按钮 或"删除锚点工具"按钮 ，将鼠标指针移动到工作路径要删除的节点上，当指针变成 形状时单击，即可删除锚点，如图10.9所示。

5. 转换锚点工具

转换锚点工具是将路径上的曲线变换成角点。单击工具箱中的"转换点工具"按钮 ，然后将鼠标指针移动到路径两端有方向线的锚点上，单击鼠标左键，这时锚点的方向即可取消，改变为直线，如图10.10所示。

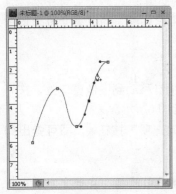

图10.8 添加锚点

图10.9 删除锚点

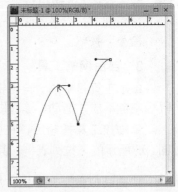

图10.10 转换锚点

10.1.2　典型案例——绘制广告牌

 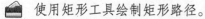

本案例将利用矩形工具、钢笔工具和文字工具绘制如图10.11所示的广告牌，主要练习使用钢笔工具来绘制路径。

效果图位置： 第10课\源文件\广告牌.psd

操作思路：

- 使用矩形工具绘制矩形路径。
- 选择矩形路径，然后添加锚点，并使用直接选择工具选择锚点，并将其向下移动。
- 删除锚点，然后使用转换点工具进行绘制。
- 设置前景色，然后对路径进行填充。
- 利用与前面同样的方法，绘制小广告牌的形状，并进行填充。
- 使用文字工具输入文本，并设置其属性。

图10.11　广告牌

操作步骤

其具体操作步骤如下：

步骤01　在菜单栏上选择"文件"→"新建"命令，在弹出的"新建"对话框中设置长为"1024像素"，宽为"1000像素"，分辨率为"300像素/英寸"，然后单击"确定"按钮。

步骤02　单击工具箱中的"矩形工具"按钮■，在其属性栏中单击"路径"按钮⬥，然后在图像窗口中按住鼠标左键不放，拖动绘制出矩形路径，如图10.12所示。

步骤03　单击工具箱中的"添加锚点工具"按钮⬥，对矩形路径添加锚点，如图10.13所示。

步骤04　单击工具箱中的"直接选择工具"按钮▶，框选矩形路径上边的前3个锚点，如图10.14所示。

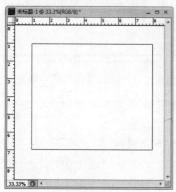

图10.12　矩形路径

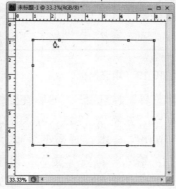

图10.13　添加锚点

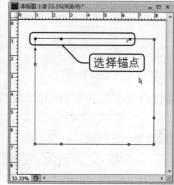

图10.14　选择锚点

步骤05 按住 "Shift" 键不放，单击键盘上的 "向下" 方向键↓，连续按方向键7次，这时即可将选择的锚点向下移动70像素，如图10.15所示。

步骤06 利用步骤4和步骤5的方法对矩形路径下方的后面3个锚点进行选择并向上移动70像素，如图10.16所示。

步骤07 单击工具箱中的 "删除锚点工具" 按钮 🖉，将路径中左上角和右下角的锚点进行删除，如图10.17所示。

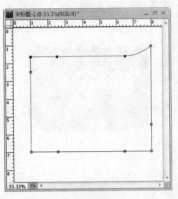

图10.15　移动锚点

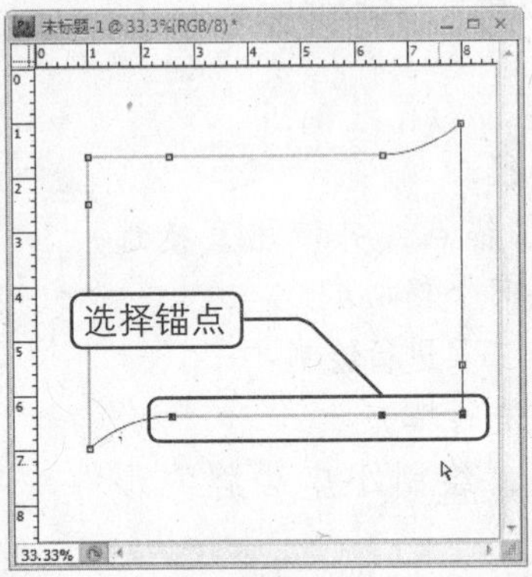

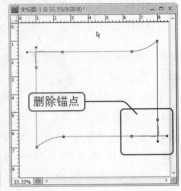

图10.16　移动锚点

图10.17　删除锚点

步骤08 单击工具箱中的 "转换点工具" 按钮 🖊，对路径的锚点进行移动，调整后的效果如图10.18所示。

步骤09 设置前景色为 "R: 50、G: 177、B: 108"，然后在 "路径" 调板中单击底部的 "用前景色填充路径" 按钮 ⚫，即可将路径进行颜色填充，如图10.19所示。

步骤10 利用前面介绍的绘制路径的方法，再绘制一个略小的矩形路径并进行调整，然后使用前景色 "R: 143、G: 195、B: 31" 填充路径，如图10.20所示。

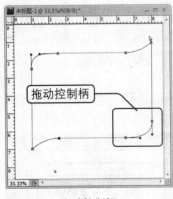

图10.18　拖动控制柄

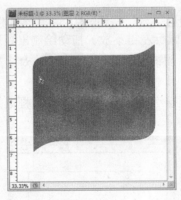

图10.19　填充路径

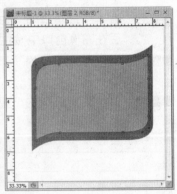

图10.20　绘制路径形状并填充

步骤11 单击工具箱中的 "文字工具" 按钮 T，然后在图像中输入文本 "茶叶"，并设置其字体为 "华文彩云"，字号为 "48点"，颜色为 "白色"。

步骤12 使用文字工具输入 "Fuan" 文本，设置其字体为 "Chiller"，字号为 "30点"，颜色为 "白色"；输入 "福安" 文本，设置其字体为 "华文隶书"，字号为 "40点"，颜色为 "R: 255、G: 247、B: 153"，如图10.21所示。

步骤13 绘制完成后，在菜单栏上选择"文件"→"存储"命令，将绘制的广告牌进行保存。

图10.21　输入文字

 案例小结

本案例通过制作一个广告牌，主要介绍了路径的创建方法，并讲述了各路径工具的使用方法。

10.2 路径选择工具

在编辑路径前，首先要对路径进行选择。下面我们将详细介绍路径选择工具。

10.2.1　知识讲解

在Photoshop CS4中提供了两种路径选择工具，分别是路径选择工具 和直接选择工具 。

1. 路径选择工具

路径选择工具 用于选择一个或多个路径并对其进行移动、组合、对齐、分布以及变形。单击工具箱中的"路径选择工具"按钮 ，即可显示如图10.22所示的工具属性栏。

图10.22　工具属性栏

📁 **移动路径**

要移动路径，先在工具箱中单击"路径选择工具"按钮 ，然后将鼠标指针移动到路径上，单击即可选中整条路径。按住鼠标左键不放并拖动其至适当位置后释放鼠标左键即可移动路径。

> **说明** 如果只移动路径中的节点位置，则需单击工具箱中的"直接选择工具"按钮 ，然后将鼠标指针移动到节点上，单击并拖动该节点即可移动路径节点。

📁 **组合路径**

组合路径按钮组 与前面介绍的"添加到路径区域"按钮 、"从路径区域减去"按钮 、"交叉路径区域"按钮 和"重叠路径区域除外"按钮 功能类似，这里就不详细介绍了。

组合路径的操作方法是在工具箱中单击"路径选择工具"按钮 后，将鼠标指针移动到图像窗口上，单击鼠标左键选择一条路径，然后按下"Shift"键的同时选择多个要组合的路径，在工具属性栏中选择一种路径组合方式，最后单击 组合 按钮即可。

📁 对齐路径

对齐路径是在工具箱中单击"路径选择工具"按钮 后，在一个工作路径层上，选择两个或两个以上的路径，然后在工具属性栏中选择路径的对齐方式按钮 即可。

工具属性栏中的对齐路径方式从左到右依次是顶对齐、垂直居中对齐、底对齐、左对齐、水平居中对齐以及右对齐。

📁 分布路径

分布路径是在工具箱中单击"路径选择工具"按钮 ，然后在一个工作路径层上，选择两个或两个以上的路径，在工具属性栏中选择路径的分布方式按钮 即可。

工具属性栏中的分布路径方式从左到右依次是顶分布、垂直居中对齐、底对齐、左对齐、水平居中对齐以及右对齐。

📁 变换路径

变换路径是单击工具箱中的"路径选择工具"按钮 ，然后在菜单栏中选择"编辑"→"自由变换路径"命令或"编辑"→"变换路径"命令，在弹出的子菜单中选择相应的命令即可实现变换路径的操作。

2. 直接选择工具

直接选择工具是单击工具箱中的"直接选择工具"按钮 ，然后将鼠标指针移动到图像窗口中，单击选择工具路径的节点，即可选中单个节点；按下"Shift"键的同时单击需要的节点，即可选择多个节点。

10.2.2 典型案例——对齐路径

案例目标

本案例将在图像文件中创建多个路径图像，然后通过对齐路径操作将所有的路径图像进行垂直居中对齐，调整后的效果如图10.23所示。

操作思路：

✉ 新建一个图像文件，然后单击"自定形状工具"按钮 。

✉ 在工具属性栏中单击"路径"按钮 ，然后在"形状"下拉列表中选择"动物"图案。

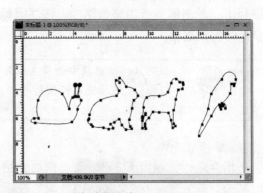

图10.23 对齐路径图像

在图像窗口中绘制路径图像，然后单击"路径选择工具"按钮 。

选择第一个路径图像后，按下"Shift"键的同时选择多个路径图像。

在属性栏中单击相应的对齐路径按钮即可实现对齐路径图像的操作。

操作步骤

其具体操作步骤如下：

步骤01 在菜单栏上选择"文件"→"新建"命令，在弹出的"新建"对话框中设置长为"500像素"，宽为"300像素"，分辨率为"72像素/英寸"，如图10.24所示。

步骤02 单击工具箱中的"自定形状工具"按钮 ，在属性栏中单击"路径"按钮 ，在"形状"下拉列表框中选择"动物"图案并绘制路径图像，如图10.25所示。

图10.24 "新建"对话框

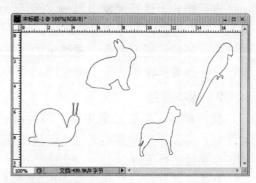

图10.25 绘制路径

步骤03 单击工具箱中的"路径选择工具"按钮 ，选择第一个路径图像后，按下"Shift"键的同时选择多个路径图像，如图10.26所示。

步骤04 在工具属性栏中单击"对齐路径"按钮组中的"垂直居中对齐"按钮 ，即可对齐路径图像，如图10.27所示。

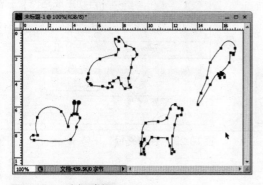

图10.26 选择路径

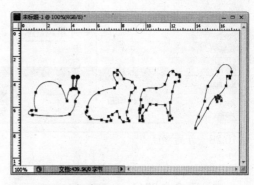

图10.27 对齐路径

案例小结

本案例通过对齐路径图像，主要练习钢笔工具、路径选择工具的使用和对齐路径的操作方法，其中未练习到的知识，读者可根据"知识讲解"自行练习。

10.3 路径的基本操作

在Photoshop CS4中创建路径后，通常需要对路径进行编辑操作，这样才能使创建的路径达到理想状态。

10.3.1 知识讲解

路径的基本操作包括新建路径、保存路径、重命名路径、复制和删除路径、路径和选区的转换、填充路径、描边路径等，下面将详细介绍这些操作。

1. 新建路径

在菜单栏上选择"窗口"→"路径"命令，在弹出的"路径"调板中单击"创建新路径"按钮 ，即可创建新路径。单击调板右上角的扩展按钮 ，在弹出的下拉列表中选择"新建路径"命令，在弹出的"新建路径"对话框中设置路径名称，再单击"确定"按钮也可创建新路径，如图10.28所示。

2. 保存路径

使用钢笔工具在图像中绘制路径时，在"路径"调板中将自动生成一个"工作路径"栏，如果再绘制新的路径，则该工作路径就会被新的路径所取代，因此需要对当前的工作路径进行保存。

双击"工作路径"栏，在弹出的"存储路径"对话框中设置工作路径的名称，完成后单击"确定"按钮即可保存路径，如图10.29所示。

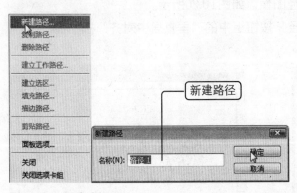

图10.28　新建路径

图10.29　存储路径

3. 重命名路径

在Photoshop CS4中，为了方便用户管理路径，可对路径进行重命名。在"路径"调板中选择需要重命名的路径，然后双击路径名称，当名称变成可编辑状态时，输入新的路径名称即可，如图10.30所示。

4. 复制和删除路径

在Photoshop CS4中，要复制路径，可直接在"路径"调板中将需要复制的路径拖至"创建新路径"按钮 上，释放鼠标即可复制该路径。

单击"路径"调板右上角的扩展按钮 ，在弹出的下拉列表中选择"复制路径"命令，然后在弹出的"复制路径"对话框中设置路径名称，再单击"确定"按钮也可复制路径，如图10.31所示。

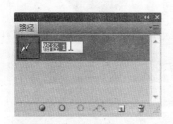

图10.30　重命名路径　　　　　　　　　　图10.31　复制路径

在"路径"调板中选择要删除的路径栏，然后单击"删除当前路径"按钮 ，即可删除该路径。单击"路径"调板右上角的扩展按钮 ，在弹出的下拉列表中选择"删除路径"命令也可删除路径。

5. 路径和选区的转换

在Photoshop CS4中路径和选区是可以相互转换的。在"路径"调板中选择需要转换为选区的路径栏，然后单击调板底部的"将路径作为选区载入"按钮 即可将路径转换为选区，如图10.32所示；在图像窗口中建立选区后，单击"路径"调板底部的"从选区生成工作路径"按钮 ，即可将选区转换为形状相同的工作路径，如图10.33所示。

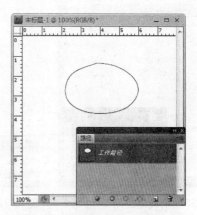

图10.32　将路径转换为选区　　　　　　　图10.33　将选区转换为路径

6. 填充路径

创建好路径后，可以对其进行填充操作，使其成为具有颜色的图像。在"路径"调板中选择需要填充的路径,单击调板底部的"用前景色填充路径"按钮 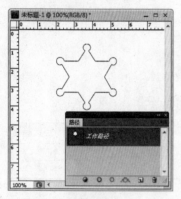 即可使用前景色对路径的内部进行填充。

　　单击"路径"调板右上角的扩展按钮 ,在弹出的下拉列表中选择"填充路径"命令,在弹出的"填充路径"对话框中设置填充的内容、不透明度和模式等参数选项,单击"确定"按钮即可对路径进行填充。下面将如图10.34所示的工作路径进行填充,填充后的效果如图10.35所示。

图10.34　工作路径　　　　　　图10.35　填充路径

7. 描边路径

　　描边路径是使用一种绘图工具或修饰工具沿着路径绘制图像边缘。在"路径"调板中选择需要描边的路径,单击调板底部的"用画笔描边路径"按钮 即可使用前景色对路径的边缘进行描边。

　　单击"路径"调板右上角的扩展按钮 ,在弹出的下拉列表中选择"描边路径"命令,在弹出的"描边路径"对话框中选择绘图工具或修饰工具,完成后单击"确定"按钮也可描边路径。下面对如图10.36所示的工作路径进行描边,描边后的效果如图10.37所示。

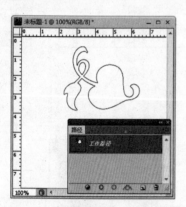
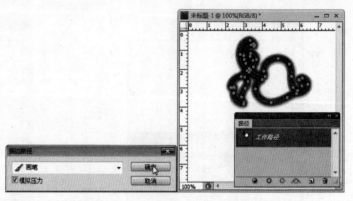

图10.36　创建路径　　　　　　图10.37　描边路径

10.3.2　典型案例——为人物添加颜色

案例目标

本案例将使用前面所学的知识绘制如图10.38所示的人物，主要练习路径选择工具的使用和填充路径、描边选区等操作。

　　素材位置：第10课\素材\轮廓图.psd

　　效果图位置：第10课\素材\人物.psd

　　操作思路：

- 打开素材"轮廓图.psd"图像文件。
- 使用路径选择工具对路径进行选择，并填充路径和描边路径。
- 使用椭圆工具绘制人物的眼睛。

图10.38　人物

操作步骤

其具体操作步骤如下：

步骤01　在菜单栏上选择"文件"→"打开"命令，在弹出的"打开"对话框中选择素材"轮廓图.psd"图像文件，然后单击"打开"按钮，如图10.39所示。

步骤02　在"路径"调板中选择"轮廓"路径，然后在"图层"调板中删除"轮廓"图层，这时图像将显示人物的轮廓路径图，如图10.40所示。

步骤03　单击工具箱中的"路径选择工具"按钮 ，然后选择图像路径外缘，单击"路径"调板底部的"将路径作为选区载入"按钮 ，如图10.41所示。

图10.39　人物轮廓

图10.40　人物路径图

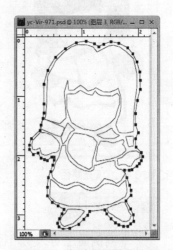

图10.41　将路径转换为选区

步骤04　在菜单栏上选择"编辑"→"描边"命令，在弹出的"描边"对话框中设置宽度为"5像素"，颜色为"黑色"，位置为"内部"，如图10.42所示。

步骤05 使用路径选择工具选择其他路径图像并转换为选区，然后在"描边"对话框中设置位置为"外部"，其他为默认值，单击"确定"按钮即可，如图10.43所示。

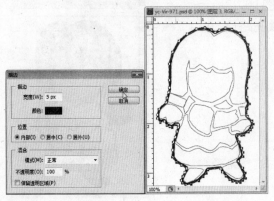
图10.42 描边路径

图10.43 描边路径

步骤06 设置前景色为"R：255、G：0、B：153"，在"路径"调板中选择要填充的路径，然后单击调板底部的"用前景色填充路径"按钮 对路径进行颜色填充，如图10.44所示。

步骤07 使用与前面同样的方法，对其他路径图像进行描边、填充，效果如图10.45所示。

步骤08 单击工具箱中的"椭圆工具"按钮 ，然后绘制人物的眼睛，最终效果如图10.46所示。

图10.44 填充路径

图10.45 填充后的效果图

图10.46 最终效果图

案例小结

　　本案例通过对人物路径添加颜色，主要练习路径选择工具的使用和填充路径、描边选区等操作，其中未练习到的知识，读者可根据"知识讲解"自行练习。

10.4 上机练习

10.4.1 制作文字效果

本次练习将制作如图10.47所示的文字效果，主要练习路径工具的使用、填充路径和图层样式的操作方法。

效果图位置： 第10课\源文件\文字效果.psd

操作思路：

图10.47 文字效果

- 新建一个底色为白色的空白图像文件。

- 使用横排文字蒙版工具绘制"Boy"文本，然后将其转换为路径形状。

- 使用钢笔工具添加锚点和移动锚点，然后在"图层"调板上新建一个图层。

- 设置前景色，在"路径"调板中选择"工作路径"栏，然后单击鼠标右键，在弹出的快捷菜单中选择"填充路径"命令。

- 在弹出的"填充路径"对话框中选择"前景色"选项，然后单击"确定"按钮。

- 双击"图层1"，在弹出的"图层样式"对话框中设置"投影"、"内发光"及"斜面和浮雕"效果。

10.4.2 制作地毯图案

本次练习将制作如图10.48所示的地毯图案，主要练习形状工具的使用和填充路径、描边路径的操作。

效果图位置： 第10课\源文件\地毯图案.psd

操作思路：

图10.48 地毯图案

- 新建一个底色为白色的空白图像文件。

- 单击"矩形工具"按钮，在工具属性栏中单击"路径"按钮，然后绘制大矩形。

- 新建一个图层，在"路径"调板中对大矩形进行描边，其中画笔样式设为"炭笔24像素"。

- 单击"自定形状工具"按钮，在工具属性栏中选择"路径"按钮，在"形状"下拉列表框中选择"拼贴4"形状，然后进行形状绘制。

- 新建"图层2"，使用路径选择工具选取刚绘制的路径，然后在"路径"调板中对形状进行填充操作。

- 将"图层2"拖到"图层1"的下方，再新建"图层3"。

使用路径选择工具选取大矩形，然后填充路径。将"图层3"拖动到"图层2"的下方。

10.5 疑难解答

问：打开绘制了路径的图像文件时，为什么看不见绘制的路径？

答：创建了路径的文件在打开之后，要单击"路径"调板中的路径栏，才能在图像窗口中将路径显示出来。

问：如何在路径中填充图案？

答：如果要在路径中填充图案，则在路径图层上单击鼠标右键，在弹出的快捷菜单中选择"填充路径"命令，即可弹出"填充路径"对话框。在"使用"下拉列表框中选择"图案"选项，然后在"自定图案"下拉列表框中选择需要的图案即可。

10.6 课后练习

选择题

1 在路径上将曲线变换成角点的工具是（   ）。

A. 自由钢笔工具 　　　　　　　B. 添加锚点工具

C. 转换点工具 　　　　　　　　D. 删除锚点工具

2 按下（   ）键可使用路径选择工具进行多个路径的选择。

A. Ctrl 　　　B. Shift 　　　C. Alt 　　　D. Tab

3 单击"路径"调板底部的（   ）按钮可以将路径转换为选区。

A. ⬭ 　　　B. ⬧ 　　　C. ⬜ 　　　D. ◓

问答题

1 路径包括哪几种类型？这几种类型的特点各是什么？

2 简述填充路径的操作方法。

3 使用路径选择工具，可实现路径的哪些编辑操作？

上机题

1 参照本课中使用路径工具、填充路径等知识，制作如图10.49所示的文字效果。

效果图位置：第10课\源文件\文字.psd

提示：

使用文字蒙版工具绘制文本，然后将其转换为路径。

使用钢笔工具添加锚点和移动锚点，然后填充路径。

　　　　使用油漆桶工具将文字填充为不同的颜色，然后在"图层样式"对话框中设置"投影"和"渐变叠加"效果。

2 参照本课中路径工具的使用方法，并结合前面的知识制作出如图10.50所示的路径文字效果。

素材位置： 第10课\素材\路径文字背景图.jpg

效果图位置： 第10课\源文件\路径文字.psd

提示：

　　　　使用钢笔工具创建路径。

　　　　使用文字工具输入路径文字，然后在文字工具属性栏中设置文字的属性。

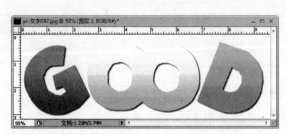

图10.49　文字

图10.50　路径文字

第11课

通道和蒙版的应用

▼ **本课要点**

通道的应用

通道的基本操作

蒙版的应用

▼ **具体要求**

了解通道的基本应用

掌握通道的基本操作方法

掌握蒙版的基本应用

▼ **本课导读**

通道和蒙版是Photoshop CS4中两个较为抽象
的知识，一般用户对这些内容比较陌生。本课
将详细介绍通道的应用、通道的基本操作和蒙
版的应用等知识。

11.1 通道的应用

在Photoshop CS4中打开图像后，系统将自动创建颜色信息通道。通道是一切位图颜色的基础，所有颜色信息都可以通过通道反映出来。

11.1.1 知识讲解

本小节主要讲述通道的概念和通道类型，以及对"通道"调板和不同模式的颜色通道的认识，下面将详细介绍这些内容。

1. 通道的概念

通道用于存储图像的颜色信息，在Photoshop CS4中任何一个图像都带有自己的通道信息。如RGB模式的图像包括1个混合通道和3个颜色通道，而CMYK模式的图像则包括1个CMYK混合通道和4个颜色通道，因此根据图像色彩模式的不同，通道的类别和数目也不同。 RGB模式下所带的通道信息如图11.1所示。

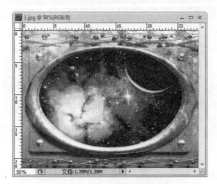

图11.1　RGB模式下的通道

2. 通道的类型

通道的类型包括3种，分别是颜色通道、Alpha通道和专色通道，各通道的含义如下。

- **颜色通道**：在打开新图像文件或创建新图像时，系统自动创建的通道。其中图像的颜色模式决定了所创建的颜色通道的数目。

- **Alpha通道**：将选区存储为灰度图像，通过添加Alpha通道来创建和存储蒙版，这些蒙版用于处理或保护图像的某些部分。

- **专色通道**：这是一种具有特殊用途的通道，在印刷时使用一种特殊的混合油墨，替代或附加到图像的CMYK油墨中，出片时单独输出一张胶片。

3. 认识"通道"调板

在Photoshop CS4中，对于通道的大部分操作都是在"通道"调板中实现的。在菜单栏上选择"窗口"→"通道"命令，即可弹出如图11.2所示的"通道"调板，其中各参数选项的含义如下。

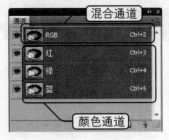

混合通道

颜色通道

图11.2 "通道"调板

混合通道：该通道将在图像窗口中显示所有颜色信息。

颜色通道：该通道将在图像窗口中显示只含有某种颜色的图像效果。

"将通道作为选区载入"按钮：单击该按钮，可将当前通道中的图像内容转换为选区。

"将选区存储为通道"按钮：单击该按钮可自动在"通道"调板中创建Alpha通道，并将图像中的选区进行保存。

"创建新通道"按钮：单击该按钮可创建新的Alpha通道。

"删除通道"按钮：单击该按钮将删除选择的通道。

4．认识不同模式的颜色通道

Photoshop CS4支持多种颜色模式，因此在"通道"调板中也将显示相对应的颜色通道。颜色模式主要有RGB模式、CMYK模式、Lab模式、灰度模式、索引模式、位图模式、双色调模式和多通道模式等，其含义分别如下。

RGB模式：该模式的图像有4个通道，分别是"RGB"通道、"红"通道、"绿"通道和"蓝"通道。

CMYK模式：该模式的图像包含5个通道，分别是"青色"通道、"洋红"通道、"黄色"通道、"黑色"通道和"CMYK"混合通道。

Lab模式：该模式的图像包含4个通道，分别是"Lab"混合通道、"明度"通道、"a"通道和"b"通道。

灰度模式：该模式下的图像由黑、白、灰来表现图像的明暗层次，因此只有一个"灰色"通道。

索引模式：该模式下的图像只存储一个8位色彩深度的文件，最多只有256种颜色，因此在"通道"调板中只有一个"索引"通道。

位图模式：该模式下的图像黑白分明，没有中间色调，因此只有一个"位图"通道。

双色调模式：该模式主要采用两种彩色油墨创建由双色调、三色调、四色调混合色阶组成的图像。

多通道模式：该模式包含多种灰度图像通道，其中每个通道均由256级灰阶组成，主要用于有特殊打印需求的图像。

注意

图像的颜色模式是可以相互转换的，在菜单栏上选择"图像"→"模式"命令，在弹出的子菜单中选择需要的颜色模式即可。

11.1.2　典型案例——查看RGB模式下的通道

本案例将通过如图11.3所示的图像文件（RGB模式），了解各通道的颜色信息。

素材位置：第11课\素材\1.jpg

操作思路：

📧 打开素材"1.jpg"图像文件。

📧 在打开的"通道"调板中观察隐藏
"红"通道或"蓝"通道后的效果图。

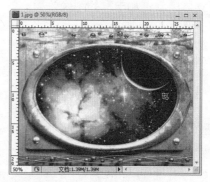

图11.3　1.jpg

操作步骤

其具体操作步骤如下：

步骤01 在菜单栏上选择"文件"→"打开"命令，在弹出的"打开"对话框中选择
"1.jpg"图像文件，然后单击"确定"按钮打开该文件。

步骤02 在菜单栏上选择"窗口"→"通道"命令，即可弹出"通道"调板。

步骤03 单击调板中"红"通道前面的👁图标，这时图像将隐藏相关的红色颜色信息，
如图11.4所示。

步骤04 再次单击"红"通道前面的👁图标，恢复红色颜色信息的显示，然后单击调板中
的"蓝"通道前面的👁图标，这时图像将隐藏相关的蓝色颜色信息，如图11.5
所示。

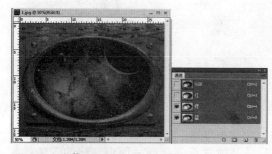

图11.4　隐藏"红"通道后的效果

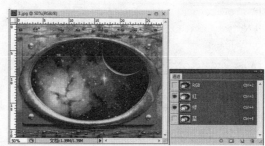

图11.5　隐藏"蓝"通道后的效果

案例小结

本案例通过在素材文件中查看通道的颜色信息，主要了解调板各通道的颜色信息。
在查看过程中练习了打开调板、打开图像文件等操作，巩固了之前学习的知识。

11.2 通道的基本操作

在"通道"调板中可以对通道进行一定的编辑，通过这些编辑操作可创建出更具有立体感、更加丰富的图像效果。

11.2.1 知识讲解

在"通道"调板中可以执行新建通道、隐藏和显示通道、复制和删除通道、编辑Alpha通道以及通道运算等操作。

1. 新建通道

新建通道包括新建Alpha通道、新建专色通道和按选区创建Alpha通道。

- **新建Alpha通道**：Alpha通道不同于颜色通道，它最主要的功能是创建、存储和编辑选区。在"通道"调板中单击下方的"创建新通道"按钮 ，即可创建一个默认名称为"Alpha1"的通道，如图11.6所示。

- **新建专色通道**：在"通道"调板中单击右上角的 按钮，在弹出的下拉列表中选择"新建专色通道"命令，在打开的对话框中输入新通道名称后，单击"确定"按钮即可新建专色通道，如图11.7所示。

- **按选区创建Alpha通道**：如果要在当前图像中按选区创建一个新的Alpha通道，可通过单击"通道"调板下方的"将选区存储为通道"按钮 来实现，如图11.8所示。

图11.6 新建Alpha通道　　图11.7 新建专色通道　　　　图11.8 按选区创建Alpha通道

2. 隐藏和显示通道

在编辑图像时，经常需要对图层通道进行隐藏或显示，从而方便观察当前图像的编辑状态。在"通道"调板中选择需要隐藏的通道，然后单击 图标，此时 图标将不可见，且该通道被隐藏，图像文件中将不显示该通道的信息；若再单击通道前面的方框，此时方框中将显示 图标，则可以显示该通道。

 说明 如果要隐藏多个通道，可直接在"通道"调板中依次单击 图标即可。

3. 复制和删除通道

通道和图层一样，可以对其进行复制或删除，其中复制通道的方法有以下几种。

- 在"通道"调板中选择需要复制的通道，然后单击鼠标右键，在弹出的快捷菜单中选择"复制通道"命令即可。
- 在调板中选择需要复制的通道，按住鼠标左键不放并将其拖动到调板底部的"创建新通道"按钮 🔲 上，释放鼠标后即可复制通道。
- 在调板中选择需要复制的通道，然后单击调板右上角的扩展按钮 ▥，在弹出的下拉列表中选择"复制通道"命令即可。

在Photoshop CS4中，多余的通道不但会影响图像文件的大小，而且还影响电脑的运行速度，因此需要在"通道"调板中将不需要的通道进行删除，其具体操作方法有以下几种。

- 在"通道"调板中选择需要删除的通道，然后单击调板底部的"删除通道"按钮 🗑 即可。
- 在调板中选择要删除的通道，然后单击调板右上角的扩展按钮 ▥，在弹出的下拉列表中选择"删除通道"命令即可。
- 在调板中选择要删除的通道，然后单击鼠标右键，在弹出的快捷菜单中选择"删除通道"命令即可。

4. 编辑Alpha通道

在"通道"调板中创建Alpha通道后，可以使用绘图工具、渐变工具、调整命令和创建选区并填充颜色等方式对Alpha通道进行编辑，从而得到满意的选区。

📁 使用绘图工具编辑通道

单击工具箱中的"画笔工具"按钮 🖊 或"铅笔工具"按钮 ✏，在显示的工具属性栏中设置画笔笔刷、画笔大小以及不透明度，然后在Alpha通道上进行绘图操作，这样即可编辑出各式各样的笔触效果选区。

使用画笔工具在Alpha通道中绘制笔触样式（如图11.9所示），然后将该通道转换为选区（如图11.10所示）并填充颜色（如图11.11所示）。

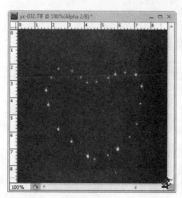  

图11.9　在Alpha通道中绘制笔触　图11.10　转换为选区　图11.11　填充选区

📁 使用渐变工具编辑通道

单击工具箱中的"渐变工具"按钮，然后在Alpha通道中填充渐变色，将该通道转换为选区并删除其中的内容，这时即可方便地制作出上下层图像自然过渡的图像效果。

使用渐变工具在Alpha通道中填充黑色到白色的径向渐变（如图11.12所示），将该通道转换为选区并删除选区内的图像，编辑后的效果如图11.13所示。

图11.12　渐变填充

图11.13　最终效果图

5. 通道运算

通道运算是将一个图像或多个图像中两个独立的通道进行各种模式的混合，并将计算后的结果保存到新的图像或新通道中。在菜单栏上选择"图像"→"计算"命令，即可弹出如图11.14所示的"计算"对话框，其中各参数选项的含义如下。

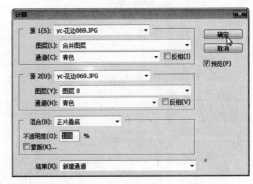

图11.14　"计算"对话框

 "源1"下拉列表框：在该下拉列表中选择运算的第一个源文件。

 "图层"下拉列表框：在该下拉列表中选择要使用源文件的图层。

 "通道"下拉列表框：在该下拉列表中选择"源1"图像中需要进行运算的通道名称。

 "源2"下拉列表框：该选项栏中的各参数选项设置与"源1"选项栏中的参数设置相同。

 "混合"下拉列表框：在该下拉列表中选择两个通道进行运算的混合模式。

 "不透明度"数值框：用于设置两个通道运算的混合模式的不透明度。

📧 **"蒙版"复选框**：选中该复选框后，将弹出"图像"选项栏。

📧 **"结果"复选框**：在该下拉列表中选择运算后通道的显示方式。

11.2.2　典型案例——在通道中抠取图像

案例目标

本案例将利用通道的相关知识制作如图11.15所示的抠图效果，主要练习通道的复制和编辑操作。

素材位置： 第11课\素材\蜡烛.jpg
效果图位置： 第11课\源文件\蜡烛.psd
操作思路：

🔖 打开素材"蜡烛.jpg"图像文件。

🔖 在"通道"调板中复制"蓝"通道，并用"曲线"命令进行颜色调整。

🔖 将通道作为选区载入，然后进行抠图。

图11.15　蜡烛.psd

操作步骤

其具体操作步骤如下：

步骤01 打开"蜡烛.jpg"素材文件（如图11.16所示），然后在菜单栏中选择"窗口"→"通道"命令，即可弹出"通道"调板。

步骤02 在调板中选择"蓝"通道，单击鼠标右键，在弹出的快捷菜单中选择"复制通道"命令，复制的通道如图11.17所示。

图11.16　素材图像

图11.17　复制通道

步骤03 在菜单栏上选择"图像"→"调整"→"曲线"命令，在弹出的"曲线"对话框中设置"输入"为"195"、"输出"为"143"，然后单击"确定"按钮，如图11.18所示。

步骤04 在"通道"调板中单击底部的"将通道作为选区载入"按钮 ⬚○，即可得到通道选区，如图11.19所示。

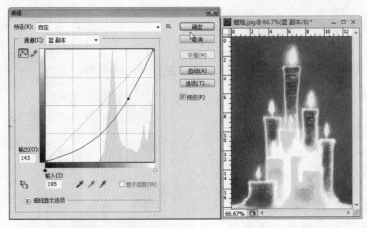

图11.18　曲线调整

图11.19　作为选区载入

步骤05　单击工具箱中的"矩形选框工具"按钮![img]，在工具属性栏中单击"添加到选区"按钮![img]，然后将需要的选区全部选中，如图11.20所示。

步骤06　在菜单栏上选择"选择"→"反向"命令，将选区反向选择，然后返回到"图层"调板中。

步骤07　双击背景图，在弹出的"新建图层"对话框中保持默认设置并单击"确定"按钮，然后按下"Delete"键删除不需要的图像区域，从而抠取出蜡烛图像，如图11.21所示。

图11.20　选择选区

图11.21　最终效果图

 **案例小结**

　　本案例通过在通道中抠取图像，主要练习复制通道、将通道作为选区载入、曲线调整及反向选择等操作。

11.3 蒙版的应用

在Photoshop CS4中可以向图层添加蒙版，然后使用此蒙版隐藏部分图层并显示下面的图层。蒙版图层是一项重要的复合技术，可用于将多张图像文件组合成单个图像，也可用于局部的颜色和色调校正。

11.3.1 知识讲解

本小节将主要介绍"蒙版"调板中各参数选项的含义，以及创建蒙版和编辑蒙版的操作。

1. 认识"蒙版"调板

"蒙版"调板是Photoshop CS4新增的内容之一，使用该调板可以快速地实现蒙版的基本操作。在菜单栏上选择"窗口"→"蒙版"命令，即可弹出如图11.22所示的"蒙版"调板，其中各参数选项的含义如下。

图11.22 "蒙版"调板

- **"选择像素蒙版"按钮**：默认情况下，系统添加的蒙版为像素蒙版。
- **"添加矢量蒙版"按钮**：单击该按钮，则表示添加的蒙版为矢量蒙版。
- **"浓度"数值框**：用于设置蒙版的不透明度，数值越大，则图像中隐藏的区域越明显。
- **"羽化"数值框**：用于设置蒙版边缘的羽化程度。
- **蒙版边缘...按钮**：单击该按钮，则可在弹出的"调整蒙版"对话框中设置图像中显示区域的边缘。
- **颜色范围...按钮**：单击该按钮，则可在弹出的"色彩范围"对话框中查找和指定图像中要显示的区域。
- **反相按钮**：单击该按钮，则蒙版中的颜色将相互转换。
- **"停用/启用蒙版"按钮**：在调板底部单击该按钮时可停用/启动蒙版。当该图标显示为时表示停用蒙版。
- **"应用蒙版"按钮**：单击该按钮则表示在删除蒙版时，将蒙版中的操作内容应用到图像中。
- **"从蒙版中载入选区"按钮**：单击该按钮，将蒙版中部分隐藏的区域转换为选区。
- **按钮**：单击该按钮，在弹出的下拉列表中可选择"蒙版选项"、"添加蒙版到选区"、"从选区中减去蒙版"、"蒙版与选区交叉"、"关闭"和"关闭选项卡组"等命令。
- **"删除蒙版"按钮**：单击该按钮，将删除蒙版。

2. 创建蒙版

创建蒙版包括创建快速蒙版、创建图层蒙版、给选区创建蒙版和创建矢量蒙版。

📁 创建快速蒙版

使用快速蒙版模式可将选区转换为临时蒙版以便更轻松地编辑。快速蒙版将作为带有可调整的不透明度的颜色叠加出现。可以使用任何绘画工具或滤镜编辑快速蒙版，退出快速蒙版模式之后，蒙版将转换为图像上的一个选区。

单击工具箱底部的"以快速蒙版模式编辑"按钮 ，即可进入快速蒙版编辑状态，这时使用画笔工具在蒙版区域进行绘制，绘制的区域呈半透明红色显示，如图11.23所示。再次单击工具箱底部的"以标准模式编辑"按钮 ，将退出快速蒙版编辑状态，这时蒙版将转换为选区，如图11.24所示。

图11.23 添加蒙版 图11.24 退出蒙版编辑状态

📁 创建图层蒙版

创建图层蒙版可通过以下两种方法来实现。

📥 在"图层"调板上选择需要添加蒙版的图层（除背景层外），然后单击"添加图层蒙版"按钮 ，即可创建全白的图层蒙版，如图11.25所示。

📥 在菜单栏上选择"图层"→"图层蒙版"命令，在弹出的子菜单中如果选择"显示全部"命令，即可创建显示全部的图层蒙版；如果选择"隐藏全部"命令即可创建隐藏全部的图层蒙版。

 在"图层"调板中，按住"Alt"键的同时单击"添加图层蒙版"按钮 ，可创建隐藏全部的图层蒙版。

📁 给选区创建蒙版

在当前图层（除背景层外）中创建一个选区，然后单击"图层"调板上的"创建图层蒙版"按钮 ，即可创建蒙版，将位于选区外的图像区域全部隐藏，如图11.26所示。

另外，在图像中创建选区后，在菜单栏上选择"图层"→"图层蒙版"→"显示选区"命令，也可创建一个图层蒙版来将选区外的图像区域隐藏；选择"图层"→"图层蒙版"→"隐藏选区"命令，则可隐藏选区而显示未选取区域。

📁 创建矢量蒙版

在"图层"调板上选择需要添加矢量蒙版的图层（除背景层外），然后在菜单栏上选择"图层"→"矢量蒙版"命令，在弹出的子菜单中如果选择"显示全部"命令，则可添加显示全部内容的矢量蒙版；如果选择"隐藏全部"命令，则添加隐藏全部内容的矢量蒙版，如图11.27所示。

图11.25 创建图层蒙版

图11.26 给选区创建蒙版

图11.27 创建矢量蒙版

3. 编辑蒙版

编辑图层蒙版即控制图像的屏蔽与显示，主要包括使用绘图工具创建透明或半透明效果，以及停用、启用、删除和应用蒙版等操作。

 填充蒙版

填充蒙版就是增加或减少图像的显示区域。在"图层"调板中选择需要添加蒙版的图层，设置前景色为黑色，然后单击工具箱中的"画笔工具"按钮 ✎，将鼠标指针移动到图像窗口中，并对图像进行涂抹，这时位于该图层下方的图层中的图像显示区域将完全显示，如图11.28所示。

> **注意**　当填充色为白色时，表示减少位于该图层下方的图层中的图像显示区域，此时填充区域完全不显示图像，如图11.29所示；当填充色为灰色时，表示填充区域呈半透明状态显示图像，如图11.30所示。

图11.28 使用黑色填充

图11.29 使用白色填充

图11.30 使用灰色填充

 停用图层蒙版

在"图层"调板的"图层蒙版"缩略图上单击鼠标右键，在弹出的快捷菜单中选择"停用图层蒙版"命令，此时在图层蒙版缩览图中将出现停用标记，即可取消图层蒙版的效果，如图11.31所示。

 启用图层蒙版

再次在图层蒙版缩略图上单击鼠标右键，在弹出的快捷菜单中选择"启用图层蒙版"命令，即可恢复蒙版

图11.31 停用蒙版

效果。

📁 **删除图层蒙版**

删除图层蒙版是将图层蒙版及其效果同时清除，图像将恢复为添加蒙版前的状态。在图层蒙版缩略图中单击鼠标右键，在弹出的快捷菜单中选择"删除图层蒙版"命令即可。

📁 **应用图层蒙版**

应用图层蒙版是指在清除图层蒙版的同时，将蒙版效果应用到图层中。在图层蒙版缩略图中单击鼠标右键，在弹出的快捷菜单中选择"应用图层蒙版"命令即可。

11.3.2 典型案例——运用蒙版合成图片

案例目标

本案例将利用蒙版的相关知识制作如图11.32所示的效果图，主要练习蒙版的创建和编辑操作。

素材位置： 第11课\素材\宝宝.jpg、向日葵.jpg

效果图位置： 第11课\源文件\蒙版合成图片.psd

操作思路：

✉ 打开素材"宝宝.jpg"和"向日葵.jpg"图像文件。

✉ 使用移动工具将"宝宝.jpg"图像文件移动到"向日葵.jpg"图像窗口中。

✉ 在"图层"调板中创建图层蒙版，然后使用渐变工具进行编辑操作。

图11.32 蒙版合成图片

操作步骤

其具体操作步骤如下：

步骤01 在Photoshop CS4中分别打开素材"宝宝.jpg"和"向日葵.jpg"图像文件，如图11.33和图11.34所示。

步骤02 单击工具箱中的"移动工具"按钮▶⊕，将"宝宝.jpg"图像文件移动到"向日葵.jpg"图像窗口中，如图11.35所示。

步骤03 在"图层"调板中选择"图层1"，单击调板底部的"添加图层蒙版"按钮 ▣，即可为"图层1"添加蒙版，如图11.36所示。

步骤04 单击工具箱中的"填充工具"按钮▣，创建从黑到透明的线性渐变，然后在蒙版中进行渐变编辑，最终效果如图11.37所示。

图11.33　宝宝

图11.34　向日葵

图11.35　移动"宝宝.jpg"文件

图11.36　添加图层蒙版

图11.37　编辑蒙版

案例小结

　　本案例通过制作蒙版合成图片，主要练习创建图层蒙版和使用渐变工具编辑蒙版的操作。在制作过程中还应用到移动工具的操作，巩固了前面所学的知识。

11.4　上机练习

11.4.1　改变图像背景图

　　本次练习将改变图像背景图，主要练习通道混合器、亮度/对比度、可选颜色、图层样式等的操作，效果如图11.38所示。

　　素材位置：第11课\素材\蜗牛原图.psd

　　效果图位置：第11课\源文件\蜗牛.psd

　　制作思路：

　　打开素材"蜗牛.psd"图像文件，然后在菜单栏上选择"图层"→"调整"→"通

道混合器"命令，在弹出的"新建图
层"对话框中单击"确定"按钮，这
时将在"通道"调板中新建"通道混
合器1蒙版"通道。

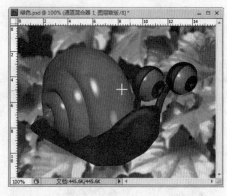

图11.38　蜗牛.psd

- 在"调整"调板中设置"输出通道"
为"红"通道，在"源通道"选项区
域中设置"红"为"-50"、"绿"为
"200"、"蓝"为"-50"。

- 打开"图层样式"对话框，在"混合
选项"区域中设置混合模式为"变
亮"模式。

- 在菜单栏上选择"图层"→"新建调整图层"→"可选颜色"命令，在弹出的"新
建图层"对话框中单击"确定"按钮。

- 在"调整"调板中设置"颜色"为"黄色"、"青色"为"-80"、"洋红"为
"40"、"黄色"为"50"。

- 在菜单栏上选择"图层"→"新建调整图层"→"亮度/对比度"命令，在弹出的
"亮度/对比度"对话框中设置亮度为"5"，对比度为"10"，然后单击"确定"
按钮即可实现图像背景图的变化。

11.4.2　制作边框

本次练习将制作图片的边框效果，主要练习
通过选区创建通道的方法，制作的效果如图11.39
所示。

素材位置： 第11课\素材\人物.jpg
效果图位置： 第11课\源文件\边框效果.psd
制作思路：

图11.39　边框效果

- 打开素材"人物.jpg"图像文件，然后在
"通道"调板中创建Alpha通道。

- 单击Alpha通道，然后使用椭圆选框工具
创建椭圆选区并进行反向选择。

- 设置前景色为白色，按下"Alt+Delete"组
合键填充选区，然后按下"Ctrl+D"组合键
取消选区。

- 在菜单栏上选择"滤镜"→"扭曲"→"海洋波浪"命令，在弹出的对话框中设置
波浪大小为"9"，波浪幅度为"9"，然后单击"确定"按钮。

- 按下"Ctrl"键的同时单击"Alpha1"通道的缩览图，载入该通道中的选区，然后
单击"RGB"混合通道，回到全色显示状态。

在"图层"调板中创建新图层，使用白色填充选区后，按下"Ctrl+D"组合键取消选区即可得到边框效果。

11.5 疑难解答

问： 在Photoshop CS4中创建一个Alpha通道后，将文件保存为JPG格式后再打开图像，通道就不见了，这是怎么回事？

答： 这是因为只有以支持图像颜色模式的格式（如PSD、PDF、PICF、TIFF或RAW）存储文件才能保留Alpha通道，以其他格式存储文件将导致通道信息丢失。

问： 在使用渐变填充图层蒙版时，图像中出现黑白渐变，而不是合成图像的效果，这是为什么呢？

答： 这是因为在使用渐变填充时选择的是图层，而不是图层蒙版。在"图层"调板中单击"图层蒙版"缩略图，然后再进行填充渐变色即可实现合成图像的效果。

问： 在快速蒙版编辑模式下，怎样使用黑色和白色画笔调整蒙版范围？

答： 默认情况下，选区外的范围被50%的红色蒙版遮挡，这时通常使用绘图工具对蒙版范围进行编辑。当前景色设置为白色时，使用画笔工具涂抹图像可以清除蒙版，从而使蒙版范围减少；当前景色设置为黑色时，使用画笔工具涂抹图像可以增加蒙版范围。

11.6 课后练习

选择题

1 下面不属于RGB颜色通道的是（　　）。

A．"红"通道 　　　　　　　　B．"绿"通道

C．"青"通道 　　　　　　　　D．"蓝"通道

2 （　　）主要用于创建、保存和编辑选区。

A．Alpha通道 　　　　　　　　B．专色通道

C．颜色通道 　　　　　　　　D．混合通道

3 在"图层"调板中单击调板底部的（　　）按钮可添加图层蒙版。

A．⬤　　　　B．*fx.*　　　　C．◉　　　　D．▢

问答题

1 通道有哪些类型？

2 简述使用渐变工具编辑通道的操作过程。

3 蒙版有哪几种类型？如何创建？

上机题

1 参照本课11.3.2节的典型案例的制作方法，结合蒙版的相关知识制作如图11.40所示的人体裂缝效果。

图11.40　裂缝效果

素材位置：第11课\素材\人物1.jpg、裂缝.jpg

效果图位置：第11课\源文件\裂缝.psd

提示：

- 打开图像素材文件，然后使用移动工具将"裂缝.jpg"文件拖动到"人物1.jpg"图像窗口上。

- 在"图层1"上创建图层蒙版，然后使用渐变工具进行黑到透明的径向填充。

- 设置图层的混合模式为"变暗"模式。

2 参照前面所学的通道知识，制作如图11.41所示的立体光影质感效果图。

图11.41　立体光影质感

效果图位置：第11课\源文件\立体光影质感.psd

提示：

- 新建一个图像文件，然后在"图层"调板中新建"图层1"，然后使用自定形状工具绘制一个自己喜欢的形状。

- 将绘制的形状选取为选区，然后在"通道"调板中单击"将选区存储为通道"按钮 。

- 单击"Alpha1"通道，然后在菜单栏上选择"滤镜"→"模糊"→"高斯模糊"命令，在弹出的"高斯模糊"对话框中设置半径值。

- 在"图层"调板中选择"图层1"，然后在菜单栏上选择"滤镜"→"渲染"→"光照效果"命令，在弹出的"光照效果"对话框中进行设置。

- 在菜单栏上选择"图像"→"调整"→"曲线"命令，在弹出的曲线对话框中设置第一个节点的"输出"为"254"、"输入"为"49"；第二个节点的"输出"为"1"、"输入"为"128"；第三个节点的"输出"为"255"、"输入"为"201"；第四个节点的"输出"为"4"、"输入"为"255"。

- 在"图层"调板中新建"图层2"，然后使用前景色填充，设置"混合模式"为"颜色"。

- 合并"图层2"和"图层1"后打开"亮度/对比度"对话框，设置亮度为"22"，对比度为"38"，然后单击"确定"按钮。

- 打开"色相/饱和度"对话框，将颜色调整为用户喜欢的颜色。

第12课

滤镜的应用（上）

▼ **本课要点**
滤镜的概述
简单的滤镜

▼ **具体要求**
了解滤镜的基础知识
掌握简单滤镜的设置与应用

▼ **本课导读**
滤镜是Photoshop CS4中最重要的功能之一，Photoshop CS4提供了丰富的内置滤镜效果，通过应用这些滤镜，可在原有图像的基础上产生许多特殊的效果。本课将介绍滤镜的一些基本用法以及设置方法。

12.1 滤镜的概述

在处理图像过程中，滤镜起着十分重要的作用。灵活地运用各种滤镜，可以制作出许多特殊的效果。

12.1.1 知识讲解

在学习使用滤镜处理图像文件前，首先要了解什么是滤镜、选择滤镜的规则和滤镜的使用方法等，下面将详细介绍这些知识。

1. 认识滤镜

通过滤镜可编辑当前可见图层或图像选区内的图像，将其制作成各种特效。在菜单栏上单击"滤镜"菜单，即可弹出如图12.1所示的"滤镜"下拉菜单。每一类滤镜名称后面都有一个小三角按钮，用于打开该类滤镜包含的子菜单。

在菜单中选择相应的滤镜命令，系统将对图像进行像素色彩和亮度等参数的调节，从而使图像呈现出需要的效果。

图12.1　"滤镜"菜单

2. 选择滤镜的规则

在使用滤镜时，要注意以下规则。

- 最后一次选择的滤镜会出现在"滤镜"菜单的顶部，重复使用该滤镜时，可直接单击该命令或按"Ctrl+F"组合键。

- 要在图层中的某一个区域应用滤镜，则必须先选取该区域，然后对选取的范围进行滤镜处理。

- 滤镜只能应用于当前图层或某一通道。

- 滤镜不能应用于位图模式、索引模式以及16位/通道图像，但所有的滤镜都可应用于RGB图像，有个别滤镜命令不能应用于CMYK模式的图像。

- 从"滤镜"下拉菜单中选择滤镜时，如果滤镜名称后面有省略号，则表示选择该命令后系统会弹出对话框。

- 一些滤镜效果需要很大的内存空间，尤其对分辨率高的图像，使用滤镜设置中的预览效果可以节省制作图像效果的时间且避免不想要的结果。

3. 滤镜的使用方法

在Photoshop CS4中，滤镜命令可应用于多个方面，包括图层、颜色通道和Alpha通道等，下面将详细介绍滤镜在这些方面的使用方法。

- **图层：** 将滤镜的效果混合到图像中，或改变混色模式，从而得到需要的效果。操作方法是将图像放到一个新建的图层中，然后使用滤镜进行处理。

颜色通道： 将滤镜应用于某个颜色通道可以产生特殊的效果。操作方法是在"通道"调板中选择某一个颜色通道，然后使用滤镜命令进行处理，完成后即可发现该通道的颜色数据发生了变化，而其他通道的颜色数据不受影响。

Alpha通道： 用滤镜对Alpha通道进行数据处理，首先要在"通道"调板中选择该通道，然后使用滤镜命令进行处理，这时整个图像会产生特殊的变化。

12.1.2 典型案例——制作马赛克效果

本案例将使用滤镜为如图12.2所示的图像添加马赛克效果，主要练习滤镜在图层上的使用方法，制作后的效果如图12.3所示。

素材位置： 第12课\素材\素材001.jpg

效果图位置： 第12课\源文件\马赛克效果.psd

操作思路：

打开素材"素材001.jpg"图像文件。

在菜单栏上选择"滤镜"→"像素化"→"马赛克"命令，在弹出的"马赛克"对话框中设置"单元格大小"选项。

图12.2　素材001

操作步骤

其具体操作步骤如下：

步骤01 在菜单栏上选择"文件"→"打开"命令，在弹出的"打开"对话框中选择"素材001.jpg"图像文件，然后单击"确定"按钮。

步骤02 单击工具箱中的"矩形选框工具"按钮，然后在图像上绘制矩形选区并对选区进行旋转，如图12.4所示。

步骤03 在菜单栏上选择"滤镜"→"像素化"→"马赛克"命令，在弹出的"马赛克"对话框中设置单元格大小为"64方形"，然后单击"确定"按钮即可，如图12.5所示。

图12.3　马赛克效果

图12.4 创建选区

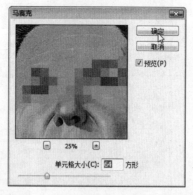

图12.5 "马赛克"对话框

案例小结

本案例使用马赛克滤镜为一幅人物图像添加特殊效果，主要练习了滤镜的使用方法。系统中的其他滤镜都是采用这种方式进行设置并应用的。

12.2 简单的滤镜

在Photoshop CS4中提供了几种简单的滤镜，下面将详细介绍这些简单滤镜的设置及应用。

12.2.1 知识讲解

接下来介绍的简单滤镜包括滤镜库中的滤镜、液化滤镜和消失点滤镜。

1. 使用滤镜库

在Photoshop CS4中，滤镜库中包含了扭曲、画笔描边、素描、艺术效果、纹理以及风格化等滤镜。在菜单栏上选择"滤镜"→"滤镜库"命令，即可弹出如图12.6所示的对话框。

- **预览区域：** 位于对话框的左侧，主要便于观察应用滤镜后的效果图。
- **滤镜效果缩略图：** 位于对话框的中间部分，用于设置默认状态下的滤镜效果。
- **参数设置区域：** 若对默认状态下的滤镜设置不满意，可在参数设置区域对其进行更改。
- **效果图层：** 在滤镜库中，可以为当前图像使用多种滤镜效果，这时可通过效果图层来对使用的滤镜效果进行管理。

>
> 注意 在"滤镜库"对话框中单击 ⊗ 按钮，可隐藏效果陈列室，从而增加预览框中的视图范围。

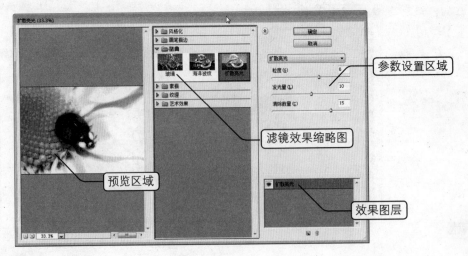

图12.6　滤镜库

2. 液化滤镜

　　液化滤镜可以对图像进行局部变形，从而达到图像变形和包围的效果。在菜单栏上选择"滤镜"→"液化"命令，即可弹出如图12.7所示的"液化"对话框，其中各参数选项的含义如下。

图12.7　"液化"对话框

> 向前变形工具：在预览框中单击并拖动鼠标指针，可使图像中的像素随着拖动的方向变形移动。

> 重建工具：在图像上用鼠标反方向拖动，可使变形后的图像恢复到原始状态。

> 顺时针旋转扭曲工具：在图像中按住鼠标左键不放，可使图像按顺时针方向旋转。

> 褶皱工具：在图像上按住鼠标左键不放，可使图像像素向操作中心点收缩，从而产生向内压缩变形的效果。

- **膨胀工具▣**：在图像上按住鼠标左键不放，可使图像像素背离操作中心点，从而产生向外膨胀放大的效果。
- **左推工具▣**：在图像上拖动鼠标指针，可使图像中的像素发生位移变形效果。
- **镜像工具▣**：在图像上拖动鼠标指针，可复制图像并使复制后的图像产生与原图像对称的效果。
- **湍流工具▣**：在图像上拖动鼠标指针，可使图像产生波纹效果。
- **冻结蒙版工具▣**：在图像上拖动鼠标指针，可冻结图像，从而保护受蒙版覆盖的区域不受进一步的编辑。
- **解冻蒙版工具▣**：在图像上拖动鼠标指针，可解除冻结的区域。

下面对如图12.8所示的图像文件进行液化滤镜操作，制作的效果如图12.9所示。

图12.8　原图　　　　　　　　　　　　图12.9　效果图

3. 消失点滤镜

在处理具有一定透视角度的图像时，可通过消失点滤镜使复制或修复的图像自动与原图像保持一定的透视角度不变，从而产生自然过渡的透视效果。在菜单栏上选择"滤镜"→"消失点"命令，即可弹出如图12.10所示的"消失点"对话框，其中各参数选项的含义如下。

- **创建平面工具▣**：用于绘制透视网格，以确定图像的透视角度。
- **编辑平面工具▣**：用于选择和移动透视网格。
- **选框工具▣**：用于在透视网格内绘制选区。
- **图章工具▣**：在透视网格中，按住"Alt"键的同时定义一个源图像，然后在需要的位置进行涂抹，即可复制图像。
- **画笔工具▣**：用于在透视网格内进行绘图操作。
- **变换工具▣**：在复制图像时，对图像进行缩放、水平翻转和垂直翻转等操作。
- **吸管工具▣**：在图像中单击，可吸取绘画时所使用的颜色。

下面将如图12.11所示的图像文件进行消失点滤镜操作，制作的效果如图12.12所示。

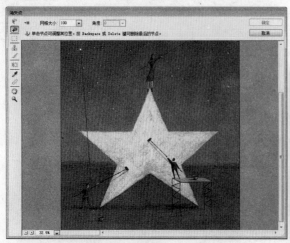

图12.10　"消失点"对话框　　　　　　　图12.11　原图　　　图12.12　效果图

12.2.2　典型案例——修饰图像

案例目标

　　本案例将使用消失点滤镜命令对如图12.13所示的图像进行修饰，主要练习"消失点"滤镜的使用方法，制作后的效果如图12.14所示。

图12.13　素材004

图12.14　修饰图像

　　素材位置：第12课\素材\素材004.jpg
　　效果图位置：第12课\源文件\修饰图像.psd
　　操作思路：

 打开素材"素材004.jpg"图像文件。

 在打开的"消失点"对话框中创建透视平面，然后使用图章工具进行修复。

 单击"确定"按钮后保存文件即可。

其具体操作步骤如下:

步骤01 在菜单栏上选择"文件"→"打开"命令,在弹出的"打开"对话框中选择"素材004.jpg"图像文件,然后单击"确定"按钮。

步骤02 在菜单栏上选择"滤镜"→"消失点"命令,在弹出的"消失点"对话框中创建透视平面,如图12.15所示。

步骤03 单击左侧的"图章工具"按钮  ,在工具选项栏中设置直径为"241",硬度为"50"、不透明度为"100",然后在图像上按住"Alt"键的同时单击源图像,如图12.16所示。

图12.15 "消失点"对话框

步骤04 在需要修饰的图像区域上进行涂抹,然后单击"确定"按钮并保存图像文件,如图12.17所示。

图12.16 图章工具修饰

图12.17 修饰后的效果

案例小结

本案例通过对图像中的小狗进行修饰处理,主要练习消失点滤镜的设置及其应用。其中未练习到的知识,读者可根据"知识讲解"自行练习。

12.3 上机练习

12.3.1 制作拼缀图效果

本次练习将如图12.18所示的图像文件制作成素描效果，主要练习滤镜库的使用方法，制作的效果如图12.19所示。

素材位置： 第12课\素材\素材005.jpg

效果图位置： 第12课\源文件\拼缀图效果.psd

操作思路：

🍰 打开素材"素材005.jpg"图像文件。

🍰 在菜单栏上选择"滤镜"→"滤镜库"命令，在弹出的对话框中单击中间的"纹理"滤镜。

🍰 在弹出的"纹理"滤镜缩略图中选择"拼缀图"图标，设置"方形大小"为"7"，"凸现"为"9"，然后单击"确定"按钮。

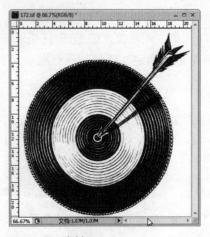

图12.18 素材005

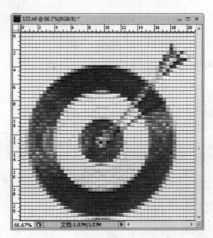

图12.19 拼缀效果图

12.3.2 合成图像

本次练习将对如图12.20和图12.21所示的图像文件进行合成，主要练习消失点滤镜的设置和使用方法，合成后的图像效果如图12.22所示。

素材位置： 第12课\素材\素材006.psd、素材007.jpg

效果图位置： 第12课\源文件\合成图像.psd

操作思路：

🍰 打开素材"素材006.psd"和"素材007.jpg"图像文件。

🍰 在"素材006.psd"图像文件中创建小熊的选区，然后按下"Ctrl+C"组合键进行复制。

🍰 选择素材"素材007.jpg"图像文件，通过消失点滤镜创建一个透视平面。

📷 在"消失点"对话框中按住"Ctrl+V"组合键将刚复制的图像粘贴到透视平面中，并通过变换操作调整好透视关系。

图12.20　素材006

图12.21　素材007

图12.22　合成图像

12.4 疑难解答

问： "滤镜"菜单栏中有多种滤镜，它们的操作方法有什么共性呢？

答： 大多数滤镜的操作方法都是一样的，即首先选择要执行滤镜的图像文件，然后选择滤镜，调整参数选项即可。不过也有些滤镜的操作方法不一样。

问： 消失点滤镜中的图章工具和工具箱中的仿制图章工具产生的结果有什么区别吗？

答： 当然有区别。消失点滤镜中的图章工具和工具箱中的仿制图章工具的工作原理类似。但仿制图章工具只能根据源图像的透视关系进行原样复制，而消失点滤镜中的图章工具可根据需要调整复制后的图像透视关系。

12.5 课后练习

选择题

1 按下（　　）组合键可重复使用一个滤镜。

　A. Ctrl+F　　B. Ctrl+O　　C. Alt+F　　D. Alt+O

2 （　　）滤镜可以对图像进行局部变形，从而达到图像变形和包围的效果。

　A. 消失点　　B. 液化　　C. 马赛克　　D. 凸出

问答题

1 滤镜的选择规则主要有哪些注意事项？

2 简述消失点滤镜的应用方法。

上机题

1 按照12.3.2节上机练习的制作方法，将如图12.23所示的图像文件制作成玻璃滤镜效果，如图12.24所示。

素材位置： 第12课\素材\素材008.jpg

效果图位置： 第12课\源文件\玻璃滤镜效果.psd

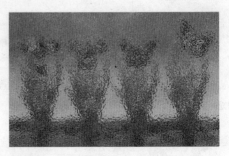

图12.23　素材008　　　　　　　　图12.24　玻璃滤镜效果

2 按照12.2.2节典型案例的制作方法，将如图12.25所示的图像文件修饰成如图12.26所示的效果图。

素材位置： 第12课\素材\素材009.jpg

效果图位置： 第12课\源文件\企鹅.psd

图12.25　素材009　　　　　　　　图12.26　企鹅

第13课

滤镜的应用（下）

▼ **本课要点**

常用滤镜（一）

常用滤镜（二）

▼ **具体要求**

掌握常用滤镜组的应用

了解智能滤镜的应用

▼ **本课导读**

通过滤镜可以为图像添加各种各样的特效，还可以为图像模拟各种艺术效果。在Photoshop CS4中，滤镜不但能单独作用于图像，还可以将多种滤镜效果同时叠加在一个图像上。

13.1 常用滤镜（一）

Photoshop CS4中提供了多达上百种滤镜，全部位于"滤镜"菜单下，其作用范围是当前编辑的图层或图层中的选区。

13.1.1 知识讲解

本小节将主要介绍像素化滤镜组、扭曲滤镜组、杂色滤镜组、模糊滤镜组、渲染滤镜组、画笔描边滤镜组和素描滤镜组的设置和应用。

1. 像素化滤镜组

该滤镜组通过将当前图层或选区内相近颜色值的像素转化成单元格的方式使图像分块或平面化。在菜单栏上选择"滤镜"→"像素化"命令，在展开的子菜单中可查看或应用该滤镜组中包含的7种滤镜。下面以"素材001.jpg"（如图13.1所示）图像文件作为原图，详细介绍这些滤镜的使用方法。

图13.1　素材001

📁 彩块化

"彩块化"滤镜是将当前图像中的纯色或相近颜色的像素结成相近颜色的像素块，从而使图像产生手绘或模糊的效果。该滤镜没有设置对话框，直接执行命令即可，效果如图13.2所示。

📁 彩色半调

"彩色半调"滤镜是模拟在图像的每个通道中使用放大的半调网屏效果。在菜单栏上选择"滤镜"→"像素化"→"彩色半调"命令，在弹出的"彩色半调"对话框中设置其参数选项，得到的效果如图13.3所示。

图13.2　"彩块化"滤镜效果

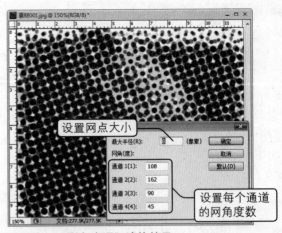

图13.3　"彩色半调"滤镜效果

📁 点状化

"点状化"滤镜是将图像分解为随机分布的网点，点与点之间的空隙将用当前背景色填充。在菜单栏上选择"滤镜"→"像素化"→"点状化"命令，在弹出的"点状化"对话框中设置其参数选项，得到的效果如图13.4所示。

📁 晶格化

"晶格化"滤镜是将图像中相近的像素集中到一个多边形的网格中，从而形成多边形的晶格化效果。在菜单栏上选择"滤镜"→"像素化"→"晶格化"命令，在弹出的"晶格化"对话框中设置其参数选项，得到的效果如图13.5所示。

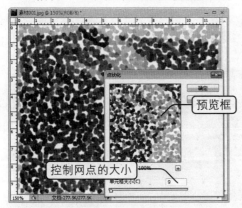

图13.4 "点状化"滤镜效果

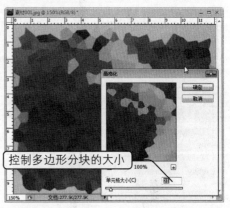

图13.5 "晶格化"滤镜效果

📁 马赛克

"马赛克"滤镜是将图像中具有相似色彩的像素统一合成像素块，从而产生马赛克效果。在菜单栏上选择"滤镜"→"像素化"→"马赛克"命令，在弹出的"马赛克"对话框中设置其参数选项，得到的效果如图13.6所示。

📁 碎片

"碎片"滤镜是将图像中的像素复制为4份，然后进行平均错位移动，从而形成一种不聚集的效果，该滤镜没有设置对话框，直接执行命令即可，得到的效果如图13.7所示。

📁 铜版雕刻

"铜版雕刻"滤镜在图像中随机分布各种不规则的线条和斑点，从而使图像产生铜版画的效果。在菜单栏上选择"滤镜"→"像素化"→"铜版雕刻"命令，在弹出的"铜版雕刻"对话框中设置其参数选项，得到的效果如图13.8所示。

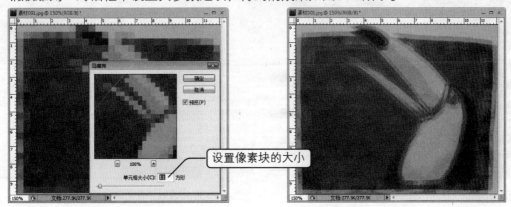

图13.6 "马赛克"滤镜效果　　　　　　图13.7 "碎片"滤镜效果

2. 扭曲滤镜组

扭曲滤镜组使用各种方式对图像进行扭曲，从而产生变形效果。在菜单栏上选择"滤镜"→"扭曲"命令，在展开的子菜单中可查看或应用该滤镜组中包含的13种滤镜，下面以"素材002.jpg"（如图13.9所示）图像文件作为原图，详细介绍这些滤镜的使用方法。

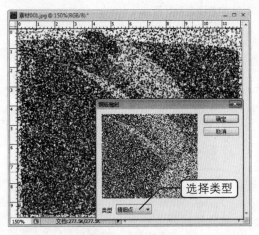

图13.8　"铜版雕刻"滤镜效果　　　　　图13.9　素材002

📁 波浪

"波浪"滤镜是根据设定的波长，产生波浪似的变形效果。在菜单栏上选择"滤镜"→"扭曲"→"波浪"命令，在弹出的"波浪"对话框中设置其参数选项，得到的效果如图13.10所示。

📁 玻璃

使用"玻璃"滤镜可以产生一种透过玻璃观看图像的效果。在菜单栏上选择"滤镜"→"扭曲"→"玻璃"命令，在弹出的"玻璃"对话框中设置其参数选项，得到的效果如图13.11所示。

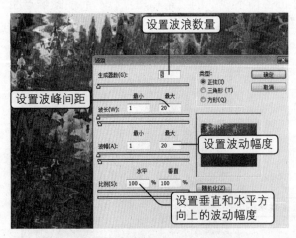

图13.10　"波浪"滤镜效果

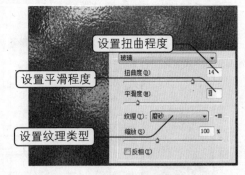

图13.11　"玻璃"滤镜效果

📁 波纹

　　使用"波纹"滤镜可以使图像产生水纹的涟漪效果。在菜单栏上选择"滤镜"→"扭曲"→"波纹"命令，在弹出的"波纹"对话框中设置其参数选项，得到的效果如图13.12所示。

📁 海洋波纹

　　"海洋波纹"滤镜是在图像表面随机产生波纹，从而使图像有置入水中的效果。在菜单栏上选择"滤镜"→"扭曲"→"海洋波纹"命令，在弹出的"海洋波纹"对话框中设置其参数选项，得到的效果如图13.13所示。

图13.12　"波纹"滤镜效果

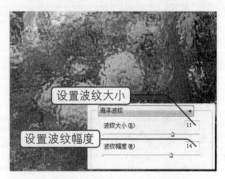

图13.13　"海洋波纹"滤镜效果

📁 极坐标

　　"极坐标"滤镜是将图像从直角坐标系转变成极坐标系或反向转变，从而产生极端变形效果。在菜单栏上选择"滤镜"→"扭曲"→"极坐标"命令，在弹出的"极坐标"对话框中设置其参数选项，得到的效果如图13.14所示。

📁 挤压

　　"挤压"滤镜可以使全部图像或选择区域内的图像产生向外或向内的挤压变形效果。在菜单栏上选择"滤镜"→"扭曲"→"挤压"命令，在弹出的"挤压"对话框中设置其参数选项，得到的效果如图13.15所示。

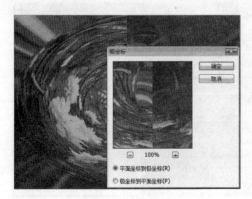

图13.14　"极坐标"滤镜效果

图13.15　"挤压"滤镜效果

📁 镜头校正

"镜头校正"滤镜用于校正数码照片中因镜头缺陷而造成的变形失真。在菜单栏上选择"滤镜"→"扭曲"→"镜头校正"命令，在弹出的"镜头校正"对话框中设置其参数选项，得到的效果如图13.16所示。

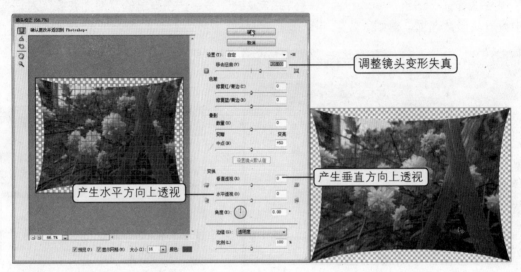

图13.16　"镜头校正"滤镜效果

📁 扩散亮光

"扩散亮光"滤镜是将背景色的光晕添加到图像中较亮的区域，从而使图像产生一种光线弥漫的漫射效果。在菜单栏上选择"滤镜"→"扭曲"→"扩散亮光"命令，在弹出的"扩散亮光"对话框中设置其参数选项，得到的效果如图13.17所示。

📁 切变

使用"切变"滤镜可以使图像在水平方向上产生弯曲效果。在菜单栏上选择"滤镜"→"扭曲"→"切变"命令，在弹出的"切变"对话框中设置其参数选项，得到的效果如图13.18所示。

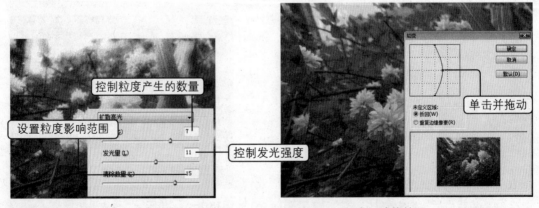

图13.17　"扩散亮光"滤镜效果　　　　图13.18　"切变"滤镜效果

📁 **球面化**

"球面化"滤镜是将图像扭曲、伸展来适合球面，从而产生规则的挤压效果。在菜单栏上选择"滤镜"→"扭曲"→"球面化"命令，在弹出的"球面化"对话框中设置其参数选项，得到的效果如图13.19所示。

📁 **水波**

使用"水波"滤镜可使图像产生类似水面上起伏旋转的波纹效果。在菜单栏上选择"滤镜"→"扭曲"→"水波"命令，在弹出的"水波"对话框中设置其参数选项，得到的效果如图13.20所示。

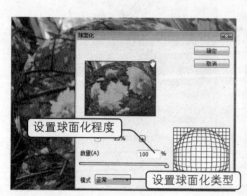

图13.19　　"球面化"滤镜效果

图13.20　　"水波"滤镜效果

📁 **置换**

"置换"滤镜是通过在当前图像与指定贴图文件之间进行置换的方式来扭曲原图像。在菜单栏上选择"滤镜"→"扭曲"→"置换"命令，在弹出的"置换"对话框（如图13.21所示）中设置其参数选项，单击"确定"按钮后在弹出的"选择一个置换图"对话框中选择如图13.22所示的图像文件（素材003.psd），然后单击"打开"按钮，得到的效果如图13.23所示。

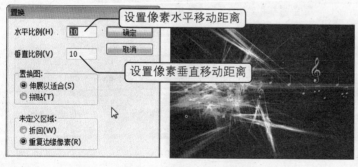

图13.21　　"置换"对话框　　　　图13.22　　素材003　　　　图13.23　　"置换"滤镜效果

📁 **旋转扭曲**

"旋转扭曲"滤镜可以对图像产生顺时针或逆时针的旋转效果。在菜单栏上选择

"滤镜"→"扭曲"→"旋转扭曲"命令，在弹出的"旋转扭曲"对话框中设置其参数选项，得到的效果如图13.24所示。

3. 杂色滤镜组

杂色滤镜组用于向图像中添加或去除杂色。在菜单栏上选择"滤镜"→"杂色"命令，在展开的子菜单中可查看或应用该滤镜组中包含的5种滤镜，下面以"素材004.jpg"（如图13.25所示）图像文件作为原图，详细介绍这些滤镜的使用方法。

图13.24　"旋转扭曲"滤镜效果

图13.25　素材004

📁 减少杂色

"减少杂色"滤镜用于去除图片的杂色。在菜单栏上选择"滤镜"→"杂色"→"减少杂色"命令，在弹出的"减少杂色"对话框中设置其参数选项，得到的效果如图13.26所示。

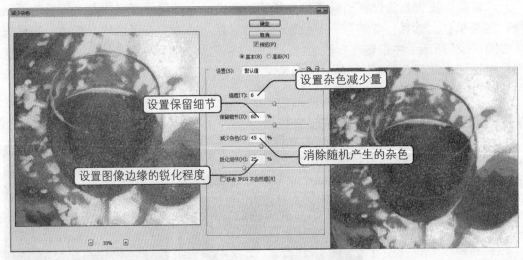

图13.26　"减少杂色"滤镜效果

📁 蒙尘与划痕

"蒙尘与划痕"滤镜是将图像中有缺陷的像素融入周围的像素中，从而达到除尘和涂抹的效果。在菜单栏上选择"滤镜"→"杂色"→"蒙尘与划痕"命令，在弹出的

"蒙尘与划痕"对话框中设置其参数选项，得到的效果如图13.27所示。

📁 去斑

"去斑"滤镜是通过对图像进行轻微的模糊、柔化操作，从而去除图像中的杂点。该滤镜没有设置对话框，直接执行命令即可，得到的效果如图13.28所示。

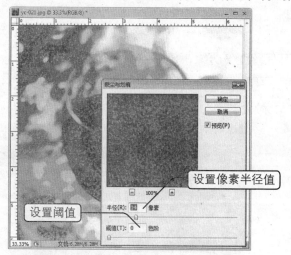

图13.27 "蒙尘与划痕"滤镜效果　　　　图13.28 "去斑"滤镜效果

📁 添加杂色

"添加杂色"滤镜是将一定量的杂色以随机的方式添加到当前图像中，从而使产生的色彩具有漫散的效果。在菜单栏上选择"滤镜"→"杂色"→"添加杂色"命令，在弹出的"添加杂色"对话框中设置其参数选项，得到的效果如图13.29所示。

📁 中间值

"中间值"滤镜通过混合选区内像素亮度的平均值来减少图像中的杂色。在菜单栏上选择"滤镜"→"杂色"→"中间值"命令，在弹出的"中间值"对话框中设置其参数选项，得到的效果如图13.30所示。

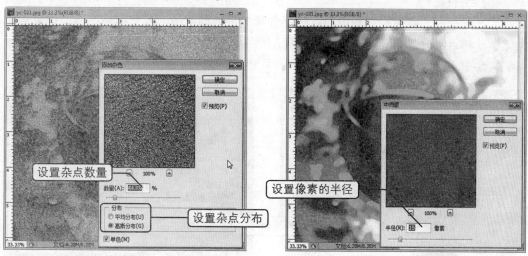

图13.29 "添加杂色"滤镜效果　　　　图13.30 "中间值"滤镜效果

4. 模糊滤镜组

模糊滤镜组是通过削弱相邻像素的对比度，使相邻像素平滑过渡，产生边缘柔和、模糊的效果。在菜单栏上选择"滤镜"→"模糊"命令，在展开的子菜单中可查看或应用该滤镜组中包含的11种滤镜，下面以"素材005.jpg"（如图13.31所示）图像文件作为原图，详细介绍这些滤镜的使用方法。

📁 表面模糊

"表面模糊"滤镜在模糊图像时可保留图像边缘，用于创建特殊图像效果并去除杂点和颗粒。在菜单栏上选择"滤镜"→"模糊"→"表面模糊"命令，在弹出的"表面模糊"对话框中设置其参数选项，得到的效果如图13.32所示。

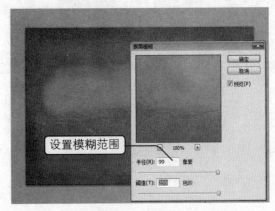

图13.31　素材005　　　　　　　　　　　图13.32　　"表面模糊"滤镜效果

📁 动感模糊

"动感模糊"滤镜是模仿拍摄运动物体的手法，通过使像素往某一方向上的线性位移来产生运动模糊效果。在菜单栏上选择"滤镜"→"模糊"→"动感模糊"命令，在弹出的"动感模糊"对话框中设置其参数选项，得到的效果如图13.33所示。

📁 方框模糊

"方框模糊"滤镜是在图像中以相邻像素的平均颜色值为基准模糊图像。在菜单栏上选择"滤镜"→"模糊"→"方框模糊"命令，在弹出的"方框模糊"对话框中设置其参数选项，得到的效果如图13.34所示。

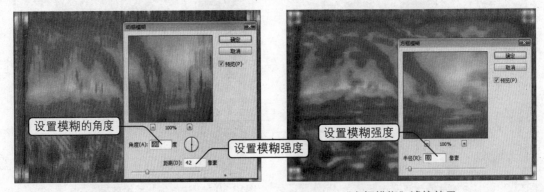

图13.33　"动感模糊"滤镜效果　　　　　图13.34　　"方框模糊"滤镜效果

📁 高斯模糊

　　"高斯模糊"滤镜可以对图像总体进行模糊处理，从而使图像产生柔和的模糊效果。在菜单栏上选择"滤镜"→"模糊"→"高斯模糊"命令，在弹出的"高斯模糊"对话框中设置其参数选项，得到的效果如图13.35所示。

📁 进一步模糊

　　使用"进一步模糊"滤镜可以使图像产生稍微明显的模糊效果。该滤镜没有设置对话框，直接执行命令即可。

📁 径向模糊

　　使用"径向模糊"滤镜可以使图像产生旋转或放射状的模糊效果。在菜单栏上选择"滤镜"→"模糊"→"径向模糊"命令，在弹出的"径向模糊"对话框中设置其参数选项，得到的效果如图13.36所示。

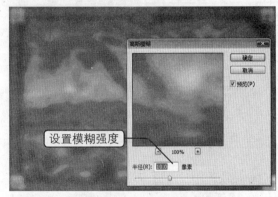

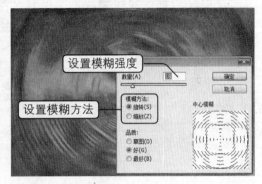

图13.35　"高斯模糊"滤镜效果　　　　　图13.36　"径向模糊"滤镜效果

📁 镜头模糊

　　"镜头模糊"滤镜是模仿镜头的方式对图像进行模糊。在菜单栏上选择"滤镜"→"模糊"→"镜头模糊"命令，在弹出的"镜头模糊"对话框中设置其参数选项，得到的效果如图13.37所示。

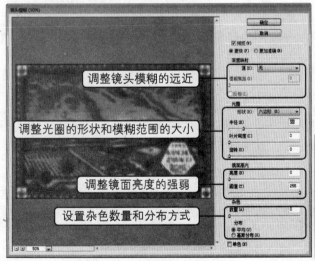

图13.37　"镜头模糊"滤镜效果

📁 模糊

"模糊"滤镜是对图像边缘进行轻微的模糊处理，该滤镜没有设置对话框，直接执行命令即可。

📁 平均

"平均"滤镜是对图像或选区的平均颜色值进行柔化处理，从而产生模糊效果，该滤镜没有设置对话框，直接执行命令即可。

📁 特殊模糊

"特殊模糊"滤镜是通过找出图像的边缘及模糊边缘以内的区域，从而产生一种清晰边界的模糊效果。在菜单栏上选择"滤镜"→"模糊"→"特殊模糊"命令，在弹出的"特殊模糊"对话框中设置其参数选项，得到的效果如图13.38所示。

📁 形状模糊

"形状模糊"滤镜是在不同形状的基础上创建模糊效果。在菜单栏上选择"滤镜"→"模糊"→"形状模糊"命令，在弹出的"形状模糊"对话框中设置其参数选项，得到的效果如图13.39所示。

图13.38　"特殊模糊"路径效果

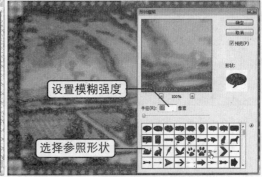
图13.39　"形状模糊"滤镜效果

5. 渲染滤镜组

渲染滤镜组用于模拟在不同的光源下用不同的光线照明的效果。在菜单栏上选择"滤镜"→"渲染"命令，在展开的子菜单中可查看或应用该滤镜组中包含的5种滤镜，下面以"素材006.jpg"（如图13.40所示）图像文件作为原图，详细介绍这些滤镜的使用方法。

📁 分层云彩

"分层云彩"滤镜是在图像中添加一个分层云彩的效果，它不像"云彩"滤镜那样完全覆盖图像，该滤镜没有设置对话框，直接执行命令即可，效果如图13.41所示。

📁 光照效果

"光照效果"滤镜提供了17种光照样式、3种光照类型和4种光照属性。在菜单栏上选择"滤镜"→"渲染"→"光照效果"命令，即可弹出如图13.42所示的"光照效果"对话框，其中各参数选项的含义如下。

☁ **"样式"下拉列表框**：在该下拉列表框中提供了17种光源样式，用户可根据需要进行选择。

 "光照类型"下拉列表框：在该下拉列表框中选择光照的类型，其中包括"平行光"、"点光"和"全光源"3种灯光类型。

 "强度"滑块：用于设置光照的强度，取值范围为-100~100，该值越大，光照越强。

 "聚焦"滑块：用于设置光照的照射范围，此功能仅对点光源有效。

 "光泽"滑块：用于设置反光物体的光泽度，光泽度越高，反光效果越好。

 "材料"滑块：用于设置光照的质感。

 "曝光度"滑块：用于控制光照的明暗。

 "环境"滑块：用于产生一种舞台灯光的弥漫效果。单击其右侧的色块，在弹出的"拾色器"对话框中设置光照范围以外的周围光的颜色。

 "纹理通道"下拉列表框：用于在图像中加入纹理来产生一种浮雕效果。

 "高度"滑块：在选中"白色部分凸出"复选框时，通过该滑块可以调整纹理的深浅，其中纹理的凸出部分用白色表示，凹陷部分用黑色表示。

设置完光照效果参数后，单击"确定"按钮，效果如图13.43所示。

图13.40 素材006

图13.41 "分层云彩"滤镜效果

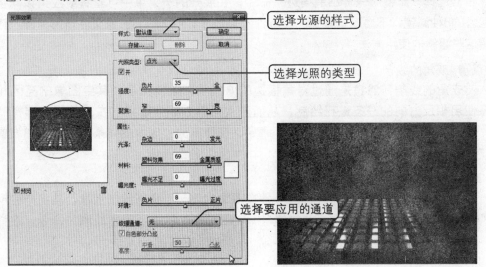

图13.42 "光照效果"对话框

图13.43 "光照效果"滤镜的效果

 镜头光晕

"镜头光晕"滤镜是在图像中添加类似照相机镜头反射光的效果，该滤镜常用于创建星光、强烈的日光和其他的光芒效果。在菜单栏上选择"滤镜"→"渲染"→"镜头光晕"命令，在弹出的"镜头光晕"对话框中设置其参数选项，得到的效果如图13.44所示。

📁 纤维

"纤维"滤镜是使用前景色和背景色创建机织纤维的效果。在菜单栏上选择"滤镜"→"渲染"→"纤维"命令，在弹出的"纤维"对话框中设置其参数选项，得到的效果如图13.45所示。

📁 云彩

"云彩"滤镜是使用前景色和背景色随机组合生成柔和的云彩效果，该滤镜没有设置对话框，直接执行命令即可。

图13.44　　"镜头光晕"滤镜效果　　　　　　图13.45　　"纤维"滤镜效果

6. 画笔描边滤镜组

画笔描边滤镜组用于模拟不同的画笔或油墨笔刷勾画图像，从而产生绘画效果。在菜单栏上选择"滤镜"→"画笔描边"命令，在展开的子菜单中可查看或应用该滤镜组中包含的8种滤镜，下面以"素材007.jpg"（如图13.46所示）图像文件作为原图，详细介绍这些滤镜的使用方法。

📁 成角的线条

"成角的线条"滤镜是通过对角描边的方式重新绘制图像，其中图像的亮区和暗区将使用相反方向的线条进行绘制，从而产生倾斜划痕的效果。在菜单栏上选择"滤镜"→"画笔描边"→"成角的线条"命令，在弹出的"成角的线条"对话框中设置其参数选项，得到的效果如图13.47所示。

📁 墨水轮廓

"墨水轮廓"滤镜是使用纤细的线条在图像的细节上重新绘制图像，从而产生钢笔画风格的图像。在菜单栏上选择"滤镜"→"画笔描边"→"墨水轮廓"命令，在弹出的"墨水轮廓"对话框中设置其参数选项，得到的效果如图13.48所示。

📁 喷溅

"喷溅"滤镜是模拟喷枪绘图的工作原理，使图像产生画面颗粒飞溅的喷枪效果。在菜单栏上选择"滤镜"→"画笔描边"→"喷溅"命令，在弹出的"喷溅"对话框中设置其参数选项，得到的效果如图13.49所示。

图13.46　素材007

图13.47　"成角的线条"滤镜效果

图13.48　"墨水轮廓"滤镜效果

图13.49　"喷溅"滤镜效果

📁 喷色描边

"喷色描边"滤镜是在"喷溅"滤镜生成效果的基础上添加斜纹飞溅的效果。在菜单栏上选择"滤镜"→"画笔描边"→"喷色描边"命令，在弹出的"喷色描边"对话框中设置其参数选项，得到的效果如图13.50所示。

📁 强化的边缘

使用"强化的边缘"滤镜可以在图像边缘处产生高亮的边缘效果。在菜单栏上选择"滤镜"→"画笔描边"→"强化的边缘"命令，在弹出的"强化的边缘"对话框中设置其参数选项，得到的效果如图13.51所示。

📁 深色线条

"深色线条"滤镜是使用短的、紧绷的深色线条绘制图像中的暗部区域，用长的白色线条绘制亮部区域，从而产生一种很强的黑色阴影效果。在菜单栏上选择"滤镜"→"画笔描边"→"深色线条"命令，在弹出的"深色线条"对话框中设置其参数选项，得到的效果如图13.52所示。

📁 烟灰墨

使用"烟灰墨"滤镜可使图像产生类似使用木炭绘画或在宣纸上绘画的效果。在菜单栏上选择"滤镜"→"画笔描边"→"烟灰墨"命令，在弹出的"烟灰墨"对话框中设置其参数选项，得到的效果如图13.53所示。

图13.50 　"喷色描边"滤镜效果

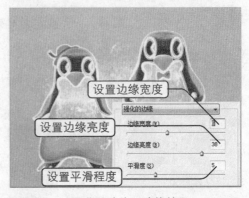

图13.51 　"强化的边缘"滤镜效果

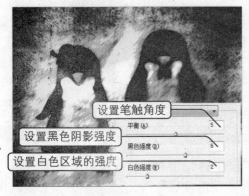

图13.52 　"深色线条"滤镜效果

图13.53 　"烟灰墨"滤镜效果

📁 阴影线

"阴影线"滤镜是在保留原图像的细节和特征的基础上，模拟铅笔阴影线的效果在图像上添加纹理，并使彩色区域的边缘变得粗糙。在菜单栏上选择"滤镜"→"画笔描边"→"阴影线"命令，在弹出的"阴影线"对话框中设置其参数选项，得到的效果如图13.54所示。

7. 素描滤镜组

素描滤镜组是将纹理添加到当前图像中，从而使图像产生类似素描画的艺术效果。在菜单栏上选择"滤镜"→"素描"命令，在展开的子菜单中可查看或应用该滤镜组中包含的14种滤镜，下面以"素材008.jpg"（如图13.55所示）图像文件作为原图，详细介绍这些滤镜的使用方法。

📁 半调图案

"半调图案"滤镜是使用前景色和背景色在图像中产生网点的效果。在菜单栏上选择"滤镜"→"素描"→"半调图案"命令，在弹出的"半调图案"对话框中设置其参数选项，得到的效果如图13.56所示。

图13.54 "阴影线"滤镜效果

图13.55 素材008

📁 便条纸

使用"便条纸"滤镜可使图像产生由前景色和背景色混合而成的凹凸不平的草纸画效果。在菜单栏上选择"滤镜"→"素描"→"便条纸"命令，在弹出的"便条纸"对话框中设置其参数选项，得到的效果如图13.57所示。

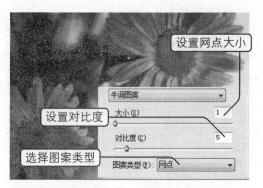

图13.56 "半调图案"滤镜效果

图13.57 "便条纸"滤镜效果

📁 粉笔和炭笔

使用"粉笔和炭笔"滤镜可以使图像产生类似被粉笔和炭笔涂抹的草图效果。在菜单栏上选择"滤镜"→"素描"→"粉笔和炭笔"命令，在弹出的"粉笔和炭笔"对话框中设置其参数选项，得到的效果如图13.58所示。

📁 铬黄渐变

使用"铬黄渐变"滤镜可使图像产生光感强烈的液态金属效果。在菜单栏上选择"滤镜"→"素描"→"铬黄渐变"命令，在弹出的"铬黄渐变"对话框中设置其参数选项，得到的效果如图13.59所示。

📁 绘图笔

使用"绘图笔"滤镜可以使图像产生类似钢笔绘制后的效果图。在菜单栏上选择"滤镜"→"素描"→"绘图笔"命令，在弹出的"绘图笔"对话框中设置其参数选项，得到的效果如图13.60所示。

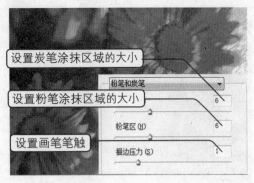

设置炭笔涂抹区域的大小

设置粉笔涂抹区域的大小

设置画笔笔触

图13.58　"粉笔和炭笔"滤镜效果

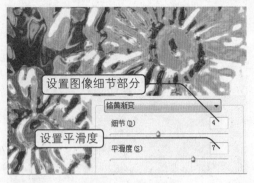

设置图像细节部分

设置平滑度

图13.59　"铬黄渐变"滤镜效果

📁 **基底凸现**

使用"基底凸现"滤镜可以使图像产生粗糙的浮雕效果，其中前景色填充的部分为暗部区域，背景色填充的部分为亮部区域。在菜单栏上选择"滤镜"→"素描"→"基底凸现"命令，在弹出的"基底凸现"对话框中设置其参数选项，得到的效果如图13.61所示。

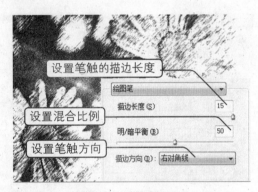

设置笔触的描边长度

设置混合比例

设置笔触方向

图13.60　"绘图笔"滤镜效果

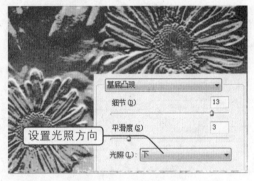

设置光照方向

图13.61　"基底凸现"滤镜效果

📁 **水彩画纸**

"水彩画纸"滤镜是在图像上制作出类似在湿纸上绘画而产生画面浸湿的效果。在菜单栏上选择"滤镜"→"素描"→"水彩画纸"命令，在弹出的"水彩画纸"对话框中设置其参数选项，得到的效果如图13.62所示。

📁 **撕边**

使用"撕边"滤镜可使图像产生类似将纸片撕破后的粗糙形状效果，其中前景色填充图像中的暗部区域，背景色填充图像中的高亮度区。在菜单栏上选择"滤镜"→"素描"→"撕边"命令，在弹出的"撕边"对话框中设置其参数选项，得到的效果如图13.63所示。

📁 **塑料效果**

使用"塑料效果"滤镜可使图像产生类似塑料压模的浮雕效果。在菜单栏上选择"滤镜"→"素描"→"塑料效果"命令，在弹出的"塑料效果"对话框中设置其参数选项，得到的效果如图13.64所示。

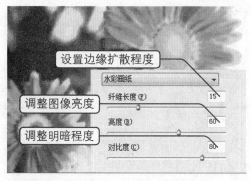

图13.62 "水彩画纸"滤镜效果

设置边缘扩散程度
调整图像亮度
调整明暗程度

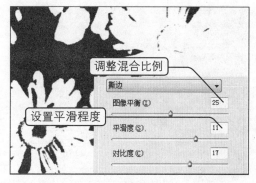

图13.63 "撕边"滤镜效果

调整混合比例
设置平滑程度

炭笔

使用"炭笔"滤镜可使图像产生类似炭笔绘画的效果，其中前景色为炭笔颜色，背景色为纸张的颜色。在菜单栏上选择"滤镜"→"素描"→"炭笔"命令，在弹出的"炭笔"对话框中设置其参数选项，得到的效果如图13.65所示。

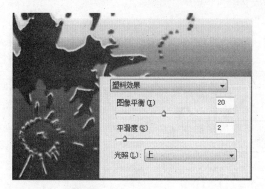

图13.64 "塑料"效果滤镜

设置笔触大小

图13.65 "炭笔"滤镜效果

炭精笔

"炭精笔"滤镜是使用前景色和背景色在图像上模拟浓黑和纯白的炭精笔所绘制的纹理效果。在菜单栏上选择"滤镜"→"素描"→"炭精笔"命令，在弹出的"炭精笔"对话框中设置其参数选项，得到的效果如图13.66所示。

图章

"图章"滤镜是使用前景色和背景色在图像中产生图章效果。在菜单栏上选择"滤镜"→"素描"→"图章"命令，在弹出的"图章"对话框中设置其参数选项，得到的效果如图13.67所示。

网状

"网状"滤镜是使用前景色和背景色填充图像，从而在图像中产生类似网眼覆盖的颗粒效果。在菜单栏上选择"滤镜"→"素描"→"网状"命令，在弹出的"网状"对话框中设置其参数选项，得到的效果如图13.68所示。

图13.66　"炭精笔"滤镜效果

调整前景色与背景色混合比例

图13.67　"图章"滤镜效果

📁 影印

使用"影印"滤镜可以使图像产生类似印刷物的效果，其中前景色填充亮部区域，背景色填充暗部区域。在菜单栏上选择"滤镜"→"素描"→"影印"命令，在弹出的"影印"对话框中设置其参数选项，得到的效果如图13.69所示。

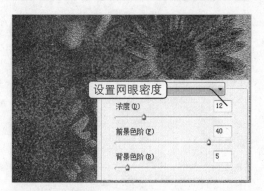

设置网眼密度

图13.68　"网状"滤镜效果

调整图像阴影部分的深度

图13.69　"影印"滤镜效果

13.1.2　典型案例——制作雪景

案例目标

本案例将通过滤镜制作雪景效果，主要练习"点状化"滤镜、"高斯模糊"滤镜和"动感模糊"滤镜的设置和使用方法，制作的效果如图13.70所示。

素材位置： 第13课\素材\素材014.jpg
效果图位置： 第13课\源文件\雪景.psd
操作思路：

 打开素材文件，然后新建图层。

 利用"点状化"、"高斯模糊"、"动

图13.70　雪景

感模糊"以及"阈值"命令制作雪景。

> 将"混合模式"设置为"滤色",实例制作即可完成。

操作步骤

其具体操作步骤如下:

步骤01 打开素材"素材014.jpg"图像文件,如图13.71所示。

步骤02 设置前景色为白色,在"图层"调板中新建"图层1",然后按下"Alt+Delete"组合键填充图层。

步骤03 在菜单栏上选择"滤镜"→"像素化"→"点状化"命令,在弹出的"点状化"对话框中设置单元格大小为"12",然后单击"确定"按钮,如图13.72所示。

步骤04 在菜单栏上选择"图像"→"调整"→"阈值"命令,在弹出的"阈值"对话框中设置阈值色阶为"232",然后单击"确定"按钮,如图13.73所示。

 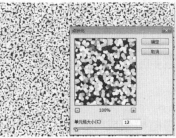 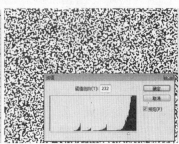

图13.71 素材014 　　　　图13.72 "点状化"滤镜效果 　　图13.73 设置阈值

步骤05 按下"Ctrl+I"组合键将图像进行反相操作。

步骤06 在菜单栏上选择"滤镜"→"模糊"→"高斯模糊"命令,在弹出的"高斯模糊"对话框中设置半径为"1.6"像素,然后单击"确定"按钮,如图13.74所示。

步骤07 在菜单栏上选择"滤镜"→"模糊"→"动感模糊"命令,在弹出的"动感模糊"对话框中设置角度为"–73"度,距离为"7"像素,然后单击"确定"按钮,如图13.75所示。

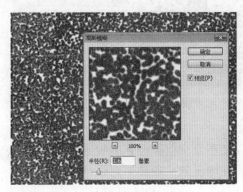 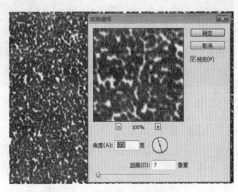

图13.74 "高斯模糊"滤镜效果 　　　　　　图13.75 "动感模糊"滤镜效果

步骤08 将图层的"混合模式"更改为"滤色",即可完成雪景的制作。

案例小结

　　本案例制作了雪景效果,在制作过程中主要应用了"点状化"、"高斯模糊"和"动感模糊"滤镜,并结合前面所学的"阈值"和"反相"命令进行操作。

13.2 常用滤镜(二)

　　前一节中介绍了一部分滤镜,下面我们将详细介绍其他滤镜。

13.2.1 知识讲解

　　下面主要介绍纹理滤镜组、艺术效果滤镜组、风格化滤镜组、锐化滤镜组、视频滤镜组、Digimarc滤镜组、其他滤镜组和智能滤镜的设置与使用方法。

1. 纹理滤镜组

　　纹理滤镜组是在图像上添加多种纹理,从而使图像产生具有一定材质感的效果。在菜单栏上选择"滤镜"→"纹理"命令,在展开的子菜单中可查看或应用该滤镜组中包含的6种滤镜,下面以"素材009.jpg"(如图13.76所示)图像文件作为原图,详细介绍这些滤镜的使用方法。

📁 **龟裂缝**

　　"龟裂缝"滤镜是在图像中随机生成龟裂缝纹理并使图像产生浮雕效果。在菜单栏上选择"滤镜"→"纹理"→"龟裂缝"命令,在弹出的"龟裂缝"对话框中设置其参数选项,得到的效果如图13.77所示。

图13.76　素材009　　　　　　　　　图13.77　"龟裂缝"滤镜效果

📁 **颗粒**

　　"颗粒"滤镜是在图像中添加不规则的颗粒,使图像产生颗粒化的纹理效果。在菜单栏上选择"滤镜"→"纹理"→"颗粒"命令,在弹出的"颗粒"对话框中设置其参数选项,得到的效果如图13.78所示。

📁 马赛克拼贴

"马赛克拼贴"滤镜是在图像中生成马赛克网格，使图像分解成各种颜色的像素块。在菜单栏上选择"滤镜"→"纹理"→"马赛克拼贴"命令，在弹出的"马赛克拼贴"对话框中设置其参数选项，得到的效果如图13.79所示。

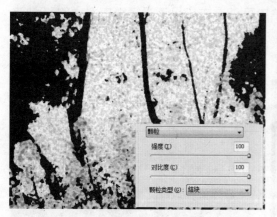
图13.78　"颗粒"滤镜效果

图13.79　"马赛克拼贴"滤镜效果

📁 拼缀图

"拼缀图"滤镜是将图像分割成多个规则的矩形块，其中每个矩形块内填充单一的颜色，从而使图像产生由多个方块拼缀的纹理效果。在菜单栏上选择"滤镜"→"纹理"→"拼缀图"命令，在弹出的"拼缀图"对话框中设置其参数选项，得到的效果如图13.80所示。

📁 染色玻璃

"染色玻璃"滤镜在图像中根据颜色的不同产生不规则的多边形彩色玻璃块。在菜单栏上选择"滤镜"→"纹理"→"染色玻璃"命令，在弹出的"染色玻璃"对话框中设置其参数选项，得到的效果如图13.81所示。

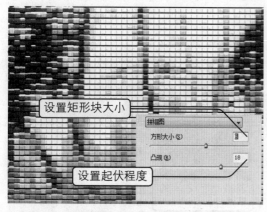
图13.80　"拼缀图"滤镜效果

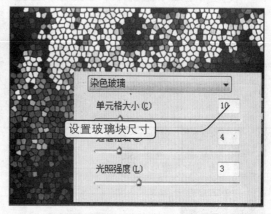
图13.81　"染色玻璃"滤镜效果

📁 纹理化

使用"纹理化"滤镜可使图像产生纹理化的效果。在菜单栏上选择"滤镜"→"纹理"→"纹理化"命令，在弹出的"纹理化"对话框中设置其参数选项，得到的效果如图13.82所示。

2. 艺术效果滤镜组

艺术效果滤镜组用于为图像添加天然或传统的艺术图像效果。在菜单栏上选择"滤镜"→"艺术效果"命令，在展开的子菜单中可查看或应用该滤镜组中包含的15种滤镜，下面以"素材010.jpg"（如图13.83所示）图像文件作为原图，详细介绍这些滤镜的使用方法。

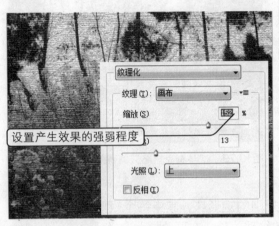

图13.82 "纹理化"滤镜效果

图13.83 素材010

📁 塑料包装

使用"塑料包装"滤镜可以使图像产生一层凹凸不平的半透明塑料包裹后的效果。在菜单栏上选择"滤镜"→"艺术效果"→"塑料包装"命令，在弹出的"塑料包装"对话框中设置其参数选项，得到的效果如图13.84所示。

📁 壁画

使用"壁画"滤镜可以使图像产生壁画般的粗糙绘画效果。在菜单栏上选择"滤镜"→"艺术效果"→"壁画"命令，在弹出的"壁画"对话框中设置其参数选项，得到的效果如图13.85所示。

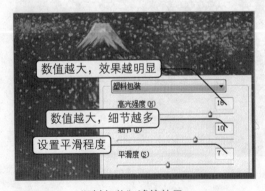

图13.84 "塑料包装"滤镜效果

图13.85 "壁画"滤镜效果

📁 干画笔

使用"干画笔"滤镜可以使图像产生一种不饱和的干燥的油画效果。在菜单栏上选择"滤镜"→"艺术效果"→"干画笔"命令,在弹出的"干画笔"对话框中设置其参数选项,得到的效果如图13.86所示。

📁 底纹效果

使用"底纹效果"滤镜可以使图像上产生喷绘图像效果。在菜单栏上选择"滤镜"→"艺术效果"→"底纹效果"命令,在弹出的"底纹效果"对话框中设置其参数选项,得到的效果如图13.87所示。

图13.86 "干画笔"滤镜效果

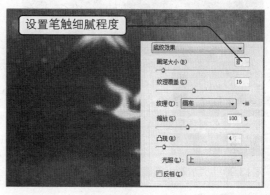

图13.87 "底纹效果"滤镜

📁 彩色铅笔

使用"彩色铅笔"滤镜可以使图像产生类似彩色铅笔在图纸上绘图的效果。在菜单栏上选择"滤镜"→"艺术效果"→"彩色铅笔"命令,在弹出的"彩色铅笔"对话框中设置其参数选项,得到的效果如图13.88所示。

📁 木刻

使用"木刻"滤镜可以使图像产生木刻画的效果。在菜单栏上选择"滤镜"→"艺术效果"→"木刻"命令,在弹出的"木刻"对话框中设置其参数选项,得到的效果如图13.89所示。

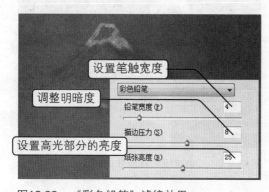

图13.88 "彩色铅笔"滤镜效果

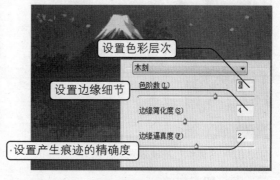

图13.89 "木刻"滤镜效果

📁 水彩

使用"水彩"滤镜可以使图像产生水彩笔绘图的效果。在菜单栏上选择"滤镜"→"艺术效果"→"水彩"命令，在弹出的"水彩"对话框中设置其参数选项，得到的效果如图13.90所示。

📁 海报边缘

使用"海报边缘"滤镜可减少图像中颜色的复杂度，在颜色变化区域边界上填充黑色，使图像产生海报画的效果。在菜单栏上选择"滤镜"→"艺术效果"→"海报边缘"命令，在弹出的"海报边缘"对话框中设置其参数选项，得到的效果如图13.91所示。

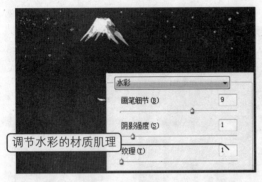

图13.90 "水彩"滤镜效果

图13.91 "海报边缘"滤镜效果

📁 海绵

使用"海绵"滤镜可以使图像产生海绵吸水后的图像效果。在菜单栏上选择"滤镜"→"艺术效果"→"海绵"命令，在弹出的"海绵"对话框中设置其参数选项，得到的效果如图13.92所示。

📁 涂抹棒

使用"涂抹棒"滤镜可以模拟使用粉笔或蜡笔在纸上涂抹的效果。在菜单栏上选择"滤镜"→"艺术效果"→"涂抹棒"命令，在弹出的"涂抹棒"对话框中设置其参数选项，得到的效果如图13.93所示。

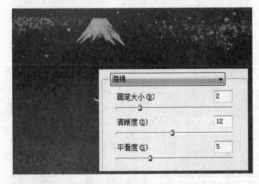

图13.92 "海绵"滤镜效果

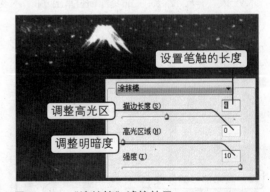

图13.93 "涂抹棒"滤镜效果

📁 粗糙蜡笔

"粗糙蜡笔"滤镜是模拟蜡笔在纹理背景上绘图，从而产生一种纹理浮雕效果。在菜单栏上选择"滤镜"→"艺术效果"→"粗糙蜡笔"命令，在弹出的"粗糙蜡笔"对话框中设置其参数选项，得到的效果如图13.94所示。

📁 绘画涂抹

"绘画涂抹"滤镜可以使图像产生类似用手在湿画上涂抹的模糊效果。在菜单栏上选择"滤镜"→"艺术效果"→"绘画涂抹"命令，在弹出的"绘画涂抹"对话框中设置其参数选项，得到的效果如图13.95所示。

图13.94　"粗糙蜡笔"滤镜效果　　　　　图13.95　"绘画涂抹"滤镜效果

📁 胶片颗粒

"胶片颗粒"可在图像上产生类似在胶片上添加杂色的效果。在菜单栏上选择"滤镜"→"艺术效果"→"胶片颗粒"命令，在弹出的"胶片颗粒"对话框中设置其参数选项，得到的效果如图13.96所示。

📁 调色刀

使用"调色刀"滤镜可以使图像中相近的颜色融合以减少细节，从而产生粗笔画的绘画效果。在菜单栏上选择"滤镜"→"艺术效果"→"调色刀"命令，在弹出的"调色刀"对话框中设置其参数选项，得到的效果如图13.97所示。

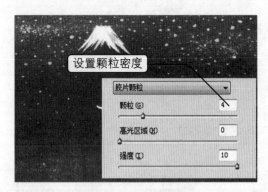

图13.96　"胶片颗粒"滤镜效果

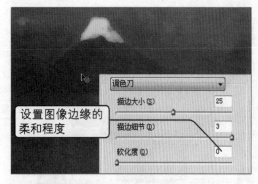

图13.97　"调色刀"滤镜效果

📁 霓虹灯光

使用"霓虹灯光"滤镜可使图像产生类似霓虹灯发光效果。在菜单栏上选择"滤镜"→"艺术效果"→"霓虹灯光"命令，在弹出的"霓虹灯光"对话框中设置其参数选项，得到的效果如图13.98所示。

3. 风格化滤镜组

风格化滤镜组是通过移动和置换图像的像素并提高图像像素的对比度来产生印象派或其他风格化的效果。在菜单栏上选择"滤镜"→"风格化"命令，在展开的子菜单中可查看或应用该滤镜组中包含的9种滤镜，下面以"素材011.jpg"（如图13.99所示）图像文件作为原图，详细介绍这些滤镜的使用方法。

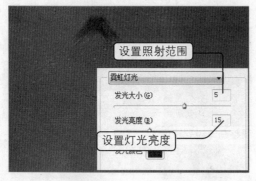

图13.98 "霓虹灯光"滤镜效果

图13.99 素材011

📁 查找边缘

使用"查找边缘"滤镜，系统可自动识别图像边缘并用铅笔勾画出轮廓线。该滤镜没有设置对话框，直接执行命令即可，得到的效果如图13.100所示。

📁 等高线

使用"等高线"滤镜可在图像中自动识别图像亮部区域和暗部区域的边界，然后沿边界绘制出形状较细、颜色较浅的线条效果。在菜单栏上选择"滤镜"→"风格化"→"等高线"命令，在弹出的"等高线"对话框中设置其参数选项，得到的效果如图13.101所示。

图13.100 "查找边缘"滤镜效果

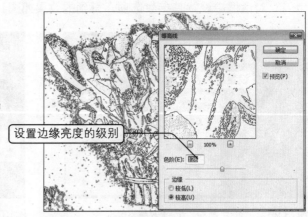

图13.101 "等高线"滤镜效果

📁 风

使用"风"滤镜可在图像中添加细小的水平线条，从而产生风吹的效果。在菜单栏上选择"滤镜"→"风格化"→"风"命令，在弹出的"风"对话框中设置其参数选项，得到的效果如图13.102所示。

📁 浮雕效果

"浮雕效果"是将图像中颜色较亮的部分分离出其他颜色，将周围的颜色降低，从而使图像呈现立体效果。在菜单栏上选择"滤镜"→"风格化"→"浮雕效果"命令，在弹出的"浮雕效果"对话框中设置其参数选项，得到的效果如图13.103所示。

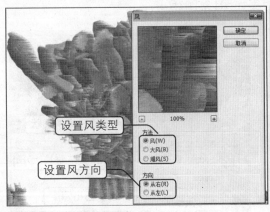

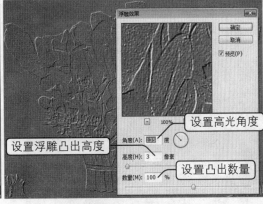

图13.102　"风"滤镜效果　　　　　　图13.103　　"浮雕效果"滤镜效果

📁 扩散

使用"扩散"滤镜可分散图像边缘的像素，使其呈现透过磨砂玻璃观看图像的效果。在菜单栏上选择"滤镜"→"风格化"→"扩散"命令，在弹出的"扩散"对话框中设置其参数选项，得到的效果如图13.104所示。

📁 拼贴

"拼贴"滤镜是将图像分解成一系列的小贴块，使选区偏离原来的位置。在菜单栏上选择"滤镜"→"风格化"→"拼贴"命令，在弹出的"拼贴"对话框中设置其参数选项，得到的效果如图13.105所示。

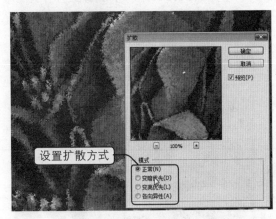

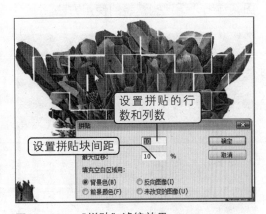

图13.104　"扩散"滤镜效果　　　　　图13.105　　"拼贴"滤镜效果

📁 曝光过度

使用"曝光过度"滤镜可混合负片和正片图像，使图像产生类似于摄影中增加光线强度产生的曝光过度效果。该滤镜没有设置对话框，直接执行命令即可，得到的效果如

图13.106所示。

📁 凸出

使用"凸出"滤镜可使图像表面产生有机叠放的立方体和锥体，从而扭曲图像或创建特殊的三维背景。在菜单栏上选择"滤镜"→"风格化"→"凸出"命令，在弹出的"凸出"对话框中设置其参数选项，得到的效果如图13.107所示。

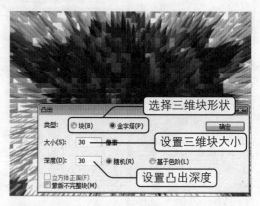

图13.106 "曝光过度"滤镜效果

图13.107 "凸出"滤镜效果

📁 照亮边缘

使用"照亮边缘"滤镜可自动识别图像边缘，使边缘的轮廓产生发光效果。在菜单栏上选择"滤镜"→"风格化"→"照亮边缘"命令，在弹出的"照亮边缘"对话框中设置其参数选项，得到的效果如图13.108所示。

4. 锐化滤镜组

锐化滤镜组是通过增强相邻像素间的高光与阴影色彩的对比度，从而提高图像的清晰度。在菜单栏上选择"滤镜"→"锐化"命令，在展开的子菜单中可查看或应用该滤镜组中包含的5种滤镜，下面以"素材012.jpg"（如图13.109所示）图像文件作为原图，详细介绍这些滤镜的使用方法。

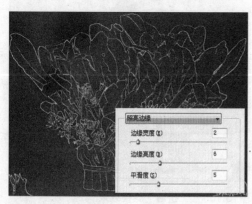

图13.108 "照亮边缘"滤镜效果

图13.109 素材012

📁 USM锐化

使用"USM锐化"滤镜可通过调整图像边缘细节的对比度，从而锐化图像的边缘轮

 Photoshop CS4图像处理培训教程

廓。在菜单栏上选择"滤镜"→"锐化"→"USM锐化"命令，在弹出的"USM锐化"对话框中设置参数选项，得到的效果如图13.110所示。

📁 **进一步锐化**

使用"进一步锐化"滤镜可直接对图像进行锐化处理，该滤镜没有设置对话框，直接执行命令即可。

📁 **锐化**

使用"锐化"滤镜可增加图像像素间的对比度，使图像更加清晰，该滤镜没有设置对话框，直接执行命令即可。

📁 **锐化边缘**

使用"锐化边缘"滤镜可增强图像边缘色彩的对比度，从而使图像变得清晰。该滤镜没有设置对话框，直接执行命令即可。

📁 **智能锐化**

使用"智能锐化"滤镜可设置锐化算法或控制在阴影和高光区域中的锐化量，从而获得更好的边缘检测并减少锐化晕圈。在菜单栏上选择"滤镜"→"锐化"→"智能锐化"命令，在弹出的"智能锐化"对话框中设置参数选项，得到的效果如图13.111所示。

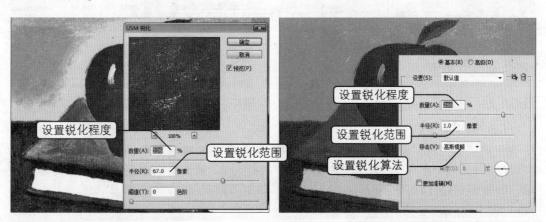

图13.110 "USM锐化"滤镜效果　　　　图13.111 "智能锐化"滤镜效果

5. 视频滤镜组

视频滤镜组可以处理从摄像机输入的图像或从录像带输入的图像，它包括"NTSC颜色"和"逐行"滤镜。其中"NTSC颜色"滤镜是将色域限制在电视机重现可接受的范围内，以防止过饱和颜色渗到电视扫描行中；"逐行"滤镜是通过移去视频图像中的奇数或偶数隔行线，使在视频上捕捉的运动图像变得平滑。

6. Digimarc滤镜组

Digimarc滤镜组是一种保护知识产权的滤镜插件。通过它可以将版权信息添加到图像中，并通过使用Digimarc PictureMark技术的数字水印加以保护。该滤镜组包含"嵌入水印"滤镜和"读取水印"滤镜。其中"嵌入水印"滤镜能向图像中嵌入水印图像，但不影响原来的图像，它能随着图像复制而复制；"读取水印"滤镜用来判断图像中是否有水印。

7. 其他滤镜组

使用其他滤镜组可使图像产生位移、自定义滤镜效果、使用滤镜修改蒙版或快速调整图像颜色等。在菜单栏上选择"滤镜"→"其他"命令，在展开的子菜单中可查看或应用该滤镜组中包含的5种滤镜，下面以"素材013.jpg"（如图13.112所示）图像文件作为原图，详细介绍这些滤镜的使用方法。

📁 位移

使用"位移"滤镜可使整个图像的像素按指定的数值在水平或垂直方向上移动，而移动后的原像素区域将使用背景色、边缘像素或图像的另一部分进行填充。在菜单栏上选择"滤镜"→"其他"→"位移"命令，在弹出的"位移"对话框中设置其参数选项，效果如图13.113所示。

图13.112　素材013

图13.113　"位移"滤镜效果

📁 最大值

使用"最大值"滤镜可强化图像中的亮部色调，消减暗部色调。在菜单栏上选择"滤镜"→"其他"→"最大值"命令，在弹出的"最大值"对话框中设置其参数选项，效果如图13.114所示。

📁 最小值

"最小值"滤镜的功能和"最大值"滤镜的功能相反。在菜单栏上选择"滤镜"→"其他"→"最小值"命令，在弹出的"最小值"对话框中设置其参数选项，效果如图13.115所示。

图13.114　"最大值"滤镜效果

图13.115　"最小值"滤镜效果

📁 自定

使用"自定"滤镜可自定义滤镜效果，还可对创建的滤镜进行保存。在菜单栏上选择"滤镜"→"其他"→"自定"命令，在弹出的"自定"对话框中设置其参数选项，效果如图13.116所示。

📁 高反差保留

"高反差保留"滤镜可在颜色强烈的区域，通过指定适当的半径值来保留图像的边缘细节，从而使图像的其余部分不被显示。在菜单栏上选择"滤镜"→"其他"→"高反差保留"命令，在弹出的"高反差保留"对话框中设置其参数选项，效果如图13.117所示。

图13.116　"自定"滤镜效果

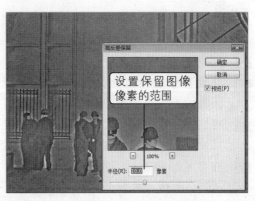

图13.117　"高反差保留"滤镜效果

8. 智能滤镜

智能滤镜是应用于智能对象的任何滤镜。使用智能滤镜可以随意调整滤镜的参数和效果，同时还可以隐藏或删除这些智能滤镜，而当前图层中的图像像素不会发生改变。

在菜单栏上选择"滤镜"→"转换为智能滤镜"命令，可以将图层转换为智能对象，然后对该图像应用滤镜效果，这时"图层"调板将如图13.118所示。双击"图层"调板中"智能滤镜"栏下的滤镜名称，在弹出的相应滤镜对话框中可对滤镜参数选项进行重新设置，以调整滤镜的效果。

 如果要编辑智能滤镜的混合选项，可双击滤镜旁边的"编辑混合选项"图标 ，在弹出的"混合选项"对话框中设置混合选项和效果的不透明度，单击"确定"按钮即可完成编辑操作，如图13.119所示。

图13.118　"图层"调板

图13.119　"混合选项"对话框

案例目标

本案例将利用滤镜制作火焰字的效果，主要练习"风"滤镜、"模糊"滤镜和"液化"滤镜的设置和应用方法，制作的效果如图13.120所示。

效果图位置： 第13课\源文件\火焰字.psd

操作思路：

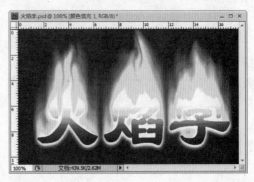

图13.120 火焰字

📧 创建一个背景色为黑色的图像文件。

📧 设置前景色为白色，然后使用文字工具输入"火焰字"文本。

📧 将文字移动到画布的下方，然后新建"图层1"，按住"Alt"键的同时在菜单栏上选择"图层"→"合并可见图层"命令。

📧 在菜单栏上选择"图像"→"图像旋转"→"90度（逆时针）"命令，然后应用"风"滤镜，连续3次。

📧 将"图层1"顺时针旋转90度，然后应用"高斯模糊"命令。

📧 使用"色相/饱和度"命令对"图层1"中的图像进行着色，然后复制"图层1"，并在复制的图层上更改图像的色相。

📧 更改图层1副本的混合模式，然后合并"图层1副本"和"图层1"两个图层。

📧 应用"液化"滤镜对火焰进行描绘，然后复制"火焰字"图层并将副本移动到"图层1"的上方。

📧 设置副本中的字体为黑色，然后将"图层1"进行复制并移动到文字副本图层之上。

📧 设置混合模式为"线性减淡"，然后添加蒙版并进行渐变填充。

📧 新建图层2，然后按住"Alt"键的同时在菜单栏上选择"图层"→"合并可见图层"命令，并应用"模糊"滤镜。

📧 在"图层"调板中创建一个填充图层，并移动到"图层1副本"的下方即可得到效果图。

操作步骤

其具体操作步骤如下：

步骤01 创建一个背景色为黑色，长为500像素，宽为300像素，分辨率为72像素/英寸的图像文件，如图13.121所示。

步骤02 设置前景色为白色，然后使用文字工具输入"火焰字"文本，设置字体为"汉仪方隶简"，字号为"150点"，并将文字移动到画布的下方，如图13.122所示。

步骤03 在"图层"调板中新建"图层1",如图13.123所示,然后按住"Alt"键的同时在菜单栏上选择"图层"→"合并可见图层"命令。

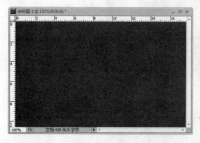
图13.121　新建图像文件

图13.122　输入文字

图13.123　合并可见图层

步骤04 在菜单栏上选择"图像"→"图像旋转"→"90度(逆时针)"命令,将图像进行旋转,如图13.124所示。

步骤05 在菜单栏上选择"滤镜"→"风格化"→"风"命令,在弹出的"风"对话框中保持默认值,单击"确定"按钮后按"Ctrl+F"组合键,连续执行3次,效果如图13.125所示。

步骤06 在菜单栏上选择"图像"→"图像旋转"→"90度(顺时针)"命令,将图像旋转回原来的位置。然后在菜单栏上选择"滤镜"→"模糊"→"高斯模糊"命令,在弹出的"高斯模糊"对话框中设置半径为"4"像素,效果如图13.126所示。

步骤07 单击"确定"按钮后,在菜单栏上选择"图像"→"调整"→"色相/饱和度"命令,在弹出的"色相/饱和度"对话框中选中"着色"复选框,设置色相为"40",饱和度为"100",效果如图13.127所示。

步骤08 单击"确定"按钮后将"图层1"进行复制,然后执行"色相/饱和度"命令,设置色相为"-40",并在"图层"调板中设置其"混合模式"为"颜色减淡",效果如图13.128所示。

步骤09 按"Ctrl+E"组合键合并"图层1副本"和"图层1",在菜单栏上选择"滤镜"→"液化"命令,在弹出的"液化"对话框中设置画笔大小为"50",画笔压力为"40",然后在图像中描绘火焰外观,如图13.129所示。

图13.124　旋转图像

图13.125　"风"滤镜效果

图13.126　"高斯模糊"滤镜效果

图13.127 着色

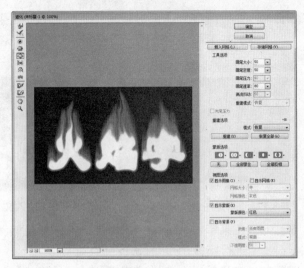

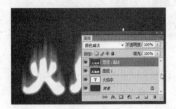

图13.128 "颜色减淡"模式效果

图13.129 "液化"滤镜效果

步骤10 在"图层"调板中复制"火焰字"图层并将其移动到"图层1"的上方，然后设置字体颜色为黑色，如图13.130所示。

步骤11 复制"图层1"，然后将"图层1副本"移动到"火焰字副本"图层的上方，设置其"混合模式"为"线性减淡"，效果如图13.131所示。

步骤12 在"图层"调板的底部单击"添加图层蒙版"按钮 [图]，然后设置前景色为白色，背景色为黑色并进行线性渐变填充，如图13.132所示。

步骤13 新建图层2，用前面介绍的方法合并可见图层，然后在菜单栏上选择"滤镜"→"模糊"→"高斯模糊"命令，在弹出的"高斯模糊"对话框中设置半径为"50"像素，效果如图13.133所示。

步骤14 单击"确定"按钮后在"图层"调板中设置"不透明度"为"50%"，"混合模式"为"线性减淡"，效果如图13.134所示。

步骤15 在菜单栏上选择"图层"→"新建填充图层"→"纯色"命令，在弹出的"新建图层"对话框中单击"确定"按钮，然后在弹出的"拾取实色"对话框中设置"R：223、G：109、B：54"。

步骤16 单击"确定"按钮后，在"图层"调板中设置"混合模式"为"线性减淡"，并将该图层移动到"图层1副本"的下方，最终效果如图13.135所示。

图13.130 复制文字图层

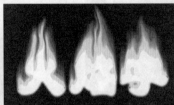

图13.131 设置混合模式

图13.132 添加蒙版

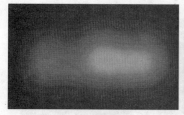

图13.133　图层2

图13.134　设置图层属性

图13.135　新建填充图层

案例小结

　　本案例通过制作火焰字，主要练习"风"滤镜、"模糊"滤镜和"液化"滤镜的设置和使用方法，并结合前面介绍的"色相/饱和度"命令来实现。

13.3 上机练习

13.3.1 制作老照片效果

　　本次练习将为一张数码照片制作老照片效果，主要练习"胶片颗粒"、"云彩"和"颗粒"滤镜在图像中的具体应用，制作的效果如图13.136所示。

　　素材位置： 第13课\素材\素材015.jpg

　　效果图位置： 第13课\源文件\老照片.psd

　　制作思路：

图13.136　老照片

　　🔹 打开素材文件，然后在菜单栏上选择"图像"→"调整"→"去色"命令，将图像转换为灰色。

　　🔹 新建"图层1"并填充为"R：214、G：153、B：40"颜色，然后设置其"混合模式"为"颜色"，"不透明度"为"30%"。

　　🔹 选择背景图层，在打开的"胶片颗粒"对话框中设置"颗粒"为"4"，"高光区域"为"3"，"强度"为"1"。

　　🔹 新建"图层2"，然后按"D"键恢复默认的前景色和背景色，并在图层中添加云彩效果。

　　🔹 设置其"混合模式"为"柔光"，然后合并"图层2"和背景图层。

　　🔹 选择背景图层，在弹出的"颗粒"对话框中设置"强度"为"20"，"对比度"为"20"，"颗粒类型"为"垂直"，然后单击"确定"按钮。

　　🔹 打开"曲线"对话框，调整图像的明暗区域，然后单击"确定"按钮即可。

13.3.2 制作方格布纹理

本次练习将制作一个方格布纹理的效果，主要练习"拼贴"、"碎片"、"最大值"和"纹理化"滤镜的设置和使用方法，制作的效果如图13.137所示。

效果图位置： 第13课\源文件\方格布纹理.psd

制作思路：

- 新建一个400×400像素的文档，然后设置前景色和背景色为默认的情况。

- 新建"图层1"并使用前景色进行填充。使用"拼贴"滤镜，在弹出的"拼贴"对话框中设置"拼贴数"为"10"，"最大位移"为"1%"。

图13.137   方格布纹理

- 执行"碎片"滤镜，然后使用"最大值"滤镜，在弹出的"最大值"对话框中设置"半径"为"6像素"。

- 执行"纹理化"滤镜，在弹出的"纹理化"对话框中设置"纹理"为"粗麻布"，"缩放"为"100%"，"凸现"为"1%"，"光照"为"下"，然后单击"确定"按钮即可完成方格布纹理的制作。

13.4 疑难解答

问： "马赛克拼贴"滤镜和"马赛克"滤镜有什么区别？

答： "马赛克拼贴"滤镜是将图像分解成许多拼贴块，而"马赛克"滤镜是根据图像的变化使用某种颜色进行拼贴。

问： "置换"滤镜和其他滤镜有什么不同吗？

答： "置换"滤镜的使用方法比较特殊，使用该滤镜后图像的像素可以向不同的方向位移，其效果不仅依赖对话框的设置，还依赖置换图。

13.5 课后练习

选择题

1 通过（　　　）滤镜，可以使图像产生旋转或放射状的模糊效果。

　　A．模糊　　　　B．高斯模糊　　　　C．动感模糊　　　　D．径向模糊

2 使用（   ）滤镜可以使图像产生类似钢笔绘制后的效果图。

    A．绘图笔　　　B．粉笔和炭笔　　　C．炭笔　　　D．炭精笔

3 通过（   ）滤镜可分散图像边缘的像素，使其呈现透过磨砂玻璃观看图像的效果。

    A．玻璃　　　B．扩散　　　C．海洋波纹　　　D．波纹

问答题

1 简述"晶格化"滤镜的使用方法。

2 简述模糊滤镜组中各模糊滤镜的异同点。

3 纹理滤镜组有什么作用？包含哪几种滤镜？

上机题

1 打开"素材016"图像，将其制
作成如图13.138所示的石刻花
效果。

    素材位置：第13课\素材\素材
016.jpg

    效果图位置：第13课\源文件\石
刻花.psd

    提示：

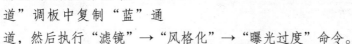

图13.138　石刻花

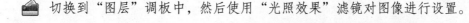
打开素材文件后在"通
道"调板中复制"蓝"通
道，然后执行"滤镜"→"风格化"→"曝光过度"命令。

    切换到"图层"调板中，然后使用"光照效果"滤镜对图像进行设置。

2 打开"素材017"图像，将其制
作成如图13.139所示的素描画
效果。

    素材位置：第13课\素材\素材
017.jpg

    效果图位置：第13课\源文件\素
描画.psd

    提示：

图13.139　素描画

    打开素材文件后对背景图
层进行复制，然后执行
"图像"→"调整"→"反相"命令。

    执行"高斯模糊"命令，在弹出的"高斯模糊"对话框中进行设置，并设置

混合模式为"颜色减淡"。

📧 同时选择"背景"和"背景 副本"图层，然后将它们进行复制并合并，更改混合模式为"正片叠底"。

📧 复制"背景 副本3"图层为"背景 副本4"，然后拼合图像。

📧 执行"粗糙蜡笔"滤镜，在弹出的"粗糙蜡笔"对话框中进行设置，然后在"色相/饱和度"对话框中设置色相、饱和度和明度。

📧 执行"纹理化"命令，在弹出的"纹理化"对话框中设置其参数选项，然后单击"确定"按钮即可。

第14课

图像的获取和输出

▼ **本课要点**

获取图像

图像的印前准备

图像打印设置

▼ **具体要求**

了解获取图像的各种途径

掌握图像打印前的准备工作

掌握打印图像的设置

▼ **本课导读**

完成作品制作后，有些作品需要通过打印或印刷输出到纸张上，以供人们欣赏或作其他用途。Photoshop CS4支持图像打印，它不但能打印整幅图像，还可以有选择地打印图像中的某个图层或图像区域。

14.1 获取图像

在处理图像过程中，经常需要对某些素材图片进行加工处理以得到理想的效果。因此在图形处理之前，首先要了解获取相应素材图片的常用方法。

14.1.1 知识讲解

获取素材图片的常用方法包括5种，分别为从网上获取、使用抓图软件获取、通过素材光盘获取、通过扫描仪获取和通过数码相机获取。

1. 从网上获取

网络中包含了大量的图片素材，用户只需要打开一个素材网站，然后通过下载或另存图片的方法，将需要的图片素材保存在电脑中即可。

2. 使用抓图软件获取

打开一个抓图软件，然后通过执行抓图快捷键，获取指定的图片素材，最后保存到电脑中即可。

3. 通过素材光盘获取

将含有图片素材的光盘放入光驱，然后将指定的图片素材复制到电脑中即可完成图片获取。

4. 通过扫描仪获取

通过扫描仪将现有的纸质图片扫描到电脑中即可获取图片素材。

5. 通过数码相机获取

使用数码相机可以拍摄到需要的图片素材，在电脑中使用数据线连接数码相机即可将数码相机中的图片复制到电脑中。

14.1.2 典型案例——使用抓图软件获取图片

本案例将通过抓图软件来获取图片素材，主要练习使用抓图软件获取图片的方法。

操作思路：

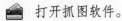 打开抓图软件。

 获取图片。

 保存图片素材。

其具体操作步骤如下：

步骤01 打开IE浏览器，输入网页的网址，例如"www.baidu.com"，如图14.1所示。

步骤02 打开抓图软件，例如"HyperSnap 6"软件，然后按下"Ctrl+Shift+A"组合键捕捉活动窗口，如图14.2所示。

步骤03 在该软件的菜单栏中选择"文件"→"另存为"命令，在弹出的"另存为"对话框中设置图片存放的位置、图片文件名和保存格式，然后单击"确定"按钮即可。

图14.1 打开网站 　　　　图14.2 捕捉网站窗口

案例小结

　　本案例主要练习了使用抓图软件获取图片素材的操作。其中未练习到的知识，读者可根据"知识讲解"自行练习。

14.2 图像的印前准备

　　为了能够使图像顺利地印刷输出，首先要做好打印前的准备工作。

14.2.1 知识讲解

　　图像的印前准备主要包含印前准备工作、印前处理工作流程、色彩校正、分色和打样以及将RGB颜色模式转换为CMYK颜色模式，下面我们将详细介绍这些知识。

1. 印前准备工作

　　印前准备工作主要包括3个方面，分别是确定图像的分辨率和图像的颜色模式以及选择图像的存储格式。

📁 图像分辨率

　　分辨率是保证印刷后图像清晰与否的关键，分辨率越高，图像就越清晰，同时图像的文件也就越大。在实际应用中，印刷图像的分辨率通常设置为300像素/英寸。

📁 图像的颜色模式

不同的输出方式所要求的图像颜色模式也有所不同，如要在网页中观看图像，则可以选择RGB颜色模式；对于需要印刷的图像，则必须使用CMYK颜色模式。

📁 选择图像的存储格式

保存图像文件时应根据输出需要将其存储为相应的格式，如图像用于观看，可将其存储为JPG格式；若要用于印刷，则要将其存储为TIF格式。

2. 印前处理工作流程

在印刷一幅图像作品前，先要了解从开始制作到印刷输出的处理流程。

📬 对图像作品进行色彩校准，打印出黑白或彩色校稿，以便修改。

📬 按校稿修改后，再次对出校稿进行修改，直到定稿。

📬 进行印前打样，校正打样稿，如无问题则进行制版、印刷。

3. 色彩校正

在制作过程中进行图像的色彩校正是印刷前非常重要的一步。色彩校正是为了防止印刷后的图像色彩与在显示器中所看到的颜色不一致，色彩校正主要包括以下几种。

📬 **显示器色彩校正**：如果同一个图像文件的颜色在不同的显示器上显示效果不一致，则说明显示器可能偏色，此时就需要对显示器进行色彩校正。有些显示器自带色彩校正软件，如果没有，则需手动调节显示器的色彩。

📬 **打印机色彩校正**：如果在显示器中所看到的颜色和打印出来在纸张上的颜色不能完全匹配，这主要是因为电脑产生颜色的方式和打印机产生颜色的方式不同所致。要让打印机输出的颜色和显示的颜色接近，需要设置好打印机的色彩管理参数并调整彩色打印机的偏色规律。

📬 **图像色彩校正**：图像色彩校正主要是指图像设计人员在制作过程中或制作完成后对图像的颜色进行校正。当用户选择某种颜色，并进行一系列操作后，颜色有可能发生变化，这时需要检查图像的颜色与当时设置的CMYK颜色值是否相同，如果不同，则通过"拾色器"对话框调整图像颜色。

4. 分色和打样

在完成图像的制作与校对后，就可以进入印刷前的最后一个步骤，即分色和打样。

📬 **分色**：在输出中心将制作好的图像分解为青色（C）、洋红（M）、黄色（Y）和黑色（K）4种原色，在电脑印刷设计或平面设计软件中，将扫描图像或其他来源的图像转换为CMYK颜色模式。

📬 **打样**：在印刷之前，将分色后的图片印刷成青色、洋红、黄色和黑色4种胶片，一般用于检查图像的分色是否正确。如果发现误差，则将出现的误差和应达到的数据标准提供给制版部门，作为修正的依据。

5. 将RGB颜色模式转换成CMYK颜色模式

在对图像进行印刷时，出片中心是以CMYK模式对图像进行四色分色的，即将图像中的颜色分解为青色、洋红、黄色和黑色4种胶片。但在Photoshop CS4中制作的图像都是RGB颜色模式的，因此需要将RGB颜色模式转换为CMYK颜色模式。

14.2.2　典型案例——转换图像颜色模式

案例目标

本案例将把图像的颜色模式转换为印刷前的颜色模式。

素材位置： 第14课\素材\素材1.jpg

操作思路：

📁 打开素材"素材1"图像文件。

📁 将图像的颜色模式转换为CMYK模式。

操作步骤

其具体操作步骤如下：

步骤01 打开素材"素材1"图像文件，如图14.3所示。

步骤02 在菜单栏上选择"图像"→"模式"→"CMYK颜色"命令，即可将图像转换为印刷前的颜色模式。

图14.3　素材1

案例小结

本案例练习了如何将RGB颜色模式转换为CMYK颜色模式的操作，其中未练习到的知识，读者可根据"知识讲解"自行练习，并熟练掌握各种颜色模式之间的转换。

14.3　图像打印设置

图像处理校正完成后，就可以将它们打印输出，为了获得良好的打印效果，掌握正确的打印方法也是很重要的。

14.3.1　知识讲解

图像打印设置主要包括设置打印参数、打印图像、打印指定图层和打印部分图像。

1. 设置打印参数

设置打印参数主要包括设置打印图纸大小、图纸放置方向、打印机名称、打印范围和打印份数等参数。

打开需要打印的图像文件，在菜单栏中选择"文件"→"页面设置"命令，在弹出的"页面设置"对话框中设置图纸的大小和放置方向，如图14.4所示。

在菜单栏上选择"文件"→"打印"命令，在弹出的"打印"对话框中可设置图像在图纸中的位置和图像在图纸中的缩放尺寸，如图14.5所示。

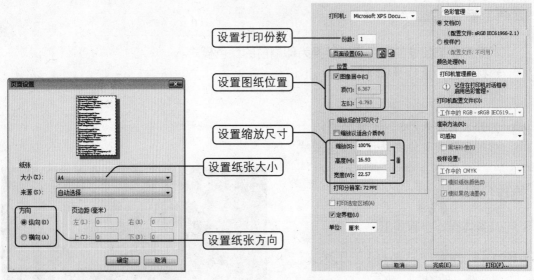

图14.4　"页面设置"对话框　　　　　　　　图14.5　"打印"对话框的参数选项

2. 打印图像

默认情况下，当前图像中所有可见图层上的图像都属于打印范围，所以图像处理完成后不必做任何改动。

3. 打印指定图层

如果要打印一个单独图层或其中几个指定的图层，可通过以下方法来实现。

打开图像文件后，在"图层"调板中单击 图标，隐藏不需要打印的图层，然后在菜单栏上选择"文件"→"打印"命令，再在弹出的对话框中进行设置，最后单击"打印"按钮即可实现打印指定的图层。

4. 打印部分图像

在Photoshop CS4中还允许用户打印部分图像，具体操作方法如下。

打开图像文件后，单击工具箱中的"矩形选区工具"按钮 ，然后在图像中绘制要打印的选区。在菜单栏上选择"文件"→"打印"命令，在弹出的"打印"对话框中单击"打印"按钮，然后在弹出的对话框中选择"选定范围"单选按钮，完成后单击"打印"按钮即可。

14.3.2　典型案例——打印部分图像

案例目标

本案例将练习打印部分图像的操作。

素材位置： 第14课\素材\素材2.jpg

操作思路：

 打开"素材2.jpg"图像文件，然后使用矩形选框工具选取需要打印的图像部分。

 通过"打印"对话框设置其参数选项，然后对其进行打印。

操作步骤

其具体操作步骤如下：

步骤01 打开素材"素材2.jpg"图像文件，单击工具箱中的"矩形选框工具"按钮，然后在图像上创建需要打印的图像部分，如图14.6所示。

步骤02 在菜单栏上选择"文件"→"打印"命令，在弹出的"打印"对话框中单击"打印"按钮，如图14.7所示。

图14.6　素材2

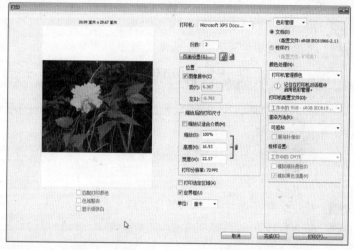

图14.7　"打印"对话框

步骤03 在弹出的"打印"对话框中选择打印机型号，在"打印范围"栏中选择"选定范围"单选按钮，设置"份数"为"2"，完成后单击"打印"按钮即可，如图14.8所示。

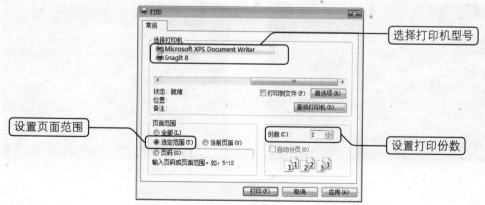

图14.8　"打印"对话框

本案例通过打印部分图像，主要练习打印参数的设置和打印图像的具体操作。

14.4 上机练习

14.4.1 设置并打印图片

本次练习将设置并打印"素材3.jpg"图像文件（如图14.9所示），主要练习"页面设置"对话框的设置方法。

素材位置： 第14课\素材\素材3.jpg

操作思路：

- 打开素材"素材3.jpg"图像文件。
- 通过"页面设置"对话框设置纸张的大小和方向，然后进行打印。

14.4.2 按尺寸打印图像

本次练习将如图14.10所示的图像打印到B5尺寸的纸张上，主要练习"打印"对话框中尺寸的设置。

素材位置： 第14课\素材\素材4.jpg

操作思路：

- 打开素材"素材4.jpg"图像文件。
- 在"打印"对话框中单击 页面设置(G)... 按钮，然后在弹出的"文档属性"对话框中单击 高级(V)... 按钮。
- 在弹出的"高级选项"对话框中设置纸张规格为"B5"，然后单击"确定"按钮，在返回到的"文档属性"对话框中单击"确定"按钮。
- 在返回到的"打印"对话框中单击"打印"按钮即可进行打印输出。

图14.9 素材3

图14.10 素材4

14.5 疑难解答

问： 如何从Photoshop 中打印分色？

答： 打开图像文件并确定该文件为CMYK模式，在菜单栏上选择"文件"→"打印"命令，即可弹出"打印"对话框。在"颜色处理"下拉列表中选择"分色"选项，然后单击"打印"按钮进行打印。

问： 如果打印机出现偏色，应该怎么解决？

答： 如果打印机出现偏色，则应该更换墨盒或根据偏色规律调整墨盒中的墨粉，如对偏浅的墨盒添加墨粉，为保证色彩正确也可以请专业人员进行校正。

14.6 课后练习

选择题

1 若要将图像用于印刷，则要将其存储为（   ）格式。

A. PSD   B. JPG   C. TIF   D. PNG

2 如果要印刷输出图像，则图像必须使用（   ）颜色模式。

A. RGB   B. CMYK   C. Lab   D. 灰度

问答题

1 获取图像素材的方法有哪几种？

2 打印图像时印前准备工作有哪些？

3 简述分色和打样的概念。

上机题

1 打开一个素材网站后，练习从网上获取图片素材的操作方法。

2 任意打开一幅图像，练习设置打印参数选项，然后将其打印到A4纸张上。

第15课

DM广告设计

▼ **本课要点**

制作DM广告背景

制作企业标志

添加文字

▼ **具体要求**

掌握蒙版工具的使用方法

掌握路径工具的使用方法

掌握图像的变换方法

掌握文字的创建和编辑方法

▼ **本课导读**

DM广告俗称小广告，是广告业的"轻骑兵"，它通过邮寄、分发、赠送等方式传达商业信息。通过对本课的学习，将使读者掌握DM广告设计的方法，并了解其他广告的制作方法。

15.1 制作DM广告

本课将制作一张化妆品DM广告，最终效果如图15.1所示。整个画面需直观、时尚、针对性强。

案例目标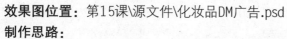

本案例将制作一个"丽欧化妆品"的DM广告效果图，主要练习移动工具、蒙版工具、路径工具、文字工具、变换命令和图像样式等的使用方法和设置。

图15.1 化妆品DM广告设计

素材位置： 第15课\素材\背景图.jpg、模特.jpg、化妆品.png

效果图位置： 第15课\源文件\化妆品DM广告.psd

制作思路：

- 新建图像文件，然后依次打开素材文件。
- 使用移动工具，将素材图片移动到新图像文件中并进行变换操作。
- 使用蒙版工具对"模特.jpg"和"化妆品.png"素材进行编辑。
- 通过路径创建企业的标志。
- 使用文字工具为广告添加文字说明，并为文字设置属性及图层样式。

操作步骤

本案例分为3个步骤：第一步，制作广告背景；第二步，制作企业标志；第三步，添加广告文字，下面分别对其进行介绍。

15.1.1 制作DM广告背景

DM广告背景是由背景图、模特和化妆品组成的，可先将背景图拖动到新建图像文件窗口中，然后调入模特和化妆品图片，并进行蒙版操作，具体操作步骤如下：

步骤01 新建名称为"化妆品DM广告"，宽度为"1024像素"，高度为"768像素"，分辨率为"300像素/英寸"的图像文件。

步骤02 在菜单栏上选择"文件"→"打开"命令，在弹出的"打开"对话框中依次打开"背景图.jpg"、"模特.jpg"和"化妆品.png"素材图片，然后单击"确定"按钮，如图15.2、图15.3和图15.4所示。

图15.2　背景图　　　　　　　　　　图15.3　模特　　　　　　　　图15.4　化妆品

步骤03　单击工具箱中的"移动工具"按钮 ，将"背景图.jpg"素材图片拖动到新图像
　　　　文件窗口中并缩放到与窗口同样大小。

步骤04　在菜单栏上选择"图像"→"调整"→"色相/饱和度"命令，在弹出的"色相/
　　　　饱和度"对话框中设置色相为"－60"，饱和度为"－18"，然后单击"确定"
　　　　按钮，如15.5所示。

步骤05　使用移动工具将"模特.jpg"素材图片拖动到新图像文件中，然后按下
　　　　"Ctrl+T"组合键对图片进行缩放，如图15.6所示。

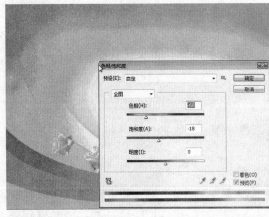

图15.5　调整色相/饱和度　　　　　　　　　　图15.6　拖动模特素材

步骤06　在"图层"调板中选择"图层2"，单击调板底部的"添加图层蒙版"按钮 ，
　　　　然后使用颜色由黑色到透明的线性渐变对蒙版进行渐变填充，效果如图15.7
　　　　所示。

步骤07　选择"模特"缩略图，在菜单栏上选择"图像"→"调整"→"曲线"命令，
　　　　在弹出的"曲线"对话框中设置"输入"为"134"，"输出"为"174"，然
　　　　后单击"确定"按钮，如图15.8所示。

步骤08　使用移动工具将"化妆品.png"素材图片拖动到新图像文件中，然后使用自由变

换命令，对图像进行缩放操作，如图15.9所示。

步骤09 按照步骤6的操作方法，为素材图片添加图层蒙版并编辑，使图片产生在花朵背后的效果，如图15.10所示。

图15.7　编辑图层蒙版后的效果

图15.8　调整曲线后的效果

图15.9　移动化妆品并缩放大小

图15.10　调整化妆品位置

15.1.2　制作企业标志

　　企业的标志是由图标和文字组成的，首先利用横排文字蒙版工具输入文字，然后将其转换为路径并进行编辑操作即可，文字是由文字工具来创建的，其具体操作步骤如下：

步骤01 单击工具箱中的"横排文字蒙版工具"按钮 ，然后在窗口中输入"L"文字，再单击工具属性栏上的 按钮，如图15.11所示。

步骤02 这时文字呈选区状态显示，单击"路径"调板底部的"从选区生成工作路径"按钮 ，将选区转换为路径，如图15.12所示。

步骤03 单击工具箱中的"直接选择工具"按钮 ，然后对文字进行路径编辑操作，效果如图15.13所示。

步骤04 单击"路径"调板底部的"将路径作为选区载入"按钮 ，然后在"图层"调板中新建"图层4"，并使用颜色为紫色（R：209、G：151、B：233）、白色、紫色（R：209、G：151、B：233）的渐变色进行线性填充，如图15.14所示。

图15.11　创建文字

图15.12　转换为路径

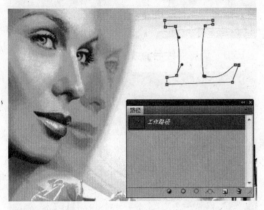

图15.13　编辑路径

图15.14　渐变填充

步骤05　利用步骤1到步骤4的方法，分别制作出"e"和"o"的文字样式，然后旋转移动文字，效果如图15.15所示。

步骤06　按下"Ctrl+E"组合键将刚制作出的几个文字进行合并，然后按住"Ctrl"键的同时单击"图层4"的缩略图，将文字转换为选区，如图15.16所示。

图15.15　文字样式

图15.16　转换为选区

步骤07　在菜单栏上选择"选择"→"修改"→"扩展"命令，在弹出的"扩展选区"对话框中设置扩展量为"15像素"，然后单击"确定"按钮，如图15.17所示。

步骤08　在"图层"调板中新建"图层5"，设置前景色为黑色，按下"Alt+Delete"组合键进行填充，并将该图层拖动到"图层4"的下方，如图15.18所示。

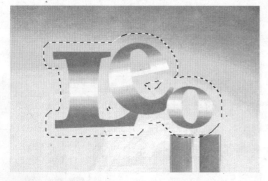

图15.17　扩展选区　　　　　　　　　　　　　图15.18　填充并拖动选区

步骤09 使用键盘上的"向下"方向键↓，将"图层5"中的图像向下移动适当位置即可，并按"Ctrl+D"组合键取消选区，如图15.19所示。

步骤10 在"图层"调板中同时选择"图层4"和"图层5"，然后按下"Ctrl+T"组合键，对图标进行大小缩放，如图15.20所示。

图15.19　精确移动黑色部分　　　　　　　　　图15.20　缩放并移动图标

步骤11 单击工具箱中的"横排文字工具"按钮 **T**，然后输入"丽欧化妆品"文本，设置其字体为"汉仪秀英体简"、字号为"14点"、颜色为"R：106、G：20、B：119"，如图15.21所示。

步骤12 在"图层"调板中双击该文本图层，然后在弹出的"图层样式"对话框中设置投影、内发光和渐变叠加效果，其中渐变颜色为紫色（R：170、G：22、B：237）、白色、紫色（R：170、G：22、B：237），单击"确定"按钮，效果如图15.22所示。

步骤13 使用移动工具将文字拖动到图标的旁边，然后在"图层"调板中复制该文字图层，在菜单栏中选择"编辑"→"变换"→"垂直翻转"命令，将文字进行翻转，如图15.23所示。

步骤14 使用移动工具将翻转后的文字拖动到文字的下方，然后在"图层"调板中设置其不透明度为"30%"并进行自由变换操作，从而制作出文字倒影效果，如图15.24所示。

图15.21　创建文字

图15.22　编辑图层样式后的效果

图15.23　复制并翻转文字

图15.24　制作文字倒影效果

15.1.3　添加文字

下面将为DM广告添加文字效果，在制作过程中会创建多个文字图层，并为不同的文字设置不同的属性，其具体操作步骤如下：

步骤01 单击工具箱中的"横排文字工具"按钮 T ，在工具属性栏中设置字体为"Brush Script Std"、字号为"18点"，颜色为"R: 106、G: 20、B: 119"。

步骤02 在企业标志下方输入"Charming star"文本，并将其调整到如图15.25所示的位置。

步骤03 单击工具箱中的"横排文字工具"按钮 T ，在工具属性栏中设置字体为"方正卡通简体"、字号为"18点"，颜色为"R: 187、G: 124、B: 215"。

步骤04 在窗口中输入"魅力星光炫亮"文本并调整其位置，然后双击该图层，在弹出的"图层样式"对话框中设置投影的距离为"5像素"，大小为"3像素"，其他为默认值，单击"确定"按钮即可查看效果，如图15.26所示。

步骤05 单击工具箱中的"钢笔工具"按钮 ，然后在图像底部创建路径，如图15.27所示。

步骤06 单击工具箱中的"横排文字工具"按钮 T ，将鼠标指针移动到路径上，当指针变成 形状时，输入"丽欧化妆品公司　隆重推出彩妆系列"文本，如图15.28所示。

步骤07 选择"丽欧化妆品公司"文本，然后在工具属性栏中设置字体为"汉仪秀英体简"，字号为"6点"，颜色为"R: 217、G: 209、B: 242"，如图15.29所示。

步骤08 选择"隆重推出彩妆系列"文本，然后在工具属性栏中设置字体为"方正卡通简体"，字号为"6点"，颜色为"黑色"，即可得到本案例的最终效果，如图15.30所示。

图15.25 创建文本

图15.26 创建文本并设置图层样式

图15.27 创建路径

图15.28 沿路径输入文字

图15.29 编辑文字

图15.30 最终效果图

 案例小结

本案例制作了一个化妆品DM广告，在制作过程中主要应用到了文字工具、路径工具、钢笔工具、蒙版工具及变换操作等。本案例制作的DM广告效果主要体现在整个画面直观、时尚。

15.2 上机练习

15.2.1 制作电脑DM广告

本次练习将制作如图15.31所示的电脑DM广告，主要练习参考线、形状工具、钢笔工具、文字工具的使用和变换命令等操作。

素材位置：第15课\素材\电脑.png、电脑1.png、电脑2.png、电脑3.png、机箱.png、海豚.jpg、电脑背景图.jpg

效果图位置：第15课\源文件\电脑DM广告.psd

制作思路：

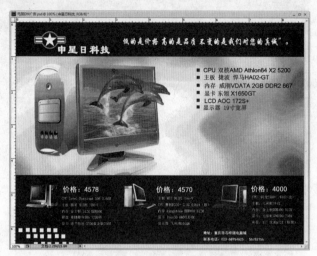

图15.31　电脑DM广告

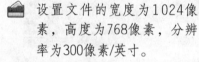 设置文件的宽度为1024像素，高度为768像素，分辨率为300像素/英寸。

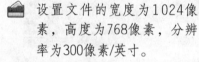 使用移动工具将"电脑背景图.jpg"移动到图像窗口中并适当变换其大小。

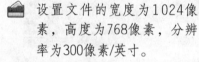 使用参考线将图像窗口分为3份，然后使用矩形工具绘制黑色方块。

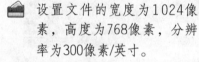 将"电脑.png"和"机箱.png"素材图片移动到图像窗口中并适当变换其大小。

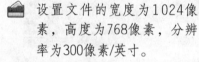 选择"电脑.png"图片所在的图层，然后复制图层并垂直翻转，向下移动图层并设置图层的不透明度。

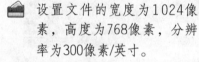 打开"海豚.jpg"图像文件，使用钢笔工具绘制出海豚的轮廓并转换为选区。

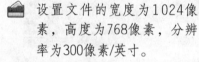 复制选区，然后在"电脑DM广告"的"图层"调板中新建图层，然后进行粘贴操作。

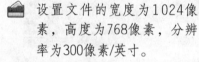 使用移动工具将"海豚.jpg"素材图片拖动到图像窗口中，并使用变换命令将其扭曲为电脑屏幕一样的大小。

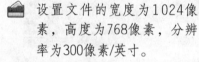 将粘贴的海豚图像移动到电脑的屏幕上，覆盖原来的海豚，并使用修补工具对不需要的区域进行修补。

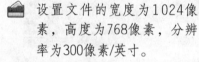 依次打开"电脑1.png"、"电脑2.png"和"电脑3.png"素材文件，然后使用移动工具拖动到图像窗口中。

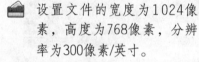 使用矩形工具绘制白色小方块，然后进行多次复制。

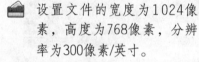 使用形状工具绘制电脑的图标。

 使用文字工具输入图像中的文字内容，并更改文字的属性。

15.2.2 制作汽车DM广告

本次练习将制作如图15.32所示的汽车DM广告，主要练习钢笔工具、蒙版工具、选区工具、文字工具的使用和图层样式的设置等操作。

素材位置： 第15课\素材\汽车.jpg、汽车1.jpg、图标.jpg、道路.jpg

效果图位置： 第15课\源文件\汽车DM广告.psd

制作思路：

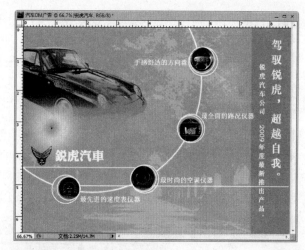

图15.32　汽车DM广告

📧 设置文件的宽度为1024像素，高度为768像素，分辨率为300像素/英寸。

📧 设置前景色为浅蓝色，然后对整个背景图层进行填充。

📧 使用移动工具将"道路.jpg"素材图片拖动到图像窗口中并适当变换调整。

📧 设置其图层的混合模式为"变亮"，不透明度为"45%"。

📧 使用矩形工具在窗口的右侧绘制一个长方形。

📧 打开"汽车.jpg"素材文件，使用钢笔工具绘制汽车轮廓，然后转换为选区。

📧 使用移动工具将选区移动到图像窗口中，然后使用蒙版工具使汽车和背景色相融合。

📧 打开"汽车1.jpg"素材图片，然后使用椭圆选框工具选取需要的区域并用移动工具将其拖动到图像窗口中。

📧 新建图层，使用椭圆选框工具绘制圆形选区，然后对选区进行描边。

📧 使用与前面同样的方法，绘制圆环。

📧 使用椭圆选框工具绘制大圆，然后进行描边且设置图像样式为"外发光"。

📧 设置前景色为白色，然后使用直线工具绘制两条细线。

📧 打开"图标.jpg"素材文件，使用魔棒工具选择图像中的空白区域，然后删除空白区域。

📧 使用移动工具将图标拖动到图像窗口中并适当变换其大小。

📧 图中的文字是通过文字工具来创建的，注意不同的文字应设置不同的文字属性。

15.3　疑难解答

问： 什么是DM广告？

答： DM广告是广告业的"轻骑兵"，可通过邮寄、分发、赠送等方式向消费者传达商业信息，以扩大企业和商品的知名度、引起或增强消费者的购买欲。DM广告的优点是针对性强、涉及的面比较广且投放目标是受控的。在制作DM广告的过程中需要注意主题的突出性和画面的美观性。

问: 在本课案例中使用了标尺和参考线，有什么实际的意义吗？

答: 使用标尺和参考线可帮助用户对版式进行划分，在做任何一个平面设计时都需要对版式进行合理的分配，然后在制作过程中根据版式的划分要求进行内容填充。另外还可以利用参考线的吸附作用，绘制出精确的选区或形状。在使用移动工具或变换命令编辑图像时也可以沿参考线进行操作，从而实现精准的移动和变换。

问: 我在进行平面设计时，为什么做出的图像颜色总不协调？

答: 这是因为在做平面设计时没有注重颜色的搭配，所以才导致制作出的效果图颜色不协调。在平面设计中颜色的搭配主要有3钟，分别是同色搭配、类似色搭配和对比色搭配。下面对这3种颜色搭配的效果作简单介绍。

- **同色搭配:** 这种颜色搭配是最稳妥、最保守的方法。它可以构成一个简朴、自然的背景，能安定情绪，有舒适的感觉。
- **类似色搭配:** 采用类似色搭配是比较安全的方法，较易取得和谐理想的效果。类似色搭配产生的明快生动的层次效果，体现了空间的深度和变化。
- **对比色搭配:** 对比色搭配是最显眼，最生动，但同时又是较难掌握的色彩搭配方法。大胆地运用对比色搭配，可以产生惊人的戏剧效果，风格与众不同，通常有兴奋、欢快、精神、生动的效果。

在平面设计中要记住色彩搭配的一个基本原则，就是较强或较突出的色彩不要用得太多，用少量较强的色彩与较淡的色彩搭配显得很生动，很活泼，但如果搭配比例反过来，会产生压迫感，同一色彩使用的面积大或小，效果也会有很大差异。

15.4 课后练习

1 本次练习将制作如图15.33所示的手机DM广告，其中整个画面以灰色为主调，主要练习滤镜、选框工具、渐变工具、画笔工具的使用和变换命令等操作。

素材位置: 第15课\素材\手机.jpg、手机1.jpg、手机2.jpg

效果图位置: 第15课\源文件\手机DM广告.psd

提示:

图15.33　手机DM广告

- 设置图像文件的宽为650像素，高为1024像素，分辨率为300像素/英寸。
- 设置前景色为灰色，填充背景色，然后添加杂色（单色）和动感模糊滤镜。
- 使用椭圆选框工具绘制椭圆选区并适当

调整其大小和位置。

- 新建图层，使用渐变工具填充由白到黑的渐变。

- 新建图层，将选区扩展并使用渐变工具进行由黑到白的渐变。

- 将"手机.jpg"素材图片移动到图像窗口上，并适当变换其大小。

- 复制手机图层，并进行旋转，设置其不透明度。

- 在画笔样式中添加"混合画笔"样式，然后选择其中的画笔样式为图像添加闪光点效果。

- 使用与前面同样的方法，在图像底部创建矩形选区，然后进行由白到黑的渐变填充。

- 将选区收缩后，进行由黑到白的渐变填充。

- 将"手机.jpg"、"手机1.jpg"和"手机2.jpg"素材图片移动到图像窗口中，并适量变换其大小。

- 使用文字工具输入文本，并设置其属性和图层样式。

2 本次练习将制作如图15.34所示的房地产DM广告效果，主要练习通道、形状工具、蒙版以及文字工具的操作。

图15.34　房地产DM广告

素材位置： 第15课\素材\天空.jpg、建筑.jpg、向日葵.jpg

效果图位置： 第15课\源文件\房地产DM广告.psd

- 设置图像文件的宽为760像素，高为1024像素，分辨率为300像素/英寸。

- 将背景图填充为蓝色，然后使用矩形选框工具创建选区，并创建通道。

- 选择新通道并取消选区，然后使用喷溅滤镜对通道进行滤镜操作并将通道转换为选区。

- 选择"RGB"通道，然后在"图层"调板中新建图层，并使用颜色由浅蓝色到白色的渐变。

- 将选区进行反转，使用蓝色填充选区，然后将素材"天空.jpg"文件移动到图像窗口中并使用蒙版工具。

- 将"建筑.jpg"素材图片移动到图像窗口中，然后执行蒙版和镜头光晕滤镜效果。

- 将"向日葵.jpg"图片移动到图像窗口中并进行复制旋转变换操作。

- 使用形状工具绘制直线、路线图和图标。

- 使用文字工具输入文本，并设置其属性。

习 题 答 案

第1课

选择题

1. ABCD　　2. B　　3. B

问答题

1. 参见1.2.1节下的第1部分。

2. 参见1.3.1节下的第3部分。

3. 参见1.3.1节下的第2部分。

上机题

1. 参见1.2.1节下的第1部分。

2. 参见1.4.1节。

第2课

选择题

1. A　　　2. B　　　3. C　　　4. A

问答题

1. 参见2.2.1节下的第4部分。

2. 参见2.3.1节下的第1部分。

3. 参见2.4.1节下的第9部分。

上机题

1. 参见2.1.1节下的第5部分。

2. 参见2.4.2节下的典型案例和2.5.1节下的第2部分。

第3课

选择题

1. D　　　2. A　　　3. A　　　4. C

问答题

1. 参见3.1.1节下的第3部分。

2. 参见3.2.1节。

3. 参见3.2.1节下的第1部分。

上机题

1. 参见3.1.1节下的第2、3、4部分。

2. 参见3.1.1节下的第1部分、3.2.1节下的第1部分和3.3.1节下的第1、3部分。

3. 参见3.1.1节下的第2部分和3.2.1节下的第5、6部分。

第4课

选择题

1. D　　2. A　　3. B

问答题

1. 参见4.1.1节下的第4部分。

2. 参见4.2.1节下的第1部分。

3. 参见4.2.1节下的第3部分。

上机题

1. 参见4.2.1节下的第1部分。

2. 参见4.2.1节下的第3部分。

第5课

选择题

1. B　　2. C　　3. A

问答题

1. 参见5.2.1节下的第1部分。

2. 参见5.3.1节下的第1部分。

3. 参见5.3.1节。

上机题

1. 参见5.3.1节下的第1部分。

2. 参见5.3.1节下的第2部分。

第6课

选择题

1. A　　2. C　　3. C

问答题

1. 参见6.1.1节下的第3部分。

2. 参见6.2.1节下的第3部分。

3. 参见6.3.1节下的第5、6部分。

上机题

1. 参见6.1.1节下的第1、3部分和6.2.1节下的第2、3部分。

2. 参见6.1.1节下的第1、2部分和6.2.1节下的第2部分。

第7课

选择题

1. D　　2. A　　3. D

问答题

1. 参见7.1.1节下的第1部分。

2. 参见7.1.1节下的第5部分。

3. 参见7.1.1节下的第7、8部分。

上机题

1. 参见7.1.1节下的第7、9部分。

第8课

选择题

1. A   2. A   3. ABCD

问答题

1. 参见8.1.1节下的第1部分。

2. 参见8.2.1节下的第6部分。

3. 参见8.3.1节下的知识讲解。

上机题

1. 参见8.1.1节下的第1部分和8.2.1节下的第2、6、7、9、11部分。

2. 参见8.2.1节下的第6、9、11部分。

第9课

选择题

1. A   2. C   3. C

问答题

1. 参见9.1.1节下的知识讲解。

2. 参见9.2.1节下的第3、4部分。

3. 参见9.3.1节下的知识讲解。

上机题

1. 参见9.1.1节下的第2、4部分和9.2.1节下的第1部分。

2. 参见9.1.1节下的第2、3、4部分。

第10课

选择题

1. C   2. B   3. A

问答题

1. 参见10.1.1节下的第1部分。

2. 参见10.2.1节下的第1部分。

3. 参见10.3.1节下的第6部分。

上机题

1. 参见10.1.1节下的知识讲解和10.3.1节下的第6部分。

2. 参见10.1.1节下的第2部分。

第11课

选择题

1. C   2. A   3. C

问答题

1. 参见11.1.1节下的第2部分。

2. 参见11.2.1节下的第4部分。

3. 参见11.3.1节下的第2部分。

上机题

1. 参见11.3.1节下的第2、3部分。

2. 参见11.2.1节下的第1部分。

第12课

选择题

1. A　　　2. B

问答题

1. 参见12.1.1节下的第2部分。

2. 参见12.2.1节下的第3部分。

上机题

1. 参见12.1.2节下的典型案例。

2. 参见12.2.2节下的典型案例。

第13课

选择题

1. D　　　2. A　　　3. A

问答题

1. 参见13.1.1节下的第2部分。

2. 参见13.1.1节下的第4部分。

3. 参见13.2.1节下的第1部分。

上机题

1. 参见13.1.1节下的第5部分和13.2.1节下的第3部分。

2. 参见13.1.1节下的第4部分和13.2.1节下的第1、3部分。

第14课

选择题

1. C　　　2. B

问答题

1. 参见14.1.1节下的知识讲解。

2. 参见14.2.1节下的第1部分。

3. 参见14.2.1节下的第4部分。

上机题

1. 参见14.1.1节下的第1部分。

2. 参见14.3.1节下的第1部分。

第15课

略。

反侵权盗版声明

电子工业出版社依法对本作品享有专有出版权。任何未经权利人书面许可，复制、销售或通过信息网络传播本作品的行为；歪曲、篡改、剽窃本作品的行为，均违反《中华人民共和国著作权法》，其行为人应承担相应的民事责任和行政责任，构成犯罪的，将被依法追究刑事责任。

为了维护市场秩序，保护权利人的合法权益，我社将依法查处和打击侵权盗版的单位和个人。欢迎社会各界人士积极举报侵权盗版行为，本社将奖励举报有功人员，并保证举报人的信息不被泄露。

举报电话：(010)88254396；(010)88258888

传　　真：(010)88254397

E – mail：dbqq@phei.com.cn

通信地址：北京市万寿路173信箱

　　　　　电子工业出版社总编办公室

邮　　编：100036